U0519024

"十三五"国家重点出版物出版规划项目

## 知识产权经典译丛（第4辑）

国家知识产权局专利复审委员会◎组织编译

# 专利信息资源（第3版）

[英] 斯蒂芬·亚当斯◎著

董小灵　张雪凌　吴　锐◎译

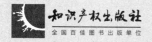

知识产权出版社

全国百佳图书出版单位

图书在版编目（CIP）数据

专利信息资源：第3版/（英）斯蒂芬·亚当斯著；董小灵，张雪凌，吴锐译. —北京：知识产权出版社，2017.10

书名原文：Information Sources in Patents（3rd edition）

ISBN 978－7－5130－5216－0

Ⅰ.①专… Ⅱ.①斯…②董…③张…④吴… Ⅲ.①专利文献—文献信息—信息资源—研究 Ⅳ.①G306.4

中国版本图书馆CIP数据核字（2017）第257565号

内容提要

本书对G7、金砖国家的专利制度（尤其是专利信息方面）进行了整体介绍，同时更特别关注了欧洲、美国等专利信息检索的数据库与检索技术介绍，并且对常见检索类型（预警检索、可专利性与自由运作检索、组合与法律过程检索）、法律状态检索的资源、商业智能检索与分析、专有技术检索给予专门介绍。

Adams，Stephen：Information Sources in Patents（3rd edition）

© Walter de Gruyter GmbH Berlin Boston. All rights reserved.

责任编辑：卢海鹰　王玉茂　　　　　　责任校对：王　岩

执行编辑：王瑞璞　　　　　　　　　　责任出版：刘译文

知识产权经典译丛

国家知识产权局专利复审委员会组织编译

专利信息资源（第3版）

Information Sources in Patents（3rd edition）

［英］斯蒂芬·亚当斯　著

董小灵　张雪凌　吴　锐　译

出版发行：知识产权出版社 有限责任公司　　网　　址：http：//www.ipph.cn

社　　址：北京市海淀区气象路50号院　　　邮　　编：100081

责编电话：010－82000860 转8122　　　　责编邮箱：wangyumao@cnipr.com

发行电话：010－82000860 转8101/8102　　发行传真：010－82000893/82005070/82000270

印　　刷：三河市国英印务有限公司　　　　经　　销：各大网上书店、新华书店及相关专业书店

开　　本：720mm×1000mm　1/16　　　　印　　张：19.5

版　　次：2017年10月第1版　　　　　　　印　　次：2017年10月第1次印刷

字　　数：372千字

ISBN 978-7-5130-5216-0

京权图字：01-2016-7752

出版权专有　侵权必究

如有印装质量问题，本社负责调换。

定　　价：88.00元

# 序

当今世界，经济全球化不断深入，知识经济方兴未艾，创新已然成为引领经济发展和推动社会进步的重要力量，发挥着越来越关键的作用。知识产权作为激励创新的基本保障，发展的重要资源和竞争力的核心要素，受到各方越来越多的重视。

现代知识产权制度发端于西方，迄今已有几百年的历史。在这几百年的发展历程中，西方不仅构筑了坚实的理论基础，也积累了丰富的实践经验。与国外相比，知识产权制度在我国则起步较晚，直到改革开放以后才得以正式建立。尽管过去三十多年，我国知识产权事业取得了举世公认的巨大成就，已成为一个名副其实的知识产权大国。但必须清醒地看到，无论是在知识产权理论构建上，还是在实践探索上，我们与发达国家相比都存在不小的差距，需要我们为之继续付出不懈的努力和探索。

长期以来，党中央、国务院高度重视知识产权工作，特别是十八大以来，更是将知识产权工作提到了前所未有的高度，作出了一系列重大部署，确立了全新的发展目标。强调要让知识产权制度成为激励创新的基本保障，要深入实施知识产权战略，加强知识产权运用和保护，加快建设知识产权强国。结合近年来的实践和探索，我们也凝练提出了"中国特色、世界水平"的知识产权强国建设目标定位，明确了"点线面结合、局省市联动、国内外统筹"的知识产权强国建设总体思路，奋力开启了知识产权强国建设的新征程。当然，我们也深刻地认识到，建设知识产权强国对我们而言不是一件简单的事情，它既是一个理论创新，也是一个实践创新，需要秉持开放态度，积极借鉴国外成功经验和做法，实现自身更好更快的发展。

自 2011 年起，国家知识产权局专利复审委员会携手知识产权出版社，每年有计划地从国外遴选一批知识产权经典著作，组织翻译出版了《知识产权经典译丛》。这些译著中既有涉及知识产权工作者所关注和研究的法律和理论问题，也有各个国家知识产权方面的实践经验总结，包括知识产权案件的经典判例等，具有很高的参考价值。这项工作的开展，为我们学习借鉴各国知识产权的经验做法，了解知识产权的发展历程，提供了有力支撑，受到了业界的广泛好评。如今，我们进入了建设知识产权强国新的发展阶段，这一工作的现实意义更加凸显。衷心希望专利复审委员会和知识产权出版社强强合作，各展所长，继续把这项工作做下去，并争取做得越来越好，使知识产权经典著作的翻译更加全面、更加深入、更加系统，也更有针对性、时效性和可借鉴性，促进我国的知识产权理论研究与实践探索，为知识产权强国建设作出新的更大的贡献。

当然，在翻译介绍国外知识产权经典著作的同时，也希望能够将我们国家在知识产权领域的理论研究成果和实践探索经验及时翻译推介出去，促进双向交流，努力为世界知识产权制度的发展与进步作出我们的贡献，让世界知识产权领域有越来越多的中国声音，这也是我们建设知识产权强国一个题中应有之意。

2015 年 11 月

# 《知识产权经典译丛》
# 编审委员会

主　任　申长雨

副主任　张茂于

编　审　葛　树　诸敏刚

编　委　（按姓氏笔画为序）

马　昊　王润贵　石　竞　卢海鹰

朱仁秀　任晓兰　刘　铭　汤腊冬

李　琳　李　越　杨克非　高胜华

温丽萍　樊晓东

# 翻译和审校

*（按章节顺序排列）*

**翻　译**

　　董小灵（第 2 版序言、第 3 版序言、第 1 章、第 6~10 章）

　　吴　锐（第 2~5 章）

　　张雪凌（第 11~17 章、附录 A、B、C、D，附录 1、2、3）

**校　对**

　　张雪凌（第 2 版序言、第 2 版序言、第 1 章、第 6~10 章）

　　董小灵（第 2~5 章）

　　吴　锐（第 11~17 章、附录 A、B、C、D，附录 1、2、3）

**审　校**

　　董小灵

# 第二版序言

自从 Peter Auger 编著并在 1992 年出版本书第一版以来，专利信息传播领域已发生翻天覆地的变化。互联网等新技术的发展正推动信息产业发生深度变革，毫无疑问，这也会波及专利领域。最大的影响可能是如何基于各数据库提供商的数据库特点为特定专利检索选择"合适"的数据库。值此为专利领域撰写"信息资源指南"之际，我深感有必要留出足够篇幅深入探讨当前专利信息产品的最新进展，并且对专利信息产品的产生渊源详加描述，而不是简单提供可选专利信息产品的清单。

一个基本的认识是要求专利局出版专利信息，并将其作为专利审批程序的组成部分。1883 年《保护工业产权巴黎公约》的起草者们拟定第 12 条便预见向公众提供信息的义务，现摘录如下：

12（1）本联盟各国承诺设立工业产权专门机构和中央管理机关，向公众传达专利、实用新型、工业品外观设计，和商标的信息。【*例如建立专利局*】

12（2）这一机构应定期出版公报，按时公布：

（a）被授予专利的所有人的姓名或名称，和专利发明的概要；【*例如生成公报的部分形式*】

尽管有第 12 条的明确规定，无论是过去还是现在，各国在义务履行方面的主动性与尽责性千差万别。部分历史悠久的较大专利局（例如美国、英国、德国以及法国的专利局）具有出版定期文献的传统，而其他专利局则差强人意。然而，对于许多专利局而言，出版专利文献基本上被视为履行审查与授权专利等专利局主要职责的附带职能。很少有专利局赞同开发复杂检索工具应当作为自身的部分职能。

在 20 世纪 50 年代至 70 年代，商业信息部门在把专利信息产品开发为"产业易用"工具方面处于领导地位。英国的 Derwent Publications 与美国的 Information For Industry（IFI）等先驱信息企业获取了专利局的"第一手"原数据，并且重新发布了印刷型快报或批量检索电子文档（稍后发展成为在线、交互式）等"增值"产品。专利局乐于与商业信息部门开展专利信息方面的合作，原因在于这种信息获取途径相比前往公共检索室进行查询的方式而言，其信息用户更为广泛。直至 20 世纪 90 年代初期，专利局都认为没有必要利用行政指令或寻求机会成为终端信息用户的直接供应商来彰显自身的作用。

随着互联网的出现，现行的专利信息传播链（专利局—数据库厂商—主机—用户）开始断裂。许多专利局正使用互联网直接向用户提供"第一手"原数据。部分数据库提供商要么主动开始购置服务器，要么基于网页平台销售产品，开始逐步摒弃通过主机进行专利信息传播的方式。因此，用户正接触来自多个提供商不同加工程度的专利信息产品。换言之，用户可以通过多种途径使用相同的基本专利信息集，这意味着专利信息产品与服务数量的激增。

有效检索取决于数据质量与检索平台两个方面，专利局提供"第一手"原数据的免费网站既不能向所有类型用户分发数据，也不能满足全部检索类别的要求。研究型企业出于自身的商业竞争需要出色的专利检索，并且如果需要提供必要措施防范研究意外重复的风险或者更糟糕的专利侵权风险，那么研究型企业则需要使用付费访问的优质工具。尽管网页系统发展飞速，但大部分用户仍依赖于互联网产生之前所开发的具有复杂命令语言的现有增值数据源。

显然，信息部门尚未看到网页工具发展的终结，并且认为网页工具理所当然地在未来的专利检索系统中发挥作用。然而，毫无疑问的是，信息需求（数据源）、技术要求（检索引擎）以及可用预算（免费或收费）等三者之间的复杂纠葛将影响专利检索"最佳数据库"的选择。作者希望本书可以辅助决策过程，而不论用户是新手还是更有经验的检索人员。

我现由衷地感激产业界的朋友与同仁通过电子与口头方式的讨论，对本书的结构与内容作出的贡献。名字太多恕无法一一列举，但许多都是英国、欧洲与美国各用户社群的同事。我希望我已不遗余力地为广大读者撷取专家智慧。

斯蒂芬·亚当斯

MCLIP MRSC CChem.

# 第三版序言

自本书第二版出版以来短短 5 年间，专利信息的发展步伐从未停歇。虽无书评家的任何反馈，但考虑到东亚国家尤其是中国专利信息令人瞩目的发展速度，在第二版出版不久之后，本书显然需要进一步修正。随着其他国家在全球市场上的地位日趋突出，为了向试图建立新制造基地的国外制造商提供同等水平的保护，这些国家业已完善了本国知识产权制度。

为解决上述问题，第三版新增内容着重描述了"金砖国家"与 PCT 制度的重要性。新章节也包括非专利文献的重要性以及用于确定在特定行政辖区内专利法律状态的信息源。其他章节业已更新，既要考虑到影响检索人员查阅文献的新程序，也要思量信息源的多重变迁与网页地址——专利信息社群对"断链"毫不陌生。

与本书第二版所碰到的情况一致，许多人提供了不断变化的碎片信息，这对整理成书极具挑战性。我由衷地感激许多提供内容细节的在线服务的技术人员、位于维也纳的 EPO 亚洲专利信息服务团队、英国国家图书馆的商业与知识产权中心人员，以及过去数年中出席专利信息用户组（PIUG）年度会议的各国专利局演讲者。感谢大家的意见与评论。我希望本书的最终定稿不仅客观反映了专利数据库丰富的多样性与复杂性，也应如实体现专利局、法律界或产业界专利检索人员的相关工作。

斯蒂芬·亚当斯

MCLIP MRSC CChem.

# 目　　录

## 第一部分　专利程序与文献

# 第二部分 数据库与检索技术

# 第一部分

# 专利程序与文献

# 第 *1* 章
# 专利原理

## ▶ 法律程序

英文单词"patent"源自拉丁语 *litterae patentes*，意为"公开的信件"。数世纪以前，"特许证"（letters patent）是一种国家（君主制或共和制）向其臣民或公民宣布授予其个人一定特权的信函。通常，特许证以"致本文件所有相关人士"（to all to whom these presents come）作为开头。英国纹章院至今仍保留在授予新贵族纹章时颁发特许证的传统。特许证在创立公职（如维多利亚女王曾在设立澳大利亚总督一职时颁发特许证）、设立公共机构、土地使用权转让或者委托个人任务等其他场合可以被视为权威机构的许可或保证。

特许证也被用来授予贸易或者工艺的国家垄断特权。在 14 世纪和 15 世纪，英国国王通过垄断特权的授予来控制布匹贸易与玻璃制造。为了避免该项权利被滥用，1623 年英国通过垄断法禁止授予垄断特权。但是，该项法令却明确将颁发给发明人有关"任何新制造品的排他性加工或制造"特许证排除在外，换言之，现代发明专利由此诞生。直至 19 世纪中叶，特许证最常使用的唯一目的就是授予一项新发明在特定时限内的权利，因此，"Patent"的含义理解逐渐缩小为发明专利。

专利作为信息源的发展历程，读者可参阅 Liebesny 的经典著作[1]的引言部分。Grubb[2]则提供了更具有法律意义的个人见解。有关在整个知识产权更广泛的背景下探讨专利的优秀参考文献是世界知识产权组织（WIPO）1997 年的出版物，特别是知识产权[3]的历史与嬗变相关章节。令人遗憾的是，该出版物现已停止出版，而且后续的有关版本[4]也缺乏详细的背景资料。

从信息专家而非律师的角度来看，专利的重要性不在于授予专利持有人实施其发明的法定权利，而在于依据专利授权程序所公布的技术信息量。英国国家图书馆馆藏的 5000 多万份专利文献，记载了 17 世纪至今全球许多国家所取得的科技成果。本书将致力于探讨现代专利文献的使用（具体说，是从 1950 年左右至今），但是这不意味着早期文献毫无用处。科技史专业的学生可以通过查阅工业革命以前原始发明专利得到很大的启发。McLeod[5] 在其书中对英国体制和社会环境作了全面概述。由于检索早期文献相当费力，故读者可以参阅 van Dulken[6] 著作的英国专利部分，或者 Comfort[7] 关于美国专利的简明概论章节。进一步而言，许多国家的若干历史专利系列的背景信息，可以参阅 Rimmer[8] 的调查报告、本书每个国家章节的开篇部分以及 Kase[9] 的著作。

## 定义专利

专利存在很多种定义。一种可能的定义是（Grubb，1999 年第 3 版，参考文献 2，第 1 页）专利有关新且有用的发明：

- 专有权的授予；
- 由国家颁发；
- 在限定时期内。

上述三个特征均关系到我们对专利的认知以及我们如何使用它们作为信息工具。

"专有权的授予"表明专利不能"供随意拿取"。大众媒体常常提起专利便将其视为"已登记"，仿佛一个人出现在狄更斯笔下描述的传统社会中，提交申请书盖上一个大大的橡皮图章，从而作为心满意足的专利权利人离去。单词"grant"的本义是为了专利申请顺利通过而需要满足的特定标准。无法达到特定标准将会导致专利被驳回，而无须考虑专利申请背后的研究如何美好（或者如何昂贵）。在信息背景下，我们绝不能忽视我们所使用文献的法律意义——众多公布的专利申请注定不能作为授权专利出现。

第二个特征是"由国家颁发"，这表明专利并非世界通用。从来不存在由一特定权威机构授权且在全世界范围内有效的单一专利制度。但存在有限国家授权的极少数地区性专利制度，这些专利制度是例外而非惯例。一般而言，如果发明人想要通过专利保护他们的发明，必须向每个国家单独申请，且必须符合当地申请规定，接受当地法律审查。这样做的一个后果是，同一项发明可能在一个国家享受专利保护，而在另一个国家不受保护。在没有专利保护制度的国家，该项发明则不能获得专利保护。

最后一个特征是专利要"在限定时期内"。虽然专利的大众媒体形象有时将其描绘为跨国公司永久操纵特定发明贸易的工具，但事实上所有专利都终将失效。现代专利的通常期限是自申请日起 20 年。除了在保护期限结束时失效，大多数授权专利无法"存活"20 年就提前失效。如果专利持有人认为他们的发明没有达到期望的商业价值，可在下一轮续展费到期时选择放弃专利。一旦过期或放弃，任何第三方都可进入先前受保护的市场空间实施专利，无须向以前的专利持有人支付任何专利使用费或许可费。

前述三个特征的结果是多重的。对于信息用户而言，很明显我们需要密切注意专利相关日期、法律状态（如授权流程需要多长时间？或者，专利是否仍然有效？）以及地域局限等。如果一个数据库无法解决这些问题，那么信息用户将会在专利检索特定类型中更少使用该数据库。我们会在本书后续章节中详尽阐释。

## 优先权的概念

在探讨审查专利中运用的历史程序与当前程序之前，有必要先介绍一个重要概念，即优先权。

优先权的法律概念最早由 1883 年在巴黎签署的《保护工业产权巴黎公约》提出，简称《巴黎公约》[10]。缔约国为"巴黎公约联盟"成员，或简称"联盟国"。在《巴黎公约》第 4 条中阐述如下：

> A（1）任何人已正式提出专利申请……在本联盟中一个成员国中……应当享有在本联盟其他成员国中提出申请的优先权……
>
> C（1）对于专利而言，上述优先权期限应当为 12 个月……

该条款的必然结果是，允许专利申请人自首次申请（通常发生在申请人所在国）日起 12 个月内就同一发明向其他国家提出申请。如果申请人在申请截止日前提出有关申请，则其申请可以按照首次申请日进行受理，因此称为"优先权日"。其他联盟国互惠待遇意味着企业或个人发明人可就同一发明的专利保护向全球许多国家提出多次申请，并且确保其申请在审查时会被同等对待——事实上，如同专利申请同时受理一样，专利申请也同等处理。截至 2011 年 7 月，巴黎公约联盟共有 173 个成员国赋予了优先权广泛的适用性，后来又陆续增加了 3 个国家：安哥拉（2007）、也门（2007）和泰国（2008）。

优先权的存在对专利信息专家的活动产生了根本性影响。首先，优先权会影响不得不检索的文献部分，后续第 11 章将探讨主要检索类型。其次，优先权的具体内容——印制在现代专利文献扉页上——用于编撰专利文献数据库并且需要关注检索结果是否合理。数据库提供商将优先权的具体内容采用通用方法链接相同发明的各个国家公布文献形成所谓"专利族"。后续章节将详细讨论专利族的构建。

## 早期专利审查程序

常有评论说，专利授权程序是专利权人与国家专利机构之间达成的"契约"或"合同"。国家专利机构（通常但并不总是政府部门）发布声明，通过授予证书的方式赋予专利持有人初步权力（*prima facie*）以阻止他人在未经专利持有人事先同意的前提下生产、销售、使用或进口所规定的发明。很显然，如果第三方不知晓自己不应该做什么，就不能指望其不进行侵权活动。因此，契约的另一方面是要求专利权人向社会公众公布其发明的详细内容（以描述文档形式——专利说明书）。

多年以来，发明的具体信息仅在专利即将授予或已授予时进行公布。为了启动审查程序，申请人应向国家专利机构支付一定的法定费用（为了简单起见，下文中将使用"专利局"，即使在相关组织名称中并未出现）。作为审查费用的回报，专利局将完成所需法定手续确保专利申请遵循申请人所在国的专利性要求。这些法律手续差别极大，从简单核查确保页面布局准确和特定著录项目完整，直至逐句严格审查申请的全部内容。在完成审查之后，授权专利并且公布专利说明书。

上述方法的问题在于必须全部完成程序中所有手续并且申请人缴纳全部所需支付的费用后方能公开相关文献。在多年发展的过程中，专利局已开始需要花费更多时间来完成专利审查工作，因此专利积压问题逐步凸显。

要求特别严格专利审查程序的国家往往遭受最为严重的专利积压。在典型的审查过程中，专利局试图确定发明是否符合若干专利性法定标准。这些标准通常包括：

（a）新颖性；

（b）创造性；

（c）工业实用性；

（d）非排除性主题。

一般情况下最易满足的标准是（c）和（d）。对于申请人而言，通常是相当简单的，需要说明其发明在工业中的可用性并且不属于不可专利性主题类别，例如文学或艺术作品（版权法保护对象，因此排除在专利法之外）或者一套游戏规则。排除性主题类别可能会随着时间调整。例如，英国1977年专利法首次颁布以来已经修订过多次，目的在于将特定微生物发明纳入可专利性主题范畴。

审查程序中比较难的部分是确定（a）和（b）。标准（a）新颖性，从表面上看易于确定，发明不是新的就是已有的。然而，不同国家在各个时期对新颖性有不同规定。在一些国家，如果发明主题未在 50 年以内本国在先专利中公布，则视为该申请具备新颖性。也就是说，对查阅的公布文献类型与时间范围进行了限定。另一个极端是，日趋广泛采用的"普遍新颖性"要求在发明申请日之前不得以任何类别公布文献（包括非印刷载体和口头公布）在世界任一地区出现。毋庸讳言，新颖性的上述规定加重了专利局的负担，原因在于需要查阅更多的文献来确定新颖性。

优先权影响了文献数量（在先公布，或通常称为"现有技术"）。这是因为专利申请的申请日是新颖性规定不可或缺的部分。为了说明这一点，特摘录英国 1977 年专利法第 2（1）～（2）条相关内容：

2（1）发明如不构成现有技术部分则应被视为新的。

2（2）一项发明的现有技术应当包含公众（无论是在英国还是在其他地方）在本发明优先权日之前任何时间内依书面或口头叙述的方式，依使用或其他方式可获取的所有内容（无论是产品、方法、产品与方法的信息以及其他内容）。【我的重点】

换言之，优先权日成为确定何种文献应当被用于破坏申请的关键节点。优先权日之后公布的任何内容本身将不会损害获取专利权的机会，但是在优先权日之前因发明人的疏忽而公布或者竞争对手的公布可能导致新颖性丧失而破坏专利申请。此种情况不是英国独有的，其他国家也有相应法律。

大概最难满足的标准是（b），即创造性（有些国家称为"非显而易见性"）。在审查过程中，专利局的基本工作是解答下列问题："本申请是对现有技术无关紧要的扩展，还是具有创造性价值?"事实上，该过程可能涉及利用若干现有技术并且试图证实这些现有技术毫无疑问地指向发明。这也是授权前申请人与审查员之间以及授权后专利权人与第三方之间争执不断的原因。

考虑到专利性的上述标准以及标准在一系列审查程序中的适用，全球大多数专利局自 20 世纪 60 年代以来所面临的人力资源危机或许无法避免。既然每件申请不得不与大量在先公布（现有技术）严格比对并且论证其创造性，那么可能要花费数年才能对申请进行授权。在此期间，申请人无法确定是否可以采取措施商品化发明，并且第三方通常会忽视待审发明。这可能使第三方付出高昂的代价，即已为实施发明做了大量的工作，却在最后得知专利已授权并且还面临诉讼的风险。显然，不得不重新审视专利局的程序，因此延迟审查的修正体系得以创立。

## 延迟审查与早期公布的产生

导致延迟审查程序产生的因素已在他处[11]及其参考文献作过阐述。简言之，第一个采用该程序的国家是荷兰，自 1964 年起生效，紧随其后，联邦德国与日本分别在 1968 年与 1970 年采用了此程序。在 20 世纪 70 年代，对于大多数专利局而言，进行专利法的修改，延迟审查程序成为其必然选择。

延迟审查的特点在于把昂贵的实质审查程序从撰写现有技术检索报告的相对低廉步骤中分离出来。这对于申请人而言在接受检索报告与不得不缴纳实质审查费用两者之间有额外的"思考时间"。希望这样能够造成更高比例的主动撤回申请的结果，使专利局能够集中于"真正"的发明。作为灵活性的回报，大部分延迟审查法律要求公布仍处于待审的申请（有时称为公开供公众查阅）。因此，对于信息专家而言，每件"专利"公布两次——第一次作为未审查申请而第二次（如授权）作为授权专利。

与仅在授权后公布的传统程序相比较而言，一个复杂因素是对著录项目管理的影响。单次公布文献（例如美国 1836～2001 年）能够通过简单的公布号码流水序列进行识别。在新制度下，结合早期公布，有必要设计规则方便使用者识别公布文献的不同阶段——通常两份文献包括早期公布未经审查的申请与后续授权专利。部分国家通过对每一类文献运用不同号码序列进行识别，而其他国家引入了公布号加后缀字母数字的规则。数据库提供商选用了这些后缀并且逐步成为用于各国的文献种类（Kind – of – Document，KD）代码现行规则，后续章节将进一步讨论这些规则。

在延迟审查中，由于使用与先前单一审查制度相同的专利性标准审查程序，因此待审延误仍会出现。然而，信息专家以及一般行业不再遭受缺失专利信息的困扰。通常自最早申请日起 18 个月或之后，待审申请的早期公布警示行业已有申请提交。该信息有助于行业专家追踪本行业技术领域的最新发展，使行业专家意识到竞争申请会影响到他们的技术活动以及一旦授权他们则会面临的侵权风险。由于延迟审查程序，在过去 50 年专利已然成为商业查新极其重要的工具。科学家、技术专家、律师、市场与金融专家以及他人都在运用专利来监控、评估和指导全球研发活动。

## 现代专利审查的典型流程

通过追踪一项发明，我们可以开始了解在待审期间不同专利局所发生的一系列流程活动。在图 1 – 1 表示了每一个专利局实施的活动，纵轴表示自上而下增长的时间。从图 1 – 1 中可以获悉许多内容。

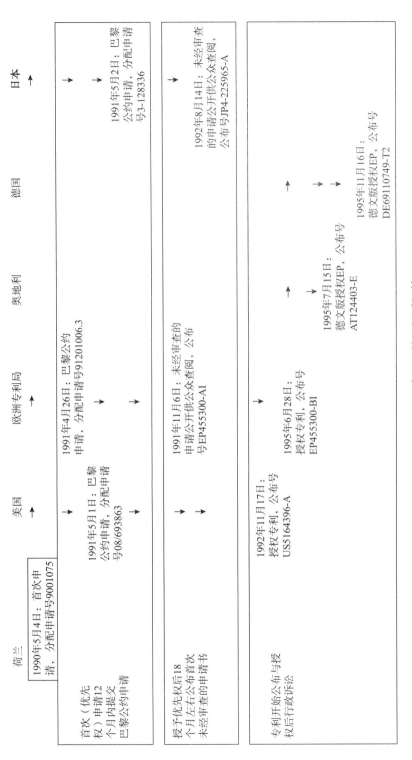

图1-1　用于处理专利族的实例时间轴

首先，很明显，专利族的每个同族成员具有不同格式的唯一国家受理申请号码。譬如，欧洲专利局（EPO）申请号码是以十进制校验位结尾，而美国申请号码在开头有附加序列码08。

其次，我们可以知晓虽然申请最初是在荷兰提交，但是却不存在荷兰的公布文献。专利族没有任何内在理由应当包括申请原始国的公布文献。通常，仅运用"本土"申请构建优先权，随后终止申请以便于在寻求保护的其他国家或者在包含本国在内的地区提交申请。在该实例中，根据《巴黎公约》，该荷兰申请被视为优先申请，从而根据欧洲专利局的规定形成所谓的"巴黎公约申请"。既然欧洲专利局的成员国包括荷兰，那么潜在的授权欧洲专利可以通过此途径获得在荷兰范围内的专利保护。

再次，我们知晓虽然欧洲专利局未经审查的申请约在优先权的18个月后及时公布，但是成员国日本却极大延误直至再经过9个月达到优先权的27个月后才进行公布。这一点不同寻常，该实例中的情况是由于日本特许厅（JPO）自动化项目期间申请的大量积压而造成的。预期"优先权后18个月"公布未经审查的申请的准则通常是规定在法律中要求"尽可能18个月期满"公布，但在实施过程中可能会发生一定变动。

最后，我们注意到欧洲专利使用的文献种类代码示例。未经审查实例的申请编号为EP455300－A，该编号一直保留至后续授权阶段，但后缀由A变为B。部分专利局在不同阶段使用相同编号，而其他专利局则采用新的编号——在该实例中文献种类代码对于确定文献类型至关重要。我们也注意到在授权文献EP－B之后，部分国家再公布本国语言的文献译文并且这些文献本身形成了著录项目记录（该实例中的德国与奥地利）。更多有关内容将在第2章讨论。

## ▶ 专利作为信息工具

### 公布语言

使用专利作为信息工具的问题之一就是语言。如上文所述，根据专利定义，专利文献具有地域性与政治性——仅在特定国家内有效。正因为如此，专利文献是以专利授权国的语言进行公布的。语言会成为有效交流的障碍，尤其考虑到以日语、汉语或韩语等亚洲语言公布的大量专利文献，无法供西方研究者有效使用的情况。虽然英语被视为科技领域交流的首选语言，但是任何以英语公布全部专利的建议都会面临政治障碍。

不同于其他科技文献，尽管大多数潜在用户群体通常掌握一定的技术英语，但是专利文献能发挥多重作用并且具有相应的多元化用户群。同一份公布的专利文献必须发挥如下双重作用：

- 发明技术性质的陈述，要求使用技术上的精确语言；
- 专利权人可实施的交易垄断权的确切性质的法定约束描述。

这一双重作用意味着专利范围所影响的全部相关方（法律人员、技术人员、产业人员与商业人员）需要能够以高效的方式访问专利文献内容。对于大多数人员而言，这意味着专利文献能够以本国语言获取。

尽管事实上翻译成本国语言价格高昂，但是翻译仍具有重要作用。如果一国政府赋予私营企业在本国范围内控制特定产业部门的权利，那么迅速、高效地给予本国公民（或者至少受影响的产业人员与法院）相应途径了解此控制的法定范围才算合理。只有专利文献的权利要求以本国语言易于获取才能真正做到这一点。多年以来，关于如何以合理的费用传播共同体专利的争论在欧洲一直是讨论的焦点。第 2 章结尾简要地讨论了解决方案的现行建议。

商业信息提供商已经着手系统收集多语言专利并且通常以英语作为通用语言来编写每件专利的摘要。这一做法使利商业信息提供商在传统上已部分解决向其用户群体传播专利信息的问题。近年来，特别是自互联网作为检索工具出现以来，更为重视专利局以其本国语言公布的所谓"第一手"数据。就数据获取速度而言带来了很大优势，但是以牺牲检索便利性为代价。为了利用全部的第一级数据源，检索人员必须掌握多种语言。现在有试图根据大量原始文献利用机器翻译技术来创建英语全文数据库的发展趋势。然而，目前检索人员应当意识到多元化公布语言是常态。如果在法庭上质疑一件专利，那么受争议的必然是本国语言版本的专利。在表 1-1 中列出了允许在其公布文献中使用一种以上语言的部分专利机构。部分国家使用多语言公报，而在其他国家公报与说明书可以使用一种以上语言。参阅附录 3 有关在表 1-1 与本书他处使用的 ISO 639-1 语言代码。

表 1-1　多语言专利公布机构

| 公布国家/机构 | 公布语言 |
| --- | --- |
| 澳大利亚 | 在第一公布阶段可以是任一《专利合作条约》（PCT）语言（见下文）；在授权阶段为英语 |
| 比利时 | 法语、荷兰语、德语 |
| 加拿大 | 英语、法语 |
| 古巴 | 西班牙语、英语、俄语（公报） |

续表

| 公布国家/机构 | 公布语言 |
|---|---|
| 埃及 | 英语、阿拉伯语（公报） |
| 欧洲专利局 | 英语、德语、法语 |
| 芬兰 | 芬兰语、瑞典语 |
| 印度 | 英语、印地语 |
| 以色列 | 英语、希伯来语 |
| 韩国 | 韩语、英语（公报） |
| 吉尔吉斯斯坦 | 吉尔吉斯语、俄语（公报） |
| 卢森堡 | 法语、德语 |
| 马其顿 | 马其顿语、英语（公报） |
| 摩尔多瓦 | 罗马尼亚语、俄语 |
| PCT | 英语、法语、德语、日语、俄语、西班牙语、汉语、阿拉伯语、葡萄牙语、韩语 |
| 南非 | 英语、南非语 |
| 瑞士 | 德语、法语、意大利语 |
| 乌兹别克斯坦 | 乌兹别克语、俄语（公报） |

除了采用英语作为第二语言通过本国公报出版基本著录项目数据之外，更多的专利局出版专利公布文献的官方英语摘要近年来已渐成为趋势。然而，大部分本国专利申请仍以相关国家的本国语言出版。

## 专利作为可访问文件

不论有关"人类"语言如何，全部专利公布文献在很大程度上是以技术与法律术语特有的混合"专利腔"进行公布的。学习解读专利内容的知识完全不在本书范畴之内（尤其是下文讨论的权利要求）。信息专家的角色应是查找文献——应当与合格的专利代理人或律师紧密合作以理解文本含义帮助用户进行特定商业决策。然而，如果信息专家至少了解基本的相关法律，则有助于其工作。法律领域的各种普及性读物也可以发挥作用，譬如 Philips[12] 的著作与 Grubb[2] 前述被引的著作。美国化学学会（ACS）出版了一本很有用的小册子，该小册子是以发明人的视角来审视美国专利制度并且针对美国法律探讨若干重要概念[13]。Amernick[14] 采用同样方式再次讨论了美国的情况。

尽管经过多年的不懈努力，令人遗憾的是，专利仍然被视为"费解"文档并且小企业经常忽视专利。2003 年欧洲专利局[15] 大规模调查着重强调早期报告中的许多教训[16]，但是在文献中仅记载了产业界与学术界专利文献使用

（或不使用）程度的其他实例（参阅 Hall 等人论文[17]、Schofield[18] 以及 Stephenson[19] 早期著作）。互联网的兴起毫无疑问使得专利更易于访问，专利变得触手可及，但是信息素养仍然是一个基础问题。从数百万"可获取"文献中查找合适文件并且在实际情形中予以运用，这一过程远非常态。

## 专利族

正如本章前文所述，当基于各个国家行政辖区来编撰专利数据库时，专利族的概念源自优先权具体内容的运用。如果在全球不同地域提交一系列专利申请保护相同发明，那么相应公布的专利申请与授权专利将明显涵盖了技术等同内容，即使公布机构使用本国语言。譬如，如果一项发明始创于英国但也在日本、美国、法国与德国申请了保护，那么可以想象数据库提供商将面临至少四门语言的五类不同文档来有效披露相同技术内容。

各个数据库提供商，譬如德温特世界专利索引（DWPI）文档、INPADOC、化学文摘服务（CAS）以及免费的欧洲专利局（Espacenet），已经设计了一种机制来识别以及归并重复文件，而不是为该群的每件文档编写新记录与摘要。这样，数据库提供商仅需要标引插件发明一次。相应主题的后续文件可以增加到群中（所谓专利族）而无须进一步加工。这不仅对数据库提供商具有成本效益，而且也能够节省用户时间，用户将无须手动去重检索结果。

用于将技术等同文献归并为专利族的主要标准是优先权项。既然主张《巴黎公约》相同优先权的全部申请依据《巴黎公约》第 4 款的定义属于"同一发明"，那么数据库提供商就能够将要求此优先权的所有文件归并到一个族群中。简单来说，专利族可以定义为"所有专利文件具有相同的优先权项"。然而，需强调的是，该归并过程可能不那么准确，其原因有两点：

a）"族"定义非法律规定，而是各个数据库提供商出于便利自行确定。因此有可能由于应用规则相异，一个数据库生成的专利族结构将不同于另一个数据库生成的专利族结构。对于许多专利族而言，存在非常相似的结果。这种变化的主要原因是族中一个申请案或多个申请案主张多个优先权。部分规则将这些族成员放入了第二个不同的专利族，而其他规则将全部申请案归并为单一的大专利族。

b）运用优先权数据归并专利族成员不排除任何特定族成员法定权利不同于其他族成员的可能性。譬如，会发生根据一国审查规定驳回的申请案权利要求数量多于他国相同申请案被驳回的权利要求数量的情况。审查造成的发明主题变化不会反映在作为归并标准的优先权数据中。结果是，虽然假设专利族全部成员技术披露内容实质相同是合理的，但是不应当对每个专利族成员的实施力作出同样的假设。

图 1-2 表明了一个专利族的形成。加框所指示的每件公布文献是通过左上角细线框所指示的美国在先申请根据《巴黎公约》来主张优先权的专利申请或授权专利。该在先申请本身一直未公布直至其作为美国专利或者其他申请案主张优先权时才公开。每个专利族成员通过扉页上交叉参照使用 INID 字段代码系列 30（更多 INID 代码，参阅本章后续著录项目标准部分）可以关联到母案申请。当数据库提供商接收到相应公布文件（或更常见，专利局电子数据包括扉页数据），这些文献可以与专利族成员关联在一起并且出于标引目的将其视为等同文献进行处理。

部分数据库提供商使用"基本"和"等同"概念协助定义专利族。一篇专利文献中描述的发明首次出现则可视为"基本"，无论该文献来自于哪个国家，同时通常依据提供商的规则对文献进行摘编与标引。任何后续公布文献主张基本文献相同的优先权则视为"等同"并且进行最低附加值标引后增加到相同族中。这表明标引活动主要集中于新文献，并且通过把其他族成员放入相同数据库记录中如同这些族成员已进行过全面标引，从而实现族成员的检索。

重要的是，要注意基本专利不一定是由发明始创国家进行公布的。譬如，当根据旧的美国专利法美国申请公布缓慢时，许多数据库记录列出了欧洲（EP）或德国（GE）同族成员作为基本专利，原因在于该同族成员首次出现在公共领域，而把后续公布的美国（US）专利同族成员作为等同专利。

同样重要的是，要记住不保证对应于优先权受理国家的专利族同族成员再出现（参阅前述图 1-1 荷兰示例）。在欧洲专利局一个成员国中提交申请尤其如此。这些国家的申请人往往会提交本国优先权申请（譬如在英国）并且利用该优先申请在公约年内提交对应的欧洲专利局申请。然后可以稳妥地放弃本国母案申请，并且通过对应欧洲专利的指定国得到本国的专利保护。在该示例中，不再出现对应于原始提交的优先权文件的本国公布文献（GB-A）。

如前文所述，不同数据库提供商使用了不同规则集来创建专利族。当进行检索时重要的是查阅恰当文献确保检索人员能完全掌握数据库的规则含义。尽管诸如 Austin[20] 的会议论文已经汇编了实用范例，但很少公布任何具体内容的比较研究。更多信息请参见《WIPO 工业产权信息与文献手册》[21]，该手册识别并且定义了 5 种专利族（简单、复杂、扩展、本国与人工）。然而，这不能涵盖不同数据库提供商的所有专利族类型，应当通过查阅专利信息用户组（PIUG）中开放获取的维基百科（Wiki）进行补充。通过使用主页（http：//www. piug. org）的维基百科链接并且选择专利资源部分或者通过直接网址（http：//wiki. piug. org/display/PIUG/Patent + Families）都可以找到专利族。

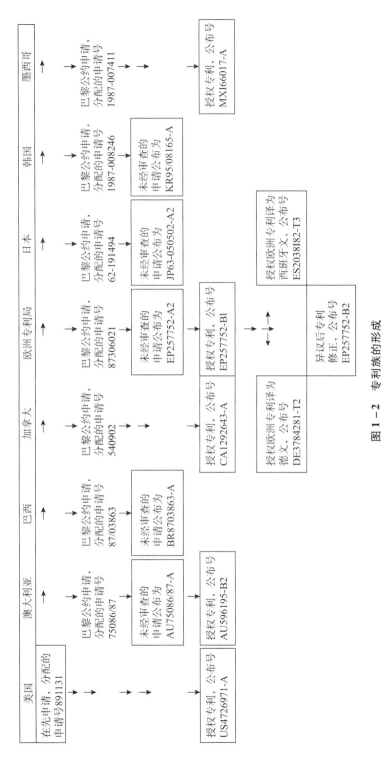

图1-2 专利族的形成

## ▶ 著录项目标准与专利文献格式

处理专利文献的优势之一在于专利文献引文与表述格式具有完善的标准。自从 20 世纪 70 年代末以来，全球专利文献逐步形成通用格式，这使得使用原始文献更加容易，同时对数据库提供商而言将原始文献编制为通用记录格式也更加容易。

位于日内瓦的世界知识产权组织（WIPO）发布了有关专利文献的主要技术标准。最初许多标准印刷为纸本，现在则可以在世界知识产权组织网站获取。通过选择其主页上"资源"标签并且点击"WIPO 手册（标准）"链接访问可获取的标准列表。直接网址是（http：//www.wipo.int/standards/en/part_03_standards.html）。有关标准修订的工作文件可以在有关世界知识产权组织标准委员会（CWS）的网页（http：//www.wipo.int/cws/en/）中找到。以前以CD－ROM、PDF 文件的形式提供了整套标准，[22]但是已经多年没有更新。

表 1－2 列举了最重要的著录项目标准。2011 年公布了标准 ST.3、标准 ST.8（在可机读记录中记录国际专利分类（IPC）号的标准）以及标准 ST.10/C（著录项目数据的表示）的最新版本，后两项标准修订是为了适应 2011 年 1 月 1 日 IPC 基本版废止所产生的变化。

表 1－2　用于专利著录项目管理的世界知识产权组织关键标准

| 标准编号 | 最新版本 | 标题 |
|---|---|---|
| ST.1 | 2001 年 9 月 | 关于唯一化标识专利文献所需最低限度数据元素的建议 |
| ST.3 | 2004 年 2 月 | 用双字母代码表示国家、其他实体及政府间组织的推荐标准 |
| ST.6 | 2003 年 4 月 | 对公布的专利文献编号的建议 |
| ST.9 | 2004 年 2 月 | 关于有关专利和补充保护证书（SPCs）的著录项目数据的建议 |
| ST.13 | 1997 年 11 月 | 为专利申请号、补充保护证书申请号、外观设计申请号和集成电路（IC）布图设计申请号制定的指南 |
| ST.16 | 2001 年 6 月 | 用于标识不同种类专利文献的推荐标准代码 |
| ST.50 | 1998 年 11 月 | 与专利信息有关的修正、替换和增补出版指南 |

关于双字母国家代码的标准 ST.3 是以国际标准 ISO 3166 为基础的，并且补充了非国家机构。表 1－3 列出了部分最为常见的国家代码与有效地区代码。用户应当注意许多代码的变更是近几十年来政治发展的结果——有关具体内容参阅本书每个国家的相应章节或部分，或者参阅主要标准的附录。关于欧洲专利局每个成员国的代码参阅表 2－1。

表 1 - 3　若干常见国家与地区代码

| 代码 | 国家/地区公布机构 |
|---|---|
| AP | 非洲地区工业产权组织【英语地区】 |
| CA | 加拿大 |
| CN | 中国 |
| DE | 德国 |
| EA | 欧亚专利局 |
| EP | 欧洲专利局 |
| FR | 法国 |
| GB | 英国 |
| GC | 海湾阿拉伯国家合作委员会的专利局 |
| IT | 意大利 |
| JP | 日本 |
| KR | 韩国 |
| OA | 非洲知识产权组织【法语地区】 |
| RU | 俄罗斯联邦 |
| US | 美国 |
| WO | 专利合作条约 |

　　对于不熟悉专利信息的用户而言，标准9的附录1是相当重要的内容。该附录定义了一系列字段标识（INID代码），该字段标识用于在专利文献扉页上定义特定重要数据元素。INID代码（用于标识著录项目数据的国际商定代码）由括号或圆圈所括的罗马数字表示在印刷扉页上，并且当用户不熟悉文献语言时对于查找重要数据非常有用。许多代码具有对应的机器可读SGML标识，商业数据库提供商则可以用此类标识加快电子数据加载。标准9列出了全部INID代码，但表1-4中仅列举了部分重要代码。

表 1 - 4　部分重要 INID 代码

| 代码 | 缩写定义 |
|---|---|
| （系列10） | （公布文献标识） |
| 11 | 专利、补充保护证书或专利文献号码 |
| 12 | 公布文献种类（简明语言） |
| 13 | 公布文献种类（标准 ST.16 中的文献种类代码） |
| 19 | 公布机构或组织的国别代码（标准 ST.3）或其他标识 |

| 代码 | 缩写定义 |
|---|---|
| （系列20） | （本地申请项） |
| 21 | 申请编号 |
| 22 | 申请日 |
| （系列30） | （优先权项） |
| 31 | 优先权申请号 |
| 32 | 优先权申请日 |
| 33 | 优先申请国家 |
| （系列40） | （公布日期） |
| 41 | 公众可获取未经审查专利文献的日期（阅览或供复制） |
| 42 | 公众可获取经审查专利文献的日期（阅览或供复制） |
| 43 | 公众可获取未经审查专利文献的日期（印刷说明书） |
| 44 | 公众可获取经审查专利文献的日期（印刷说明书） |
| 45 | 授权文献以印刷方法公布的日期 |
| （系列50） | （技术信息） |
| 51 | 国际专利分类 |
| 52 | 内部分类或国家分类 |
| 54 | 发明名称 |
| 57 | 摘要或权利要求 |
| 58 | 检索范围 |
| （系列70） | （相关方项） |
| 71 | 申请人姓名 |
| 72 | 发明人姓名 |
| 73 | 专利权人姓名 |
| 75 | 作为申请人的发明人的姓名 |
| （系列80） | （关于国际公约的数据） |
| 81 | 根据专利合作条约指定的国家 |
| 84 | 根据地区专利公约指定的国家 |

　　除了扉页之外，大部分现代专利文献也包括一系列通用内容要件。并非全部内容要件都会出现在每件专利文献中，但内容要件一般顺序如下：

- 扉页约有两个以上印刷页面，主要包含 INID 代码所定义的数据。
- 发明的详细说明（说明书），可分为下述部分：
  - 技术背景，描述发明需求以及满足需求的早期尝试。

- 发明内容，发明内容的总体性说明。
- 实施例，包括发明更为详细的分步实施方案（就化学专利而言，是一系列合成方法）
- 功效数据（对于医药与农药专利而言，包括临床试验结果或温室试验结果）

- 权利要求书，为申请人寻求法定保护的发明特征给出准确限定。
- 附图，对机械发明尤为重要。
- 检索报告，就未审查专利申请而言，包括在审查员看来最有可能破坏该申请可专利性的检索文献。

　　美国专利文献的格式不同于上述格式，通常会将附图部分提前紧接扉页。授权专利文献也在扉页中列出被引参考文献，这有时会被误认为"检索报告"。正如将在美国部分（第 3 章）所讨论的那样，法律程序的差异表明不存在完全一致的数据内容。

## ▶ 特有文献类型

　　随着数据库的广泛应用，重要的是，要意识到并非所有信息源都包含相同数据，即使信息源涵盖相同起始日的同一国家。专利仅是一系列知识产权的一部分，每一类知识产权都有国家管理部门与数据库。一个特定数据源可能包括一国产生的全部或部分专利或类专利文献，因此该数据源会对某一查询给出不同结果。需要考虑下述三个方面：知识产权的替代形式、专利修正与更正以及专利相关保护机制。

### 知识产权权利的替代形式

　　在全球大部分国家，同一机构（知识产权局）将负责授予一系列知识产权。历史上，各类知识产权差异很大并且检索往往被限定于单一权利内。然而，近年来，各类知识产权之间的界限已逐步变得越发模糊，至少从信息检索角度而言是如此。

　　就外观设计而言，保护的重点在于产品外形的美学特征。因此有可能专利（技术创新）与外观设计登记两者同时为某一产品提供保护。譬如，在医药产业中，销售药物可能包含专利活性成分并且也有药物本身大小、形状或颜色的外观保护。检索人员应意识到，即使检索某一产品专利保护毫无结果，该产品也可能有其他潜在权利，因此除非对产品进行过全面调查，否则仿制产品绝非明智之举。

同样，商标是以文字或图形图案将某一产品（或服务，就某些司法辖区的服务商标而言）与同一领域竞争对手所提供的产品加以区分。商标的使用确保特定商品与服务产生于经认可的供应商，并且如果未经许可其他供应商使用相同或相似商标，则会造成消费者的混淆。起初商标是源于中世纪行会标志，并且限于使用文字（实际文字与自创文字）或图案（图标）。近年来，商标允许使用媒介、特定形状、颜色、颜色甚至味道等设计。和外观设计一样，一项特定发明可以要求多种知识产权，而发明人会申请该发明的全部或部分知识产权。如果正在研究的发明所具有的任何实质内容可以被替代知识产权进行保护，那么检索专利资源的同时也检索相应的其他数据库是明智之举。

有关外观设计与商标的检索资源的详尽探讨不在本书范围之内。然而，建议读者联系能够就网络资源给出建议的相关专利局，并以此作为开始详细检索的起点。

除了外观设计与商标之外，全球其他一些国家具有特有的知识产权，譬如植物品种、软件或半导体电路（半导体芯片掩膜设计）。既然产业人员可以就同一产品使用多种知识产权，那么了解可用的替代保护途径是有助于该产品保护的，这取决于检索人员的权限。譬如，部分开源软件支持者往往使用版权作为主要的保护机制，而其他企业将使用常见的专利制度。

## 专利修正与更正

专利文献及其数据库是由一系列人为活动处理产生的。正因如此，专利文献及其数据库难免会出现错误。运营若干专利领域的最大规模著录项目数据库的欧洲专利局估计其本身每年要对从约 70 个国家进入数据库生产中心的数据进行 100 万次的修正。然而，并非所有数据库提供商在这一过程中如此兢兢业业，这直接导致在某些数据库中进行相同检索却明显产生不同结果，其原因仅在于信息源数据的错误。这显然不是理想情况，因此，在 20 世纪 90 年代中期主要产业用户不断游说引入处理更正更为严格的方法。最终在 1998 年就引入标准《与专利信息有关的更正、修正和增补出版指南》ST. 50 达成一致。这为专利局提供了一种机制来公布通过任何媒介专利申请在出版处理过程中的修正。譬如，如果专利局同时在纸质公报与光盘（CD–ROM）产品上发布公告，那么很有可能前者进行修正而后者则在生产过程中销毁。标准 ST. 50 允许专利局公布特定媒介修正通知。

标准 ST. 50 给出的公告类型主要是著录项目修正类型。信息专家也需意识到法定修正——也就是说，通过正规专利局程序的一件文献会从一个版本处理为下一个版本。

著录项目修正

对于简单的记录错误可请求著录项目修正，譬如扉页中发明人名称错误或者在申请号码或者优先权号码中两个数字的换位。在本书撰写时，欧洲专利局、美国专利商标局（USPTO）以及世界知识产权组织正全部或部分实施标准ST. 50 来公布正式著录项目记录的更正。实施的具体内容与使用的特有文献种类代码将在第 2 章、第 3 章和第 5 章中分别介绍。其他部分实施标准 ST. 50 的专利机构所属的国家包括奥地利、澳大利亚、比利时、中国、德国、瑞士和英国。

法定修正

法定修正有两种形式。在一些情况下，从法律程序的一个阶段到另一个阶段的演变在新文献的发布过程中是隐性的。譬如，通过在《欧洲专利公报》上发布通知正式通告欧洲专利的授权，但这也伴随着标有 EP – B 代码说明书同步公布。因此，仅通过监测文献系列的公布，用户则可以对法律状态变化实施监测。

然而，大量法定修正不是以文献形式进行发布，而是作为某些专利局官方公报（常指公报"Gazette"，即使该词未出现在标题中）的通知。状态变化通知可能包括，譬如，向第三方转让（通过专利出售或者由于企业合并、收购或分拆活动使然）、续展费支付通知、有关专利特定法律诉讼的通知、期限延长等。尽管这些公报通知经常在公报的显眼章节中发布，但是它们不伴随着新文献的公布。用于追踪这些变化的主要信息源是公报本身（纸本或电子格式）、专门登记簿或者数据库。通过互联网可访问的单独登记簿日趋增多，这些登记簿使用各国专利局提供的数据并且加载在专利局的服务器上。收集并公布一系列国家法律状态变化的唯一数据库是欧洲专利局创建的 INPADOC 文件；该数据库已有超过 50 个国家的若干法律状态信息。

## 专利相关保护机制

本书致力于探讨专利的信息特征，但是信息专家应当意识到若干其他"类专利"知识产权。可以在专利数据库检索过程中找到上述知识产权，或者有时作为特殊子集或文献类型。传统专利两种最重要的变化是实用新型与补充保护证书。

实用新型

在部分国家实用新型作为一种平行保护机制。实用新型与专利两者同时保护同一发明是不可能的，因此如果申请人遇到两者都被授予的情形，那么必须选择保留一个并放弃另一个。

实用新型的特点是授权时间短于传统专利（通常 6～10 年，而专利是 20 年）并且其审查程序比专利审查程序更为简单。在部分国家，实用新型无须经过审查，除非第三方提出质疑；在其他部分国家，实用新型根据新颖性标准进行审查而不是创造性标准。通常并非所有类型的专利主题都可以获得实用新型保护，典型的例外就是化合物及其制造工艺无法获得实用新型保护。

实用新型制度的背景通常基于向小企业推广知识产权概念的要求。企业可能正在生产的产品对已知技术实施了微小但又有用的改进并且市场对其有时限的要求。对于此类产品而言，获取完整专利保护的过程可能不划算，等到专利授权时产品可能已经失效。实用新型具有相对较低的门槛，授权相对较快（是以月计而不是年计），并且向此类产品提供了一个简单机制以获取相对降低的保护水平。

对于机械产品而言，实用新型保护是颇具吸引力的选择，并且事实上，在过去几年中若干实用新型的相关法律要求申请人在申请过程中须提供其产品的三维模型。考虑到产品保护范围以及保护期限的限制，各国发明人通常使用该制度来寻求保护就毫不奇怪了。长期以来，施行实用新型制度的两个最佳国家分别是日本与德国，并且在这两个国家中大部分申请人都是本国发明人。蓬勃发展的中国实用新型制度同样如此。

实用新型的名称五花八门，其对应文献的格式也多种多样。原始的德国实用新型与日本实用新型都具有独特的文献标号系列，并且使用文献种类代码 U。相同的制度在爱尔兰称为短期专利，而在法国称为"实用新型证书"，在澳大利亚则称为"创新专利"以取代其早期的"小专利"。中国台湾采用了一种有趣的方法，中国台湾的专利与实用新型每周以连续编号方式公布，仅通过文献种类后缀来区分两者。

至少近年很少有商业数据库费心地把实用新型列入其数据库范围。然而，实用新型仍作为现有技术的一部分，并且只要主题合适就应当将实用新型纳入检索。检索人员可能会基于始发专利局的免费互联网服务去尽力检索，或者检索人员可以安排拜访目标专利局以获准访问其内部索引。

补充保护证书

尽管前文讨论中强调所有专利最终在固定期限后会期满失效，但是在许多国家根据具体情形为专利期限延长作出规定是惯例。譬如，詹姆斯·瓦特的一个早期专利是关于"一种降低在火式发动机中水蒸气与燃料消耗的新方法"（现今称为蒸汽机），在 1769 年 1 月 5 日获得专利权。通常情况下该专利有效期为 14 年，1783 年专利期满失效。然而，1774 年瓦特有了新的商业合作伙伴——马修·博尔顿，其担忧此项重大发明剩余相对较短的保护期限并且也曾经在国会进行游说。1775 年初，其递交了一份国会特别法案的请求书，这是那时候专利期限延长的唯一途径。

经过反复辩论，法案在 1755 年 5 月 22 日获得通过，给予了 25 年的延长期，即在 1800 年期满失效。进一步，同一法案将专利保护范围扩大至苏格兰。直到 18 世纪 90 年代末，瓦特能够对若干仿制方式发动机的康沃尔矿主启动侵权诉讼，从这一事实可以看出专利期限延长的重要性。最终该案和解，瓦特净得到相当于现在数百万英镑的补偿。

现今，医药产业对专利期限问题可能最为关注。主要有两个原因。第一，药品相对容易仿制，一旦成功药品的专利期满失效，新制造商就会进入市场。这意味着一旦仿制药药品开始出售，原研公司只能在专利期满后眼巴巴地看着利润率迅速被侵蚀。因此，药品公司需要在专利期限内尽可能地赚取利润，弥补成功药品的营销成本以及众多候选药物失败的研发成本。因此，原研公司如果能够更长时间地推迟仿制药竞争，则有更大可能从药品生命期内获取财务收益。

影响医药产业的第二个原因是法律有效禁止专利全生命周期的运用。在大多数产业领域，一旦专利获得授权，专利权人就可以开拓市场，原因在于他们可以警告竞争者。然而，在医药产业中，药品专利授权与开展市场推广两者之间有数年时滞。在此期间要进行严格的政府检测以证实药品的安全性与有效性。直至全部检测完成并且得到上市许可（MA），药品才能销售。这意味着在取得上市许可之前的数年期间专利将束之高阁，毫无用处。一般的进度可能是在药品发明后 4~6 年获得专利授权，再取得上市许可需要 5 年，药品在专利保护下进行销售的时间仅有短短 9 年。

为了解决上述问题，各国政府以及欧盟（EC）制定法案在专利原定失效日期的基础上延长了上市药品保护。各个国家采用了不同机制，但是所有机制都是基于补偿部分或全部丧失的独占期限这一方案。

主要有两种方法来延长保护期限。第一种方案是延长原始专利期限——美国与日本使用的方案。欧盟使用的替代方案是创立全新的法律措施，该措施仅在专利期满后才生效。这一新法律措施通常称为补充保护证书。

1984 年，美国出台期限延长的全面规定（常称为哈奇—韦克斯曼法案，Hatch - Waxman Act），随后，日本在 1988 年也出台相应法案。欧盟分别在 1992 年（修订并近期编成法案[23]）与 1996 年出台针对医药及农业产业的两项法律规定。对于信息专家而言，令人遗憾的是，这些法律规定并非唯一——

法国与意大利在欧盟法案生效前已经实施了本国补充保护证书的法规，因此部分产品可能根据上述两国的法规而不是整个欧盟的规定进行延长。

在撰写本书时，仅有加拿大（后续章节具体在 G8 集团中讨论）未制定有关医药专利期限延长的规定。各个国家法律所规定的保护对象不尽一致。譬如，美国对食用色素与食用香精以及如支架等特定医疗设备给予了期限延长，但不包括农用化学品，而欧盟制度明确规定了农用化学品也要遵守上市许可的规定。

期限延长的信息内容将在后续国家章节以及第 14 章法律状态检索部分进一步探讨。

# ▶ 参考文献

1. Mainly on patents; the use of industrial property and its literature. F. Liebesny（ed.）London：Butterworths，1972. ISBN 0 – 408 – 70368 – 7.

2. Patents for chemicals，pharmaceuticals and biotechnology：fundamentals of global law，practice and strategy. 5th edition. P. W. Grubb and P. R. Thomsen. Oxford：Oxford University Press，2010. ISBN 978 – 0 – 19 – 957523 – 7.

3. Intellectual Property Reading Material. WIPO Publication No. 476（E）. Geneva：WIPO，1997. ISBN 92 – 805 – 0629 – 3.

4. WIPO Intellectual Property Handbook：Policy，Law and Use WIPO Publication No. 489（E）. Geneva：WIPO，2001. ISBN 92 – 805 – 1004 – 8. or Via（http：//www. wipo. int/about – ip/en/iprm/index. htm）［Accessed on 2011. 07. 05］.

5. Inventing the Industrial Revolution：the English patent system 1660 – 1800. C. McLeod. Cambridge：Cambridge University Press，1988. ISBN 0 – 521 – 30104 – 1（hbk.）. Reprinted 2002，pbk，ISBN 0 – 521 – 89399 – 2.

6. British Patents of Invention，1617 – 1977：a guide for researchers. S. van Dulken. London：British Library：1999. ISBN 0 – 7123 – 0817 – 2.

7. Finding Grandpa's Patent：using patent information for historical or genealogical research. J. Comfort，pp. 39 – 56 in Patent and Trademark Information：uses and perspectives. V. Baldwin（ed.）New York：Haworth Press，2004. ISBN 0 – 7890 – 0425 – 9.

8. International Guide to Official Industrial Property Publications. B. Rimmer；S. Van Dulken（3rd revised edition）. London：British Library，1992. ISBN 0 – 7123 – 0791 – 5.

9. Foreign Patents；a guide to official patent literature. F. J. Kase. Dobbs Ferry，NY：Oceana Publications，1972. ISBN 0 – 3790 – 0009 – 1.

10. Paris Convention for the Protection of Industrial Property 1883. Official English text. WIPO Publication 201（E）. Geneva：WIPO，1979，reprinted 1996. ISBN 92 – 805 – 0291 – 3.

11. A comparison of early publication practices in the United States and Europe. S. Adams, World Patent Information 25 (2), (2003), 117 – 122.

12. Introduction to Intellectual Property Law. J. Phillips; A. Firth. London: Butterworths, 1995. ISBN 0 – 406 – 04515 – 1.

13. What every chemist should know about patents. L – N. McLeland (ed.), ACS Joint Board – Council Committee on Patents and Related Matters. Washington DC: American Chemical Society, 2002 (3rd edition).

14. Patent law for the nonlawyer: a guide for the engineer, technologist and manager. B. A. Amernick. New York: Van Nostrand Reinhold, /London: Chapman and Hall, 1991. ISBN 0 – 442 – 00177 – 0.

15. Usage profiles of patent information among current and potential users; report on the main results of the survey commissioned by the European Patent Office. R. Doornbos; R. Gras; J. Toth. Amsterdam: Motivaction Research & Strategy, 2003. Available from the EPO at (http: // www. european – patent – office. org/news/info/survey2003/epo_ user_ survey. pdf).

16. Utilisation of patent protection in Europe; representative survey carried out on behalf of the European Patent Office, Munich. Published as volume 3 in the EPO Script series (ISSN 1021 – 9390). Munich: European Patent Office, 1994.

17. (a) Barriers to the use of patent information in UK small and medium – sized enterprises. Part 1: Questionnaire survey. M. Hall ; C. Oppenheim ; M. Sheen. Journal of Information Science 25 (5), (1999), 335 – 350 and (b) Barriers to the use of patent information in UK small and medium – sized enterprises. Part 2 (1): Results of in – depth interviews. . M. Hall ; C. Oppenheim ; M. Sheen. Journal of Information Science 26 (2), (2000), 87 – 99.

18. Patent information usage by chemists in universities. H. Schofield in Proc. Chemical Information Conference, Nimes, 21 – 23 October 1996, pp. 111 – 120. H. Collier (ed). Calne: Infonortics Ltd. , 1996.

19. The use of patent information in industry. J. Stephenson. World Patent Information, 4 (4), (1982), 164 – 171.

20. Patent families and where to find them. R. Austin in Proc. PIUG Annual Conference, 22 – 27 May 2004, Baltimore, MD, USA, 2004.

21. Glossary of terms concerning industrial property information and documentation. Appendix III to Part 10, of the WIPO Handbook on Industrial Property Information and Documentation. WIPO Publication No. CD208. Geneva: WIPO, 2003. ISBN 92 – 805 – 0352 – 9.

22. WIPO Standards, Recommendations and Guidelines concerning industrial property information and documentation. Part 3 of the WIPO Handbook on Industrial Property Information and Documentation. WIPO Publication No. CD208. Geneva: WIPO, 2003. ISBN 92 – 805 – 0352 – 9.

23. Supplementary protection certificate for medicinal products (codified version). Regulation (EC) No. 469/2009. European Parliament and Council, 6 May 2009.

# 第 *2* 章
# 欧洲专利制度

欧洲专利制度是当今运作良好的地区专利制度的最佳范例，其中央机构代表各成员国进行专利审查与授权。正因为如此，它打破了"一个国家，一个专利"的规则，并且对检索人员有重要的意义。

地区专利制度不完全是现代产物。在 1852 年前的英国，英格兰（包括威尔士）、苏格兰和爱尔兰有不同的专利授予制度。20 世纪 50 年代，四个斯堪的纳维亚国家（丹麦、挪威、瑞典和芬兰）试图建立北欧专利制度，同时还在法律上保持一致，以促进制度建立的进程。然而，现代的主要地区专利制度是欧洲专利局，该局是根据 1973 年 10 月 5 日在慕尼黑签订的《欧洲专利公约》所建立。从实际来看，此公约促成了欧洲专利组织的成立，该组织由两个机构组成，欧洲专利局和行政理事会。后者负责监督欧洲专利局的工作和制定一般的政策指令。

关于欧洲专利局主网站及其创建的文献与数据库链接，可在网站（www. epo. org）上找到。

## ▶ 历史与发展

欧洲专利局于 1978 年开始运营，如今被公认为是世界上最具影响力的三大专利局之一，另外还有美国专利商标局和日本特许厅。表 2 - 1 列出了截至 2011 年 1 月 1 日欧洲专利局的成员国（按加入时间顺序排列）。

表 2 - 1　欧洲专利组织成员国

| 国名 | ST. 3 国家代码 | 生效日期 | 成员资格状态 |
| --- | --- | --- | --- |
| 比利时 | BE | 1977 年 10 月 7 日 | 成员国 |
| 法国 | FR | 1977 年 10 月 7 日 | 成员国 |

续表

| 国名 | ST. 3 国家代码 | 生效日期 | 成员资格状态 |
|---|---|---|---|
| 德国 | DE | 1977 年 10 月 7 日 | 成员国 |
| 卢森堡 | LU | 1977 年 10 月 7 日 | 成员国 |
| 荷兰 | NL | 1977 年 10 月 7 日 | 成员国 |
| 瑞士 | CH | 1977 年 10 月 7 日 | 成员国 |
| 英国 | GB | 1977 年 10 月 7 日 | 成员国 |
| 瑞典 | SE | 1978 年 5 月 1 日 | 成员国 |
| 意大利 | IT | 1978 年 12 月 1 日 | 成员国 |
| 奥地利 | AT | 1979 年 5 月 1 日 | 成员国 |
| 列支敦士登 | LI | 1980 年 4 月 1 日 | 成员国 |
| 希腊 | GR | 1986 年 10 月 1 日 | 成员国 |
| 西班牙 | ES | 1986 年 10 月 1 日 | 成员国 |
| 丹麦 | DK | 1990 年 1 月 1 日 | 成员国 |
| 摩纳哥 | MC | 1991 年 12 月 1 日 | 成员国 |
| 葡萄牙 | PT | 1992 年 1 月 1 日 | 成员国 |
| 爱尔兰 | IE | 1992 年 8 月 1 日 | 成员国 |
| 芬兰 | FI | 1996 年 3 月 1 日 | 成员国 |
| 塞浦路斯 | CY | 1998 年 4 月 1 日 | 成员国 |
| 土耳其 | TR | 2000 年 11 月 1 日 | 成员国 |
| 保加利亚 | BG | 2002 年 7 月 1 日 | 成员国 |
| 捷克共和国 | CZ | 2002 年 7 月 1 日 | 成员国 |
| 爱沙尼亚 | EE | 2002 年 7 月 1 日 | 成员国 |
| 斯洛伐克 | SK | 2002 年 7 月 1 日 | 成员国 |
| 斯洛文尼亚 | SI | 2002 年 12 月 1 日 | 成员国（延伸成员国 1994 年 3 月 1 日～2002 年 11 月 30 日） |
| 匈牙利 | HU | 2003 年 1 月 1 日 | 成员国 |
| 罗马尼亚 | RO | 2003 年 3 月 1 日 | 成员国（延伸成员国 1996 年 10 月 15 日～2003 年 2 月 28 日） |
| 波兰 | PL | 2004 年 3 月 1 日 | 成员国 |
| 冰岛 | IS | 2004 年 11 月 1 日 | 成员国 |
| 波斯尼亚和黑塞哥维那 | & BA | 2004 年 12 月 1 日 | 延伸成员国 |
| 立陶宛 | LT | 2004 年 12 月 1 日 | 成员国（延伸成员国 1994 年 7 月 5 日～2004 年 11 月 30 日） |

| 国名 | ST.3 国家代码 | 生效日期 | 成员资格状态 |
|---|---|---|---|
| 拉脱维亚 | LV | 2005 年 7 月 1 日 | 成员国（延伸成员 1995 年 5 月 1 日～2005 年 6 月 30 日） |
| 马耳他 | MT | 2007 年 3 月 1 日 | 成员国 |
| 克罗地亚 | HR | 2008 年 1 月 1 日 | 成员国（延伸成员国 2004 年 4 月 1 日～2007 年 12 月 31 日） |
| 挪威 | NO | 2008 年 1 月 1 日 | 成员国 |
| 马其顿 | MK | 2009 年 1 月 1 日 | 成员国（延伸成员国 1997 年 11 月 1 日～2008 年 12 月 31 日） |
| 圣马力诺 | SM | 2009 年 7 月 1 日 | 成员国 |
| 黑山（#） | ME | 2010 年 3 月 1 日 | 延伸成员国 |
| 阿尔巴尼亚 | AL | 2010 年 5 月 1 日 | 成员国（延伸成员国 1996 年 2 月 1 日～2010 年 4 月 30 日） |
| 塞尔维亚共和国（#） | RS | 2010 年 10 月 1 日 | 成员国（延伸成员国 2004 年 11 月 1 日～2010 年 9 月 30 日） |

（#）南斯拉夫联盟共和国（YU）由塞尔维亚和黑山组成，其于 2004 年 11 月 1 日成为欧洲专利组织延伸成员国。黑山在 2006 年取得独立后，塞尔维亚共和国（RS）作为延伸协议的法定继承者继续履行该协议，一直持续到 2010 年 10 月 1 日塞尔维亚成为欧洲专利组织的正式成员。黑山（ME）与欧洲专利局单独签订延伸协议，于 2010 年 3 月 1 日生效。

## 成员国和延伸成员国

根据表 2–1 所示，很明显，欧洲专利局的许多成员国同时也是欧盟的成员国，但瑞士和土耳其则是例外。根据欧洲专利局和欧盟的制度，两大机构的成员国身份无须一致，因此需意识到欧洲专利并不等于"欧盟专利"。在法律上，《欧洲专利公约》是欧盟法规的组成部分，也就是说，承诺加入欧盟的国家有义务在适当的时候认可《欧洲专利公约》，且成为欧洲专利局的正式成员国。但相反的情况并不适用，即加入欧洲专利局不以承诺加入欧盟为先决条件。1973 年，欧盟（后来是欧洲经济共同体）的所有成员国签订《慕尼黑协定》，但在之后的几十年内，两大机构的成员国身份并未遵循最初的计划。

当某个国家成为欧洲专利局的成员国，就表示其同意接受欧洲专利局审查与授权专利，同时此专利在其领土范围内有效，此外没有进一步限制。成员国不会废止自己的职责，但会继续授予国家专利并使欧洲专利的状态与这些国家专利一致。因此，从理论上说，欧洲专利局成员国的发明可获得国家专利或欧洲专利的保护。但是，欧洲专利的申请也不一定确保所有成员国都拥有专利。申请者可选择（或"指定"）他们希望从该处获得保护的成员国，所选成员国数量可以是 1~38。为了证实某发明是否在某欧洲专利局成员国内获得保护，首先有必要确定该发明是否被授予欧洲专利，其次再考虑该专利是否被指定给意向成员国。

许多较小的东欧国家选择成为延伸成员国，而不是正式成员。延伸成员国与欧洲专利局签订了双边协定，承认授权欧洲专利在其领土范围内有效。与正式成员国相比，延伸成员国公布的文献可能有些许差异（譬如，可能需要公布带有特殊编号序列或文献种类代码的本国专利文献来表示已转换的欧洲专利）。延伸成员国在行政理事会上没有投票权，在某些情况下，这只是成为正式成员的一个过渡（如斯洛文尼亚和罗马尼亚）。在撰写本书时，仅存在 2 个延伸成员国：波斯尼亚和黑塞哥维那、黑山。此外，在 2010 年 12 月 20 日，摩洛哥成为第一个在其领土范围内认可欧洲专利的非欧洲国家，从而缔结了新的协议。此协议实际上与之前的延伸协议类似，但在撰写本书时还不知道是否会产生新的文件类型。2011 年 5 月 12 日，欧洲专利局与突尼斯（TN）签订了类似的谅解备忘录，希望到 2012 年在突尼斯境内能完全认可欧洲专利。

## ▶ EP 专利文件——集中式与国家化程序

欧洲专利制度的运行包括各种活动，有的在欧洲专利局办公室内进行，有的在国家层面进行。一般来说，国家层面阶段是在活动的开始与结束，欧洲专利局负责专利审查和授权的主要过程。

在最初申请时，申请者们可将欧洲专利局当作一个"大国"，根据《巴黎公约》主张优先权。所以，美国的申请者可向欧洲专利局提交单项申请，主张一个美国优先权日，以便开始获取欧洲专利的进程。欧洲专利局每个成员国的国家专利局均可充当欧洲专利局申请的受理点。具体的申请号范围将分配到每个专利局或专利局团体，以便用户能根据欧洲专利局申请号的格式来判断在何处以何种方式来提交申请。最新的清单已于 2001[1] 年公布，但此清单未考虑为较新成员国而添加的新编号序列。

### 形式审查与检索报告

为了完成官方阶段，申请者必须将其申请翻译为欧洲专利局 3 种官方语言的任何一种（英语、法语或德语），并提交申请。在之后的整个专利授权阶段，都将使用申请书所用语言。因此可以推迟将申请进一步翻译为其他欧洲语言的步骤，可在此阶段为申请者节约大量成本。申请提交后不久，欧洲专利局将对文件的格式完整性进行简单审查，如果申请者及时缴纳必要的费用并完成相关手续，则欧洲专利局会撰写一份检索报告。自优先权日后起18个月左右，欧洲专利局会公布未经审查的申请。

### 未审查公布

　　未经审查的申请将在2010年每周三14：00（欧洲中部时间）以电子形式公布，平均数量约1200份专利说明书（不包括延迟的检索报告和修正文件）。此外，还会公布1250组著录项目数据，包含进入欧洲专利局地区阶段未再公布说明书的PCT文献。

　　在信息公布时，申请被给予一个新编号，该编号带有专用ST.3国家代码"EP"作为前缀以及两个可能文献种类中的一个作为后缀。如果在公布说明书时已获得检索报告，那么合并这两份文献并且以EP-A1进行公布。如果检索报告延迟，则仅公布说明书，并且给予EP-A2。随后，延迟的检索报告将单独公布，使用与其相关A2的相同公布号，但后缀更改为A3。近年来，A1文献比例已稳定在每周公布文献的65%～72%，剩余不足30%的A2文献，其对应的A3文献随后在数月或数年之内（偶然情况）公布。这种延迟对最终授权程序有连锁反应，原因在于申请人无须提交下一阶段的实质审查请求，直至检索报告公布后的6个月。图2-1为延迟检索报告的页眉，其显示了报告本身公布日期的INID代码（88）和对应的A2说明书（43）。

**图2-1　欧洲专利局检索报告页眉**

　　尽管存在这些延迟，欧洲专利局检索报告的完整性和质量仍然受到高度重视。报告中的引文表明了检索审查员确信将成为在实质审查期间最接近的那部分现有技术。使用相关性指标体系表示是否引文本身有特别破坏性（X类，通常与新颖性相关）或者使用一篇或多篇其他文献（Y类，通常与独创性相关）。可用代码列表复制于每份检索报告并且可以在图4页面底部可见。

　　需要注意的是，申请时指定国家的规则已经发生改变，自动在EP-A文献的扉页上 INID 代码 84 中列出欧洲专利局全部成员国。该列表并不表示申请授权时成员国被确认为指定国。授权（EP - B）文献中指定国列表更清楚地指示专利权人希望专利生效的国家，但是，为了确切的信息一直建议用户到专利登记处查询（EP Register）。

尽管欧洲专利局尽力系统化地使用公布号，但是突发事件可能导致个别申请在 EP - A 文献公布前被撤回。这意味着可能随后从记录中删除该公布号，在序列中留下一个缺号。欧洲专利局网站列出了这些未公布的 EP - A 文件，网址是 http：//www. epo. org/searching/free/publication - server/unpublished. html。大部分为单篇文献，但由于技术问题在 2007 年曾发生特殊的已知缺号，造成已分配的公布号序列在 EP1821588（第 34 周的最大编号）与 EP1824333（第 35 周的最小编号）之间中断，留下 2745 个缺号。

未审查申请的公布导致生物技术领域的一些问题，原因在于原始申请可能包括大量很长的基因序列，造成文献页数（A4）超过 100 万页。2007 年，欧洲专利局作出一个政策决定，此类"海量申请"以电子形式公布，仅[2]从网站的专门区域以压缩文件的形式获取序列列表，具体网站为 http：//www. epo. org/searching/free/publication - server/sequence - listings. html。每个申请都有常规序列的公布号，但仅包括申请的文本部分。

## 授权公布

检索报告公布后，申请人可以选择从欧洲专利局后续程序中撤回申请，当然，这是因为与授权成本相比，申请人要求继续授权已经不再值得。如果检索报告包含许多 X 类引文，有可能要求申请大量修改以进行规避，上述情况有可能发生。然而，如果申请人选择坚持并申辩，那么需要具体审查申请内容（实质审查）。如果申请人能够说服审查员申请符合专利性标准，那么申请将被授权并且进行第二次公布。保留 - A 阶段的公布编号并且将 - A 改为 - B1。官方的授权公告在欧洲专利局公报进行公布，并以纸件（不晚于 2005 年）、电子磁盘以及网络等方式提供。

自 2005 年 4 月起，欧洲专利局停止公布纸质 EP - A 与 EP - B 文献，引进了新的公布服务器作为提供欧洲专利说明书的官方来源。授权专利在欧洲中部时间每周三 14：00 以电子版形式公布，这是现在权威的公布记录。在 2010 年，欧洲专利局平均每周授权约 1100 项专利，比上一年同比增长近 11%。自 2003 年以来，年均授权量刚突破 59000 件（范围为 54855 ~ 64695 件）。

2011 年发布的统计数据表明，2006 ~ 2010 年申请最终授权比例平均为 48%。大约 22% 的申请在检索后被放弃，剩余的 30% 不能通过实质审查。

## 授权后公布

一旦专利获得欧洲专利局授权，则有 9 个月的异议期。如果第三方在此期间内反对授权，则欧洲专利局异议部门会集中审理争议。异议会导致专利被撤回或者更正专利再公布，公布号不变但文献种类（代码）变为－B2。相反，若专利得到完全支持，不进一步公布文件并且 EP－B1 作为公布文献代码。授权的欧洲专利保留了原始语言的说明书，同时也保留了 3 种官方语言的权利要求书。

相对较新的进一步文献种类代码为 EP－B3。当修订的《欧洲专利公约》（EPC 2000）生效后，2007 年末欧洲专利局引入了中心限定程序，此程序后公布的专利文献使用了上述代码。中心限定允许授权后申请人限制自身专利的权利要求范围，并且当质疑专利有效性时可以替代昂贵的诉讼程序。自 2008 年以来，公布的文献刚超过 100 件（其中 2009 年 49 件，2010 年 38 件）。

## 授权后翻译与《伦敦协定》

就《欧洲专利公约》的大体内容而言，在欧洲专利局已公布授权专利后，要求特定国家程序以便在全部指定国生效时，最常见的步骤之一是根据《欧洲专利公约》第 65 条提交完整说明书的译文。譬如，如果授权说明书为英文并且专利持有人指定意大利，那么专利持有人必须在 3 个月固定期限内提供意大利语译文。无法做到这一点则导致专利在该国被宣布无效。

许多欧洲专利局成员国创建了《欧洲专利公约》第 65 条译文的公布专用号码和/或文献种类代码。譬如，如图 1－1 所示，授权 EP455300－B1（英语）变为德语 DE69110749－T2，同样，希腊语再公布为 GR3017534－T3。然而，丹麦语译文保留了丹麦语原始 EP 编号并且仅修改代码，变为 DK455300－T3。

当《伦敦协定》[3] 在 2008 年 5 月 1 日生效时，授权后翻译规定发生了改变。尽管目的是减轻专利所有人提供多语言译文翻译的负担，但是《伦敦协定》作为可选性规定，最初已使得授权后要求的内容以及数据库收录何种记录变得更为复杂。在本书撰写时，38 个成员国仅有 16 个成员国依据此制度运作，而其余 22 个成员国仍然使用原有的第 65 条款要求。《伦敦协定》的原则是区分自身官方语言与欧洲专利局官方语言之一（英语、法语、德语）相同的成员国（a）与全部其他成员国（b）。第一组实施《伦敦协定》的成员国是法国、德国、列支敦士登、卢森堡、摩纳哥、瑞士以及英国。如果未来加入《伦敦协定》，那么奥地利、比利时、塞浦路斯、爱尔兰、马耳他也将属于第一组。上述国家被要求免除《欧洲专利公约》第 65（1）条的现行译文要求，并且允许 3 种官方语言之一的授权欧洲专利在其境内生效。

第二组国家的译文规定由一系列选项组成，包括仅需将权利要求书译为本国语言。表 2-2 中详述了截至 2011 年 6 月的不同方法。

表 2-2 《伦敦协定》后欧洲专利译文要求

| 《欧洲专利公约》签约国 | ST. 3 国家代码 | 生效 | 译文要求 | 指定本国语言 |
|---|---|---|---|---|
| 阿尔巴尼亚（#） | AL | 尚未生效 | 1 | |
| 奥地利 | AT | 尚未生效 | 1 | |
| 比利时 | BE | 尚未生效 | 1 | |
| 保加利亚 | BG | 尚未生效 | 1 | |
| 克罗地亚 | HR | 2008 年 1 月 5 日 | 3 | 克罗地亚语 |
| 塞浦路斯 | CY | 尚未生效 | 1 | |
| 捷克 | CZ | 尚未生效 | 1 | |
| 丹麦 | DK | 2008 年 1 月 5 日 | 4 | 丹麦语 |
| 爱沙尼亚 | EE | 尚未生效 | 1 | |
| 芬兰 | FI | 尚未生效 | 1 | |
| 法国 | FR | 2008 年 1 月 5 日 | 2 | |
| 德国 | DE | 2008 年 1 月 5 日 | 2 | |
| 希腊 | GR | 尚未生效 | 1 | |
| 匈牙利 | HU | 2011 年 1 月 1 日 | 4 | 匈牙利语 |
| 冰岛 | IS | 2008 年 1 月 5 日 | 4 | 冰岛语 |
| 爱尔兰 | IE | 尚未生效 | 1 | |
| 意大利 | IT | 尚未生效 | 1 | |
| 拉脱维亚 | LV | 2008 年 1 月 5 日 | 5 | 拉脱维亚语 |
| 列支敦士登 | LI | 2008 年 1 月 5 日 | 2 | |
| 立陶宛 | LT | 2009 年 1 月 5 日 | 5 | 立陶宛语 |
| 卢森堡 | LU | 2008 年 1 月 5 日 | 2 | |
| 马其顿（#） | MK | 尚未生效 | 1 | |
| 马耳他 | MT | 尚未生效 | 1 | |
| 摩纳哥 | MC | 2008 年 1 月 5 日 | 2 | |
| 荷兰 | NL | 2008 年 1 月 5 日 | 4 | 荷兰语 |
| 挪威 | NO | 尚未生效 | 1 | |
| 波兰 | PL | 尚未生效 | 1 | |
| 葡萄牙 | PT | 尚未生效 | 1 | |
| 罗马尼亚 | RO | 尚未生效 | 1 | |
| 圣马力诺 | SM | 尚未生效 | 1 | |

续表

| 《欧洲专利公约》签约国 | ST. 3 国家代码 | 生效 | 译文要求 | 指定本国语言 |
|---|---|---|---|---|
| 塞尔维亚 | RS | 尚未生效 | 1 | |
| 斯洛伐克 | SK | 尚未生效 | 1 | |
| 斯洛文尼亚 | SI | 2008 年 1 月 5 日 | 5 | 斯洛文尼亚语 |
| 西班牙 | ES | 尚未生效 | 1 | |
| 瑞典 | SE | 2008 年 1 月 5 日 | 4 | 瑞典语 |
| 瑞士 | CH | 2008 年 1 月 5 日 | 2 | |
| 土耳其 | TR | 尚未生效 | 1 | |
| 英国 | GB | 2008 年 1 月 5 日 | 2 | |

译文要求

1. 完整说明书包括权利要求书翻译为本国语言（标注#的例外国家仅要求权利要求书）。

2. 无授权后译文要求，不考虑授权语言。

3. 权利要求书译为指定国家语言，说明书译为英语。

4. 权利要求书译为指定国家语言，说明书译为英语或者本国语言。

5. 权利要求书译为指定国家语言，说明书无译文要求。

信息专家需要特别注意的是，《伦敦协定》仅免除了翻译义务。譬如，如果专利所有人有理由怀疑在特定国家侵权是可能的并且希望其授权专利实现公共可用性，他们可能需要继续提交译文。这意味着尽管囊括 EP 译文（例如 DE – T3 阶段）的现有文献系列将极大减少，但这些文献不会完全消失。图 2 – 2示出了欧洲检索报告的内容。

## 其他授权后事件

根据第 65 条（或《伦敦协定》）规定，申请人应按时向指定国家专利局提交译文，在缴纳指定费用后，并不影响授权欧洲专利在各个国家生效。部分成员国根据本国法律可能要求称作专利"有效性"的若干附加程序。

由于申请人后续需要向各国缴纳续展费，有可能授权欧洲专利在一国失效却在另一国有效。同样，许可证的授予、再转让的登记或者其他事务必须在当事国实施。因此，欧洲专利被视为一"束"国家专利而不是真正的单一专利。至关重要的是，如果 9 个月异议期以无异议结束，任何人日后希望质疑专利必须单独在每个国家法院进行。在诉讼过程中，一国法院判决不是另一国专利法律状态的指示。

新的中心限定程序是为全部国家一次性更正授权权利要求范围的唯一途径并且能够在专利生命周期中任一时间点实施。中心限定程序申请是向欧洲专利局提出并在欧洲专利局内听证，而不是在国家层面。

EP 1 128 027 A3

European Patent Office     EUROPEAN SEARCH REPORT     Application Number

EP 01 10 4183

| | DOCUMENTS CONSIDERED TO BE RELEVANT | | |
|---|---|---|---|
| Category | Citation of document with indication, where appropriate, of relevant passages | Relevant to claim | CLASSIFICATION OF THE APPLICATION (Int.Cl.7) |
| X<br>A | US 5 558 051 A (YOSHIOKA MAMORU)<br>24 September 1996 (1996-09-24)<br>* column 1, line 11-14 *<br>* column 1, line 64 - column 2, line 11 * | 1<br><br>2 | F01L1/344<br>F02D13/02<br>F01L1/34<br>F01L13/00 |
| X<br>A | US 5 293 741 A (UMEHARA KEN ET AL)<br>15 March 1994 (1994-03-15)<br>* column 1, line 7,8 *<br>* column 4, line 30-40 *<br>* column 10, line 4-9 *<br>* figures 2,5,6 * | 1<br><br>2 | |
| A | EP 0 937 865 A (TOYOTA MOTOR CO LTD)<br>25 August 1999 (1999-08-25)<br>* paragraph '0001! *<br>* paragraph '0012! *<br>* paragraph '0035! *<br>* paragraph '0036! *<br>* paragraph '0046! *<br>* paragraph '0061! *<br>* figures 1-6,8,13-15,21 * | 3-7,9-11 | |
| A | EP 0 915 234 A (TOYOTA MOTOR CO LTD)<br>12 May 1999 (1999-05-12)<br>* paragraph '0002! *<br>* page 0079 *<br>* figures 4-6 * | 1 | TECHNICAL FIELDS SEARCHED (Int.Cl.7)<br><br>F02D<br>F01L |
| A | US 5 893 345 A (HASEGAWA TADAO ET AL)<br>13 April 1999 (1999-04-13)<br>* column 1, line 10-17 *<br>* column 8, line 43-61 *<br>* figures 2-8 * | 3,9 | |

The present search report has been drawn up for all claims

| Place of search | Date of completion of the search | Examiner |
|---|---|---|
| THE HAGUE | 1 November 2001 | Paquay, J |

CATEGORY OF CITED DOCUMENTS

X : particularly relevant if taken alone
Y : particularly relevant if combined with another document of the same category
A : technological background
O : non-written disclosure
P : intermediate document

T : theory or principle underlying the invention
E : earlier patent document, but published on, or after the filing date
D : document cited in the application
L : document cited for other reasons

& : member of the same patent family, corresponding document

图 2 - 2 　欧洲检索报告内容

表 2 - 3 说明了产生欧洲专利的流程顺序。该实例包括了一份延迟检索报告和两份更正文献。表 2 - 4 概述了截至 2011 年全部可用文献种类代码。

表 2 – 3 欧洲专利公布阶段

|  | 号码 | 日期/评论 |
|---|---|---|
| 欧洲专利申请 | 99107044 | 1999 年 4 月 9 日，条约申请 |
| 欧洲未经审查的公布（无检索报告） | EP953429 – A2 | 1999 年 11 月 3 日，原始德语优先权后 18 个月 |
| 欧洲检索报告 | EP953429 – A3 | 2003 年 3 月 5 日 |
| 欧洲未经审查公布的更正 | EP953429 – A8 | 2003 年 2 月 19 日，更正申请人数据；增加新申请人 |
| 欧洲授权 | EP953429 – BI | 2004 年 6 月 16 日 |
| 欧洲授权的更正 | EP953429 – B8 | 2004 年 10 月 13 日，更正发明人数据；增加两位新发明人 |

表 2 – 4 现行（2011 年）欧洲专利局文献代码概述

| 代码 | 定义 |
|---|---|
| A1 | 附带检索报告的未经审查说明书公布 |
| A2 | 不带检索报告的未经审查说明书公布 |
| A3 | 检索报告公布 |
| A4 | 进入地区阶段的 PCT 公布补充检索报告 |
| A8 | Al、A2 或 A3 文献的扉页更正 |
| A9 | Al、A2 或 A3 文献全部再版 |
| B1 | 授权欧洲专利的公布 |
| B2 | 欧洲专利局异议程序后修正的授权欧洲专利再公布 |
| B3 | 中心限定程序后授权欧洲专利再公布（＊） |
| B8 | Bl、B2 或 B3 文献的扉页更正 |
| B9 | Bl、B2 或 B3 文献的全部再版 |

（＊）欧洲专利公约提及中心限定程序若干循环的可能性，但对每一种循环使用相同文献种类代码。"第二代"EP – B3 的扉页可能注释原有 EP – B1 或 EP – B2 以及在先 EP – B3 的日期。

## ▶ 欧洲专利分类

欧洲专利分类体系（ECLA）基于 IPC，并采用与之相似的标识。此体系在欧洲专利局的检索文档内使用，多年来涵盖了许多国家。作为公共检索工具，在免费 Espacenet 系统的特定文档以及越来越多的商业检索文档中可以提供使用 ECLA。ECLA 的其他进一步特征将会在第 16 章进行讨论。

ECLA 分类号没有印刷在任何文献的首页，仅作为计算机记录予以保留。不同于美国专利分类，ECLA 并非仅用于欧洲专利局的公布文献，而是应用于欧洲专利局主数据库 DocDB 中各专利族的至少一个同族成员且与公布国无关。

近年来，欧洲专利局审查人员也将 ECLA 分类号增加到了大量非专利文献中。学科专家审查各自领域的核心期刊时，也将 ECLA 分类号应用到其确信对未来技术有价值的每篇文章中。在本书撰写时，约 100 万件非专利文献具有 ECLA 分类号，尽管在欧洲检索报告中并非引用了上述全部非专利文献。相反，检索报告引用的若干件非专利文献不带有 ECLA 分类号，原因在于引用时分类并非强制性的或者未进行自动分类。为了协助识别，欧洲专利局将前有虚拟国家代码"XP"的入藏号增加到记录中。

## ▶ 数据库及其具体方面

本小节仅讨论欧洲专利数据的专用数据库。许多国家的数据库在其收录范围内包含了欧洲专利数据，这些数据库将在第 9 章进行讨论。表 2 - 5 显示了欧洲专利数据库概述列表。

由于欧洲专利局系统相对较新（1978 年以来），其与电子信息产业同步发展，并且许多数据库收录了从 EP 0 000 001 - A 至今的所有文献。然而，说明书的字符编码全文文本直到 20 世纪 80 年代才产生，而且对于授权文献而言，直至 20 世纪 90 年代才可获取。随后，欧洲专利局商业化运作扫描更早的文献并且通过光学字符识别（OCR）转换创建了可检索文本。在此之前，以使用经修改的 TIFF 格式的图像文档与仅可检索的基础（扉页）数据的形式传递文献，最初基于 CD - ROM 的产品主要用于文献传递，并且仅有来自扉页数据集的有限数量检索字段。检索人员应该记住所列的全文文本数据库是欧洲专利局 3 种官方语言的数据库。就授权文献而言，权利要求书应译为全部的官方语言，而说明书主要部分将保留与其对应的 EP - A 文献相同的语言。仅包含 EP - A 文献的检索文档必须以全部 3 种语言进行检索以确保全面检索。

就当前信息而言，季刊《专利信息新闻》（旧名《EPIDOS 新闻》）提供了所有欧洲专利局信息产品形成的具体内容，主要以欧洲专利局网站与纸本形式发布每期通讯。来自各商业广告提供商的文档也会将任何内部发展告知用户，譬如 Univentio 着手转换更早的欧洲专利记录，现已许可给其他主机服务并且装载在 Total Patent 上。

表 2 - 5　欧洲专利数据库

| 提供商 | 服务名称 | 平台 | 收录范围 |
|---|---|---|---|
| EPO | EPAPAT | Questel | 著录项目数据：1978 年 + EP - A 全文文本 1987 年 +（局部 1978 ~ 1986 年） |
| EPO | EPBPAT | Questel | 著录项目数据：1978 年 + EP - B 全文文本 1991 年 + |
| EPO | EP - Espacenet | Espacent | EP - A 全文文本 1978 年 + |
| EPO | EPFULL | STN | 著录项目数据：1978 年 + EP - A 全文文本 1978 年 + EP - B 全文文本 1980 年 + |
| EPO | ESPACE - Access - EP - B | DVD | EP - B 著录项目数据：1980 年 + EP - B 第一权利要求：1991 年 + |
| EPO | ESPACE - Bulletin | DVD | 著录项目数据：1978 年 + 法律状态数据 1978 年 + |
| EPO | ESPACE - EP | DVD | EP - A 著录项目数据，全文文本与图像：1980 年 + EP - B 著录项目数据，全文文本与图像：1978 年 + |
| EPO | European Patents - Applications | Delphion | 著录项目数据：1978 年 + EP - A 全文文本 1986 年 + |
| EPO | European Patents - Granted | Delphion | 著录项目数据：1980 年 + EP - B 全文文本 1991 年 + |
| EPO | European Patents Full - text (file 348) | Dialog | 著录项目数据：1978 年 + EP - A 全文文本 1987 年 + EP - B 全文文本 1991 年 + 法律状态数据：1978 年 + |
| EPO | FOCUST | Wisdomain | EP - A 著录项目：1978 年 + EP - B 著录项目 1986 年 + |
| EPO | Free Patents Online | Patents Online LLC | EP - A 全文文本 1978 年 +（若干缺失）EP - B 全文文本 |
| EPO | Intellectual Property Library | www. ip. com | EP - A 著录项目：1978 年 +，全文文本 1986 年 + EP - B 著录项目：1981 年 +，全文文本 1991 年 + |
| EPO | Patent Café ProSearch | Pantros IP, Inc. | EP - A 1978 年 +（著录项目），1991 年 +（全文文本）EP - B 1980 年 +（著录项目），1990 年 +（全文文本） |

| 提供商 | 服务名称 | 平台 | 收录范围 |
|---|---|---|---|
| EPO | PatentLens | CAMBIA | EP - B 全文文本 1980 年 + |
| EPO | Publications Server（#） | www. epo. org/pu blication - server | EP - A 1987 年 +<br>EP - B 1980 年 + |
| EPO | Register Plus | epoline | 程序阶段及法律状态 1978 年 + |
| EPO | SureChem | Macmillan | EP - A 全文文本 1986 年 + EP - B 全文文本 1986 年 + |
| EPO | WIPS Global | WIPS Co. Ltd. | EP - A 全文文本 1978 年 + EP - B 全文文本 1980 年 + |
| EPO/INPI | EPPATENT | Questel - Orbit | 著录项目数据：1978 年 + 若干法律数据 1978 年 + |
| Lexis - Nexis Univentio | Total Patent | Total Patent | EP - A 全文文本 1978 年 +<br>EP - B 全文文本 1980 年 + |
| MicroPatent/ EPO | PatSearch FullText | MicroPatent PatentWeb | EP - A 全文文本 1978 年 +<br>EP - B 全文文本 1980 年 + |
| Minesoft/ EPO | PatBase | PatBase | 著录项目数据：1978 年 +<br>EP - A 全文文本 1978 年 + EP - B 全文文本 1992 年 + |

（#）出版物服务器旨在作为一种文献传递机制并且仅有有限的检索功能。不能在该系统上进行文本检索。

## ▶ 与欧盟的关系

如上文所述，欧洲专利局并不是欧盟机构，其成员国与欧盟成员国不尽相同。在撰写本书时，欧盟 27 成员国全部是欧洲专利局成员国，但许多国家是欧洲专利局成员国却不是欧盟成员国。尽管这两个机构互相独立，欧盟积极制定了相关政策与国际法，旨在激励和引导其成员国的创新能力。这些政策有助于指引《欧洲专利公约》的具体修正。

在寻求促进专利制度以及相关知识产权保护制度的运用方面，欧盟与欧洲专利局拥有共同的利益。作为欧盟倡议的知识产权帮助台 IPR Helpdesk（http：//www. ipr - helpdesk. org/）由欧盟委员会企业与工业总司（DGE）资助启动。最初重点在于支持获得欧盟框架计划授权的现有或潜在研究所有者的知识产权（IP），但近来已发展为通用的咨询平台。令人遗憾的是，欧洲专利局 Espacenet 检索系统使用的培训教材似乎已被删除。

### 欧洲法规与指令的影响

当欧盟委员会与欧洲议会通过一项新法规或指令时，其旨在欧盟成员国实施。

从理论上讲，这可能导致一种异常情况，有义务修订本国专利立法的特定欧洲专利局成员国有点与欧洲专利局成员国身份以及对《欧洲专利公约》所作承诺的格格不入，因此，这两个机构之间存在持续联络。具体实例包括关于生物技术某些方面的指令[4]与软件/计算机相关发明的建议[5]。在前述例子中，欧洲专利局把这一指令的关键条款并入《欧洲专利公约》，并且修订了欧洲专利公约实施细则与欧洲专利局专利审查指南。欧盟负责在西班牙阿利坎特设立统一的商标与外观设计局，并且也讨论了欧盟实用新型制度，但迄今为止毫无进展。

一旦9个月异议期到期，欧洲专利将超出欧洲专利局的管辖范围，任何有关专利期终止的事件都应在国家层面进行处理。结果是，欧盟成员国执行关于药品与农用化学品补充保护证书的两项重要法规[6,7]而无须修订欧洲专利局的运作立法。欧洲专利局不参与授予此类证书，也不保存中心化记录，甚至当授权欧洲专利正被延期也同样如此；完全在本国层面处理案件并且记录将仅保留在国家登记机构。

### 欧洲共同体专利

欧洲共同体专利进程的主要驱动力与主要障碍是诉讼和翻译。能够在全欧盟国家作出判决的中心专利法院架构的缺失造成了现今欧洲专利集中审查与本国诉讼的局面。申请人为所有指定国支付费用所实施的翻译构成了获得生效欧洲专利的大部分成本。许多人争辩依据第65条而提交的译文绝大部分从未被查阅，因此能够通过要求授权时仅翻译如权利要求书等小部分文献而取代完整全文的翻译来节省费用。多年以来，共同体专利的语言一直都是谈判的核心问题。

欧洲共同体专利的讨论自1975年起开始一直持续到现在，欧洲经济共同体的9个成员国于1975年签订《卢森堡协定》。此协定与其后续1989年的修订本都没有生效。2000年公布的法规草案所进行的其他尝试，初期被认为打破了僵局，[8]却于2004年中期被废止。2000年的另一法规草案同样被废止。

最近一次尝试在2011年，走出了不同寻常的一步，欧盟27个成员国之中的25个同意使用所谓的"强化合作"程序，而该程序通过一项法规并不需要全体一致同意。新的建议[9]把欧洲专利局作为审查与授权机构，对于授权后的专利持有人来说，这是一个可选步骤。在一个月内，他们将能够要求欧洲专利局对其专利进行登记，出于转让、撤回或失效的目的，该专利将按照单一专利处理。专利持有人将不再被要求准备和提交译文（对于现行 EP-B 文献而言超出现行 3 种语言的权利要求集），先进的机器翻译可用来确保本地信息要求得到满足。

## ▶ 参考文献

1. Notice dated 1 October 2001 concerning new patent application numbering system for 2002. Official Journal of the European Patent Office, 24（10）, 465 – 467（2001）. See also the Guidelines for Examination in the EPO, Part A, Chapter II, section 1.8（April 2010 edition）.

2. Decision of the President of the European Patent Office dated 12 July 2007 concerning the form of publication of European patent applications, European search reports and European patent specifications. Official Journal of the EPO, Special Edition no. 3/2007, 97 – 98（July 2007）.

3. Agreement dated 17 October 2000 on the application of Article 65 of the Convention on the Grant of European Patents. Official Journal of the EPO, 12/2001, 550 – 553（December 2001）.

4. Directive 98/44/EC of the European Parliament and of the Council of 6 July 1998 on the legal protection of biotechnological inventions. Official Journal of the European Communities, L213, 13 – 21（30 July 1998）.

5. Proposal for a Directive of the European Parliament and of the Council on the patentability of computer – related inventions. COM（2002）92 FINAL. Brussels: European Commission, 2002.

6. Council Regulation（EEC）No. 1768/92 of 18 June 1992 concerning the creation of asupplementary protection certificate for medicinal products. Official Journal of the European Communities, L182, 1 – 5,（2 July 1992）（now codified as Regulation 469/2009）.

7. Regulation（EC）No. 1610/96 of the European Parliament and of the Council of 8 August 1996 concerning the creation of a supplementary protection certificate for plant protection products. Official Journal of the European Communities, L198, 30 – 35（8 August 1996）.

8. European Commission, Report of the 2490th meeting of the Competitiveness Council. Document 6874/03（Presse 59）pp. 15 – 18（3 March 2003）.

9. Proposed Council Regulation on creation of unitary patent protection, document COM（2011）215/3 and Proposed Council Regulation on applicable translation arrangements for unitary patent protection, document COM（2011）216/3（13 Apr. 2011）.

# 第 *3* 章
## 美国专利制度

▶ **历史背景**

美国专利商标局（USPTO）成立于 1836 年，但有关专利立法最早可追溯到 1790 年，这也使得美国专利制度成为世界上最古老且持续实行的专利制度。在美国正式成立前，多个殖民地已建立了自身的专利法，如马萨诸塞州（1641年）、康涅狄格州（1672年）、南卡罗来纳州（1691年）等。

1790~1836 年，约有 1 万项专利获得授权，但未进行编号。1836 年 12 月，多数文档在专利局新建大楼火灾中被烧毁。人们通过多种方法尝试从其他文件中重建文档，并为这些文档分配了以 X 开头的序列号。因此，美国第一项专利的编号并不是 1 而是 X1，并且是由乔治·华盛顿亲自签批的。

1887 年 5 月，美国在《巴黎公约》制定完成后不久便签署了该公约。美国从一开始便加入 PCT，并从 1978 年开始实施。美国的标准国家代码为"US"。由美国专利商标局授权的专利在美国 50 个州、华盛顿哥伦比亚特区、海外领土及属地（如美属萨摩亚、关岛、波多黎各等）均有效。

美国专利制度中的专利术语可能容易让人混淆。主要的发明专利称为"实用专利"，不应与其他国家较少的准专利式知识产权"实用新型专利"混淆。设计专利（在英国通常为注册外观设计）同样称为外观设计专利，于 1842 年开始采用。自 1930 年起，部分植物可通过一系列专用的植物专利进行保护。为简单起见，本章中引用的"专利"一词均假设为表示美国的实用专利。

多年来，美国保持着仅在专利授予后公开一次的制度，并且专利带有单一编号序列。该制度延续数十年，使用时间久于其他工业化国家。这些国家自 20 世纪 60 年代中期开始逐步采用延迟审查制度，并且在 18 个月后早期公布。

美国直到 2001 年才修改相关法律，但其实践中仍与大多数其他国家有明显区别。

自美国专利商标局成立以来，专利授权数量不断攀升，这一点需要额外注意。表 3－1 列出了各"百万"里程碑的授权年份，以及到下一个"百万"里程碑的间隔年份。2006 年，美国专利商标局共授权 700 万项美国专利，在2011 年将达到 800 万项，5 年内还会达到下一个"百万"里程碑。

表 3－1　美国专利历史里程碑

| 授权年份 | 数量 | 间隔（年份） |
|---|---|---|
| 1790 | X1 | |
| 1836 | 1 | 46（c. 10000 项 X 系列专利） |
| 1911 | 1000000 | 121 |
| 1935 | 2000000 | 24 |
| 1961 | 3000000 | 26 |
| 1976 | 4000000 | 15 |
| 1991 | 5000000 | 15 |
| 1999 | 6000000 | 8 |
| 2006 | 7000000 | 7 |

美国专利制度有两个基本问题影响着信息工作，即宽限期和"先发明制"。

宽限期并非美国独有，但由于美国产业的重要性，宽限期才显得最为重要。在美国专利制度中，宽限期为 12 个月，其他国家也有类似期限。该宽限期允许发明人或其授权代表可在申请专利之前 12 个月内公开展示或试验该发明，也包括产品试销售，但并不影响该发明的新颖性。这意味着发明人可更多地关注该发明的详情，而不用担心其专利申请受到影响。相比之下，在大多数工业化国家中，即便是发明人的这种行为也会在专利申请前构成丧失新颖性的提前公开，并可能会影响专利申请的授权处理。

宽限期可让美国发明人不用担心在美国境内的专利公开问题，但前提是发明人不在国外进行专利申请。就其他专利授权机构而言，在宽限期内于美国境内公开专利仍可构成丧失新颖性的行为。最为著名的例子可能要属 Cohen－Boyer 专利，还包括有关基因剪接基本过程的美国专利 US4237224。发明人Stanley Cohen 来自斯坦福大学，1973 年在期刊中公布了该项技术的部分详情。直到 1974 年，美国才首次出现可享有宽限期的专利申请。但该篇期刊文章和在美国报纸上的进一步公开均使得相同发明在其他国家无法进行专利申请。

就专利信息工作而言，当试图质疑发明的专利性时，宽限期需要在无效检索的情况下予以考虑。若在美国找到现有技术，则可能不会影响在美国的申请，但仍可能影响在其他国家的申请。因此，同样的发明在美国具备可专利性，但在其他国家则不具备可专利性。

另一个重要问题就是美国的"先发明制"。该制度有时会与宽限期混淆，因为这两个问题均会引起美国发明人与其他国家发明人之间的行为反差，即发明一旦得到承认后，就需要尽快提出专利申请。其他国家的"先申请制"倾向于最早提出（优先权）申请的申请人。尽管没有任何保证（具体情况有待调查），但最早提出申请的人有最佳的先天优势（priori claim）而被授予发明专利。在美国的"先发明制"中，假定被授予专利的是最先构思出该理念并将其落实到可行层面的人。这就意味着如果对相同发明提出两份抵触专利申请，则专利可能会授予能够证明发明时间最早的发明人，而不是最早在美国专利商标局提出申请的人。就信息而言，这意味着行业必须特别注意保留关于研究项目开发的记录（如实验记录簿等），因为在产生争议时，这些记录有可能用于证明发明日期。

在撰写本书时，有关美国专利法的重要变化正在国会进行讨论。若以当前版本通过，则会废除美国专利法中的"先发明制"，转而参照其他国家，采用"先申请制"。

## ▶ 近期法律变化

根据信息学家的观点，最重大的进展是1999年通过的《美国发明人保护法案》（AIPA）。遵循美国惯例，该保护法现已正式列入修订后的美国法典第35编（35 U. S. C.）。AIPA规定，美国自优先权日期起，在第18个月公开未决专利申请。这类申请文件首次公开于2001年3月，目前定期在每周二进行公开（授权专利系列继续每周二公开）。

对于法律状态检索人员非常重要的早期立法过渡出现在1995年。1994年《乌拉圭回合协议法案》（URAA）用于使美国遵守《与贸易有关的知识产权协议》（TRIPS）相关要求，该协议是世界贸易组织创建条约的一部分。TRIPS要求，自申请之日起至少有20年的专利期限。直至此时，美国实行的仍是单一公布程序，自专利授权之日起有17年的专利期限。根据《乌拉圭回合协议法案》于1995年6月8日生效的专利及在该日期之前基于未决申请的授权专利自专利授权之日起17年，或者自申请之日起20年（以时间较长者为准）。在该日期后提交的申请专利期限自申请之日起同样的20年。

自2000年5月29日起，USPTO根据AIPA提出进一步调整专利期限的要求。如果美国专利商标局在专利审查上花费过多的时间，则可调整专利期限。

该调整旨在确保专利的有效期限不会少于旧法案规定的 17 年，即便是审查时间超过 3 年也不例外。

AIPA 对于信息专家的意义于 2002 年在美国化学学会的化学信息部[1]（CINF）的讨论会上进行了评述。

## ▶ 美国专利文献

### 申请程序

同其他专利局一样，在美国申请专利时，美国专利商标局会在受理书上分配序列号。但其他专利局会在新年伊始从 1 开始循环重新编制序列号，而美国的专利序列号总共约有 100 万个。在当前日历年度，若序列号超过 999999，则序列会回到 000001。这就意味着在最近几十年中，每隔 8 ~ 10 年就会出现相同的序列号。为了区分可能出现冲突的序列号，完整的美国专利申请号将由两部分组成。第一部分便是所谓的"序列码"，用于标识循环周期，第二部分则是实际的序列号。表 3 − 2 列出了到目前为止的实用专利申请号序列。

**表 3 − 2　美国专利申请号序列码**

| 序列码 | 起始年份 | 结束年份 |
| --- | --- | --- |
| 01（＊） | 1915 | 1934 |
| 02 | 1935 | 1947 |
| 03 | 1948 | 1959 |
| 04 | 1960 | 1969 |
| 05 | 1970 | 1978 |
| 06 | 1979 | 1986 |
| 07 | 1987 | 1992 |
| 08 | 1993 | 1997 |
| 09（#） | 1997 | 2001 |
| 10（†） | 2001 | 2005 |
| 11（§） | 2005 | 2007 |
| 12 | 2008 | 2010 |
| 13（∞） | 2011 | 至今 |

（＊）序列码 01 包含两个序列约 75 万份申请，于 1925 年 1 月 1 日回到 000001。

（#）序列码 09 始于 1997 年 12 月 30 日，止于 2001 年 11 月 30 日，而非按照先前惯例始于 1998 年 1 月 1 日。

（†）序列码 10 始于 2001 年 10 月 24 日，延续至 2004 年 12 月 31 日之后，而非按照先前惯例始于 2002 年 1 月 1 日。

（§）序列码 11 始于 2004 年 12 月 1 日，结束时间与系列码 10 相同。

（∞）序列码 12 的专利数量于 2010 年 12 月下旬超过 975000，因此当前系列码 13 可能已于 2011 年 1 月 1 日前启用。

序列码是部分检索系统输入格式的必要组成部分，令人遗憾的是，在文献引文中时常遗漏。若文章或专利施引（假设）"美国专利申请345678"，且从文中明确得出该申请文件时间为20世纪80年代早期，则可参考表3-2或美国专利商标局官网（http：//www.uspto.gov/web/offices/ac/ido/oeip/taiyfilingyr.htm）中的索引，确定该文件号属于序列码06，进而得到完整的引证号06/345678。

当美国启用临时申请制度后，自1995年起，申请序列码便显得格外重要。该制度允许申请人提出"非正式"申请，该申请无须与首次申请完全一致。临时申请必须在12个月内转为常规的专利申请，可能更为重要的是出于维护信息目的，根据《巴黎公约》要求国外优先权。也就是说，美国临时申请的专利序列号可能出现在诸如欧洲相应专利申请的扉页上。该序列号与普通序列号相同，从000001到999999，而序列码始于60，于2008年启用序列码61。但若序列码丢失，则不论是扉页引文还是相应的数据库记录，均可能出现混淆。临时序列号与有效的普通序列号曾经在两段时间中出现过重叠，即1998~1999年（序列码60与序列码09重叠）以及2003~2004年（序列码60与序列码10重叠）。区分这些文件的唯一方法便是判断哪些序列用于引证。部分商业数据库最近开始改换美国临时申请号格式，采用附加字母对两种序列号进行区分。

## 审查、早期公布和授权

美国专利商标局的所有审查员被分为不同的主题组，这些主题组被称为"检察技术小组"，检察技术小组内的各审查员独自负责一个特定的技术领域。新受理的专利申请被分类后分配给各检察技术小组，由检察技术小组进行审查。该流程包括由审查员对以往的文献（专利文献和非专利文献）进行检索。而美国新程序规定，审查一项专利和公开已申请18个月的说明书这两项流程同时进行。相反，（例如）欧洲专利局的检索和审查流程有着严格的顺序，并不会在检索报告公布和申请人提出审查请求之前启动审查流程。

这些差异的结果是，美国专利文献的特有方面与其他主要制度相比有所不同。表3-3中的示例阐释了差异之处，表明有可能两份公布文献之间顺序相互颠倒。通常顺序是未经审查的公布以US-A1文献出现，紧接着授权专利以US-B2文献公布，如果一份特定申请要求审查的时间不满18个月，那么首次公布的是保留-B后缀的授权专利，通过使用"B1"来表示是首次公布。相应未经审查的公布文献可在授权后的几周或几个月内公布，但依然要用-A1后缀。需要注意早期公布和授权的编号格式有所不同：早期公布文件在4位年份后带有7位序列号，序列号每年从0000001开始；而授权专利则采用现有序列码继续公布，迄今为止约有 800 万项专利。

　　以往的立法规定，当只有一份公布文献时，数据库中的授权专利要包含文献种类代码 US - A，但是多年来这些代码没有印刷在文献扉页上，且在美国专利文献的现有讨论中也很少使用。

表 3 - 3　美国专利公布序列

|  |  | 印刷编号 |
|---|---|---|
| AIPA 立法前 | 美国专利申请 | 08/732862（1996 年 10 月 15 日） |
|  | 美国专利公告/授权 | US 5953748（1999 年 9 月 14 日） |
| AIPA——"常规"顺序 | 美国专利申请 | 10/85973（2002 年 2 月 28 日） |
|  | 美国未经审查专利公告（授权前公告，PGP） | US 2003/0169420 - A1（2003 年 9 月 4 日） |
|  | 美国授权专利 | US 6839103 - B2（2005 年 1 月 4 日） |
| AIPA——"反向"顺序 | 美国专利申请 | 09/454725（1999 年 12 月 4 日） |
|  | 美国授权专利——首次公开 | US 6234712 - B1（2001 年 5 月 22 日） |
|  | 美国未经审查专利公告 | US 2001/0028824 - A1（2001 年 10 月 11 日） |

　　如采用临时申请流程，该数据应放入 INID 字段（60）"美国申请数据"中。依赖于数据库，最早优先权可能被收录且可检索或者放弃。如果放弃，最早可检索的申请数据则是以较早的临时申请为基础的美国专利正式申请数据，这些数据应出现在 INID 字段（21）中。相关示例如图 3 - 1 所示。

　　美国的做法同其他国家还有一个主要的区别，那就是检索报告。检索报告出现在 INID 字段 56"参考文献"中，不过仅限授权专利，US - A1 文献除外。因而，美国专利中出现的文献被定义为现有技术，这种现有技术并没有导致专利申请被完全驳回（不过可能迫使修改权利要求书）。相反，EP - A 或 GB - A 文献中的检索报告在公布时未被证实，因而可能会致使专利申请被驳回或者授权专利文本被大幅修改。当这些数据字段用在引文检索中时，不同文献的检索报告在用途上的不同会产生很大影响。在最近几年里，特别值得注意的是，美国引文列表长度增加（依据非正式证据）并且相关性减小。其部分原因可能在于美国专利法要求在申请程序中必须呈报信息披露书（IDS）。这是一份有关申请人所知的所有在先公布文献清单。美国专利商标局会非常严格地对待没有披露已知的相关现有技术的情况，因而，信息披露书往往过于宽松。信息披露书很多（即使不是全部）都转入"参考文献"列表，这往往会降低这些列表的准确性，而更多的是影响其在引文检索中的实用性。

US006214550B1

(12) **United States Patent**
**Malins**

(10) **Patent No.:** **US 6,214,550 B1**
(45) **Date of Patent:** **Apr. 10, 2001**

(54) **METHODS OF DIFFERENTIATING METASTATIC AND NON-METASTATIC TUMORS**

(75) Inventor: **Donald C. Malins**, Seattle, WA (US)

(73) Assignee: **Pacific Northwest Research Institute**, Seattle, WA (US)

(*) Notice: Subject to any disclaimer, the term of this patent is extended or adjusted under 35 U.S.C. 154(b) by 0 days.

(21) Appl. No.: **09/104,425**

(22) Filed: **Jun. 25, 1998**

**Related U.S. Application Data**

(60) Provisional application No. 60/051,110, filed on Jun. 27, 1997, now abandoned.

(51) **Int. Cl.**[7] .............................................. **C12Q 1/68**

FOREIGN PATENT DOCUMENTS

WO 91/11701 8/1991 (WO).
WO 92/14134 8/1992 (WO).
WO 95/26502 10/1995 (WO).
WO 96/41152 12/1996 (WO).

OTHER PUBLICATIONS

Malins et al., "Tumor progression to the metastatic state involves structural modifications in DNA markedly different from those associated with primary tumor formation," *Proc. Natl. Acad. Sci. USA* 93: 14047–14052, 1996.
Meurens et al., "Breast cancer detection by Fourier transform infrared spectrometry," *Vibrational Spectroscopy* 10: 341–346, 1996.

*Primary Examiner*—Ardin H. Marschel
(74) *Attorney, Agent, or Firm*—Seed Intellectual Property Law Group PLLC

(57) **ABSTRACT**

Methods of screening for a tumor or tumor progression to

图3-1 美国扉页列举临时专利申请数据（INID 60）

在AIPA规定的新程序之前，已有少数专利申请被公开。针对这些专利申请的主要方案为法定发明登记S. I. R.程序和所谓的美国商务部国家技术信息服务（NTIS）局公布文献。

根据法定发明登记程序，即使在美国专利商标局已经明确表示不会授予专利后，美国专利申请人仍可请求向公众公开其申请的内容。如果发明人申请一项微小的技术改进，而其本身可能并不足以获得一项专利，但是仍有重要的商业价值，那么这项程序则会很有用。发明人慎重公开其发明，可以确保向公众披露信息，并且无法在其他司法管辖区内获得专利权。法定发明登记文献与专利类似，但并不具备专利的法律实施力。法定发明登记文献公告采用单独的编号序列，其文献种类代码为-H。自2001年引入18个月的公布期以来，这项程序的使用很可能会减少，原因在于申请人的申请案可以US-A1文献公开，然后从申请案的进一步处理中撤回。法定发明登记页首信息相关示例如图3-2所示。

US00H002074H

(19) **United States**
(12) **Statutory Invention Registration**
**Lundquist et al.**

(10) **Reg. No.:** **US H2074 H**
(43) **Published:** **Jul. 1, 2003**

图3-2 美国法定发明登记标题页眉

　　在旧的立法下，"早期公开"的第二个流程仅适用于联邦政府资助研究所的专利申请。为推动联邦政府资助研究所产生专利的许可程序，专利申请案在专利授权前公开。相关协调机构为美国商务部国家技术信息服务局（NTIS），该局已定期撰写大量美国政府报告并创建相应的著录项目数据库。依据该制度公开的专利申请被分配一个虚拟的美国"专利"号，该号由申请号前加上序列码组成。譬如，若 07 序列中的第 345678 号申请作为国家技术信息服务案，则分配的虚拟美国专利号将是 7345678。在 20 世纪 60 年代至 20 世纪 80 年代，这项制度没有产生任何问题。但是，正常授权专利序列一旦超过 6000000，则会发生混淆，表面相同的公布号可能会公布两次。为此，商业数据库提供商不得不修改编号格式，以便区分 NTIS 公开的专利申请与正常专利授权。国家技术信息服务申请案采用 US – A0（A – 0）虚拟文献种类代码，而其他则使用字母 N 作为申请号的前缀和（或）后缀，例如 USN 7532327 – N。若根据国家技术信息服务方案公开的一项申请案随后被授予专利，那么这项申请案将被分配一个常规序列的授权号。

　　除国家技术信息服务系列和法定发明登记序列以外，有少数申请案的公开采用不同的程序，例如试验性志愿保护程序（TVPP）和防卫性公告程序（1969～1985 年）。试验性志愿保护程序将申请号作为虚拟公告号，并带有一个前缀 B，因而公告号为 US B123456 – A，而防卫性公告程序则使用前缀 T。关于这些少数文献类型编号格式和收录范围的更多细节，请参阅商业数据库提供商撰写的文件，譬如 CAS 和汤姆森科技（WPI 数据库）。检索者有时也可参阅外侨资产管理局（APC）出版物。这些是战时美国政府没收的外国专利和未决专利申请。这些文献与第二次世界大战期间没收的德国与日本发明有关。外侨资产管理局在信息方面的职能在 White[2] 的一篇论文中有详细记述。

　　在过去几年里，美国专利商标局已经开始采用世界知识产权组织 ST. 50 更正标准，这项标准规定对早期有误公告进行修正的文献将分配新的文献种类代码。而在美国采用两个新的文献种类代码：说明书扉页再公布采用 US – A8 代码，而全文再公布采用 US – A9 代码。令人遗憾的是，美国专利商标局在这项标准上选择采用与欧洲专利局及世界知识产权组织不同的做法。不同于再使用公布号且仅修改后缀的做法，美国采用全新的编号进行公布。这意味着要确定是否产生这些更正文献会困难得多。例如 US 2003/0003092 – A1 的更正版并不是 US 2003/0003092 – A9，而是 US 2004/0086498 – A9。

## 授权后活动

　　在美国专利制度下，并不存在与欧洲有关专利局采用的异议程序等同的程序。专利相关的大部分授权后事务通过法庭诉讼进行解决。不过，有限数量的活动可能发生在授权专利生命期内，这导致新的或经修订的公布文献进入著录项目记录。

最常用的程序是再颁程序与再审程序。按照再颁程序，美国专利商标局撤回已授权专利，这些专利在某种程度上因"无任何欺骗性意图的错误"而存在缺陷，譬如由细小排版错误等导致的缺陷。再颁新文献以取代旧文献，新文献不允许包含任何新主题。从法律角度看，新文献完全取代原文献，再颁的专利文献中的权利要求书成为发明的可实施权利要求书。再颁的专利文献有一个新的编号，在编号前加上字母 Re 和文献种类代码 US – E。尽管再颁的专利文献大多取代专利，但有时也可取代外观设计专利或植物专利。公布序列相关示例如表 3 – 4 所示。

表 3 – 4　美国再颁专利公布

| 申请 | 授权 | 再颁申请 | 再颁专利 |
| --- | --- | --- | --- |
| 07/789361（1991 年 11 月 8 日） | US 5276208 – A（1994 年 1 月 4 日） | 08/324620（1994 年 10 月 17 日） | US Re 37208 – E（2001 年 6 月 5 日） |
| 29/50713（1996 年 2 月 23 日） | US D378692（1997 年 4 月 1 日） | 29/102729（1999 年 3 月 30 日） | US Re 38467 – E（2004 年 3 月 23 日）＊＊ |
| 746477（1976 年 12 月 1 日） | US PP 4146（1977 年 12 月 8 日） | 878330（1978 年 2 月 16 日） | US Re 29912 – E（1979 年 2 月 13 日） |

＊＊注：有些数据库条目将该前缀改为 US RD38467，但实际印刷文献仍保留与实用专利再颁一致的前缀 Re。

与再颁程序相比，通常再审程序更多地会引起专利保护主题发生实质性改变。再审程序可由美国专利商标局局长或第三方启动。再审请求被分配一个"审查号"，审查号与常规申请号的格式类似，不过单方再审采用系列 90，双方再审采用系列 95（现在比较少用）。这两种程序形式都旨在解决关于授权专利是否产生"可专利性的实质新问题"的问题。再审后公布的新文献会具有数量不同且范围不同的权利要求。在旧的立法下（前 AIPA），再审证书与原始专利采用相同的编号，而仅更改 US – B 的文献种类代码。对于多方再审（较少见），再公布 US – B2、US – B3 等代码。AIPA 程序一旦启动，常规授权序列需要此文献种类代码，因此 2001 年以后分配给再审的代码为 US – C1。相应多方再审可产生 US – C2、US – C3 等代码。由于再颁专利文献本身可以进行再审，那么可能出现前缀与后缀相组合的情况，譬如 US Re 35860 – Cl，而 US Re 35860 – Cl 是 US Re 35860 – E 经再审程序后的文献，US Re35860 – E 又是

US 5352046 – A 经再颁程序后的文献。

值得指出的是，美国专利商标局在 2001 年 1 月 2 日之后才开始在其专利文献中印刷官方的文献种类代码，届时对其代码系列进行多项更改。在此之前，尽管专利文献包括文献类型的文字名称（譬如"再审证书"），但没有包含任何代码。2001 年之前带有文献种类代码的全部著录项目记录将由数据库提供商进行增补。现行文献种类代码如表 3 – 5 所示，失效代码如表 3 – 6 所示。

表 3 – 5　现行美国文献种类代码汇总表

| 代码 | 定义 |
| --- | --- |
| A1 | 未经审查的专利申请公布（授权前公布，PGP） |
| A2（ * ） | 未经审查的专利申请再公布（使用新编号） |
| A9（ * ） | A1 文献全部再版（使用新编号） |
| B1 | 未经在先公布 A1 的授权专利公布 |
| B2 | 经 A1 在先公布的授权专利公布 |
| B8 B9（ # ） | – B1 或 – B2 文献再版的扉页或全部说明书 |
| C1、C2、C3 | 再审证书 |
| E | 再颁专利 |
| H1 | 法定发明登记 |
| P1 | 未经审查的植物专利申请公布 |
| P2 | 未经在先 P1 公布而授权植物专利 |
| P3 | 经在先公开 P1 的授权植物专利 |
| P4（ * ） | 未经审查的植物专利申请再公布 |
| P9（ * ） | P1 文献全部再版 |
| S | 外观设计专利 |

（ # ）尽管美国已经公开这些代码，其功能主要通过公布更正证书来实现，但很少通过再颁来实现，并且到目前为止，还未使用 – B8 和 – B9 代码。

（ * ）"再公布" – A2 或 P4 文献与"更正" – A9 或 – P9 文献的区别并不总是很清晰。这两种类型可能均含额外内容；– A9/ – P9 文献可能只包含本应包含在原始 – A1/ – P1 文献中但因公布程序中技术问题而被遗漏的新内容，而 – A2/ – P4 文献可能包含随后提交的但无法在印刷 – A1/ – P1 文献时获取的内容（譬如一系列新的权利要求、新实施例）。

表 3 – 6　失效美国文献种类代码

| 文献种类代码 | 文献 | 编号格式 |
|:---:|:---|:---|
| 11 | 1790 年 7 月 31 日至 1836 年 7 月 31 日期间的授权专利公布 | XNNNN（†） |
| 12 | 1832 年（首次再颁条例）至 1836 年 7 月 13 日期间的再颁授权专利 | 针对授权专利（US – 11） |
| 13 | 增补改进专利（1838 ~ 1861 年） | AINNN |
| 14 | 防卫性公告（1968 ~ 1988 年） | TNNNNNN 或 TVVVNNN（＊） |
| 15 | 按照试验性志愿保护程序（TVPP）公布的专利申请（1975 ~ 1976 年） | BNNNNNN（基于 6 位数申请号） |

（†）美国专利商标局图像馆藏可得最大编号为 X9900（序列号中有间隔），公布有可能达到 X9957。

（#）AI 编号与母专利无关（例如 US AI 3 18 – 13 基于 US 3 1359 – A），通常在 AI 文献中不会明确交叉引用。

（＊）早期文献（1968 ~ 1969 年）在公布时只使用 6 位申请号。1969 年 12 月之后，还并行采用一种新的明确编号格式（TVVVNNN），这种编号格式由美国专利公报卷号的前 3 位（VVV）后加该卷中的一个流水序列号（NNN）组成。出于集合完整性，这种早期的编号格式保存于某些数据库中。

# ▶ 数据库及其具体方面

　　通常可通过网址（www. uspto. gov）访问美国专利商标局官网，但是若干直接访问网址是用于网站特定服务。该网站自启用以来就已经包含一些检索功能，其中有两类文档可使用，一类为摘要文档，另一类包含全文文本的文档。但是，前一类文档已被移除，全文文本文档得以扩展使用。自美国实施授权前公布以来，该网站还增添了一个包含 US – A 文献的全文文本的单独文档。除了网络公开文档外，美国专利商标局在其位于华盛顿区外的总部设立了一间公众阅览室，通过该阅览室可访问一个称作审查员自动化检索工具（EAST）的增强系统。该系统包含 1920 年迄今的所有全文文本，包括 1920 ~ 1970 年的 OCR 扫描件。由于该服务的访问方式和时间均受到限制，导致该服务不能实现与其他电子服务一样的"公众化"，因此本节对该服务不作进一步的介绍。

　　现在互联网上有许多可用的数据库（如表 3 – 6 所示），包含部分美国数据，这些数据库通常专注于特定主题范畴，譬如，DNA 专利数据库（DPD），这是乔治城大学与遗传医学基金会[3]的一个协作项目，美国能源部的专利数据库（发明许可项目的一部分）[4]或者美国国家农业图书馆（NAL）生物技术专利选集[5]。后者说明大多数此类"选定"数据源存在的问题——它们不能像美国专利商标局网站一样进行有效的更新，以美国国家农业图书馆为例，其自 2000 年以来就一直关闭。尽管存在这一不足之处，美国国家农业图书馆数据库还是以附加主题范畴的形式产生附加价值，并且能够为一些检索类型提供其他辅助的数据源。

与欧洲专利局一样，近年来关于美国专利商标局公布文献的磁盘项目已缩减范围，已被基于公共互联网的更多产品所取代。基于磁盘的产品以 CASSIS 标识进行销售，这不仅涉及专利，还包括商标。有关产品及价格的详细信息可访问网址 www. uspto. gov/web/offices/cio/cis/pricelist. htm。现行产品包括单期或年度订阅的电子版美国专利公报的年度索引以及美国专利分类相关的若干工具，包括电子索引、DVD‐ROM 版分类手册与定义。美国专利商标局网站转让数据库也提供光盘版。网站 www. uspto. gov/products/catalog/media/cassis/index. jsp 介绍了 CASSIS 检索软件。时事通讯《CASSIS 动向》在 1998 年至 2005 年初出版，并且归档副本仍然可供参考使用。

除了基于"第一手"数据的大量文档外，专业检索人员还应熟悉 IFI Claims®数据库。这是最早包含美国专利的电子数据库之一，在成为商业公司（目前是 Fairview Research LLC 的一个部门）之前是以产业合作（Information For Industries，IFI）方式运作该数据库，该公司的数据库加载在大量的商业主机上。收录范围以化学主题最广，并含大量的增值索引。化学领域的收录范围自 1950 年起一直延续到今日，电气和机械领域的收录范围自 1963 年起。文档也包含外观设计专利以及自 2001 年以来最新的授权前公布。

CLAIMS 文档的增值标引是基于通用概念、化学名称与专利权人的主题词表。主题标引形成所谓的 Uniterm 系统用于检索文本串或相应的数字码。该系统提供非常详细的主题检索功能，除非能够通过文本检索实现申请人或定制摘要的检索，仅向订阅用户提供化学结构的附加片段码。文档依据新内容按周更新，并且每年度全部重新加载以整合美国专利分类的变化，也在同一个主机上提供同步法律状态文档（CLAIMS/Current Patent Legal Status）。主著录项目文档中存在一个特别有用的准法律功能，即通过标准化的专利申请号将相关分案、继续申请和部分继续申请关联在一起，这有助于概念相关文档的快速检索，这些文档可能在其他类型的专利族检索中被遗漏。

文档提供商的网址是 http：//www. ificlaims. com。自 2010 年底被 Wolters‐Kluwer 集团收购以来，IFI 数据库标引似乎已停滞，也不清楚未来该文档的发展形式。

最近几年，美国专利信息产业发生了多起收购与合并，包括 MicroPatent 的母公司 Information Holdings Inc.（IHI）收购 Corporate Intelligence 的专利情报服务（Patintelligence serivce）以及 Current Patents、Delphion 与 IHI 合并至 Thomson 集团（见表3-7）。

表3-7　美国专利数据库

| 提供商 | 服务名称 | 平台 | 收录范围（#） |
|---|---|---|---|
| EPO/MicroPa-tent | MPI - INPADOC Plus | MicroPatent | 美国著录项目数据<br>1920年+（部分1859~1919年的数据） |
| IFI Claims | Claims/Citation（文档220~222） | Dialog | 美国授权专利引文、1790年+（施引文献1947年+） |
| IFI Claims | Claims/US Patents（文档340）；Claims/Uniterm（文档341）；Claims/Comprehen-sive（文档941） | Dialog | 美国专利（化学）1950年+、美国专利（电气/机械）1963年+、美国核准前公开2001年+、著录项目+权利要求书 |
| IFI Claims | Claims/US Patents（文档340、341、942） | Dialog | 美国专利（化学）1950年+、美国专利（电气/机械）1963年+、美国授权公布文献2001年+、著录项目+权利要求书 |
| IFI Claims | IFIPAT；IFIUDB；IFICDB | Questel | 美国专利（化学）1950年+、美国专利（电气/机械）1963年+、美国授权前公布文献2001年+、著录项目+权利要求书 |
| IFI Claims | IFIPAT；IFIUDB；IFICDB | STN | 美国专利（化学）1950年+、美国专利（电气/机械）1963年+、美国授权前公布文献2001年+、著录项目+权利要求书 |
| MicroPatent | 美国（授权） | MicroPatent | 美国专利授权全文文本1836年+ |
| MicroPatent/USPTO | 美国（申请） | MicroPatent | 美国授权前公布全文文本2001年+ |
| USPTO | 专利年度索引 | DVD | 授权著录项目数据+图像+示例性权利要求的年度累积 |
| USPTO | 申请全文文本 | www.uspto.gov/patft/index.html | 美国授权前公布文献2001年+ |

| 提供商 | 服务名称 | 平台 | 收录范围（#） |
|---|---|---|---|
| USPTO | 转让数据库 | http：//assignments. uspto. gov/assignment s/q？db＝pat | 美国专利权转让和再转让 1980 年＋ |
| USPTO | Claims/Current Patent Legal Status 专利当前法律状态（文档123） | Dialog | 美国授权后法律状态 |
| USPTO | eOG：P | www. u s pto. gov/we b/patents/ patog/ | 关于新授权每周官方公报数据的周数据：当前仅 52 周 |
| USPTO | FOCUST | Wisdomain | 美国授权 1790 年＋、授权前公布 2001 年＋ |
| USPTO | PAIR/IFW | http：//portal. uspto. gov/external/portal/ pair | 文档案卷的法律状态与图像 |
| USPTO | Patent Café ProSearch | Pantros IP | 美国授权全文文本 1976 年＋、美国申请全文文本 2001 年＋ |
| USPTO | PatentLens | CAMBIA | 美国授权授予全文文本 1976 年＋、美国申请全文文本 2001 年＋ |
| USPTO | 专利全文文本 | www. uspto. gov/ patft/index. html | 美国授权全文 1976 年＋、美国授权－仅限编号与分类，1790～1975 年 |
| USPTO | PATENTS－Bib | DVD | 美国授权，著录项目 1969 年＋（摘要 1988 年＋）<br>美国申请，著录项目 2001 年＋ |
| USPTO | PATENTS－Class | DVD | 美国授权（1790 年＋）和美国申请（2001 年＋）的当前分类 |
| USPTO | 美国专利－授权，美国专利－申请 | Delphion | 美国授权全文文本 1971 年＋<br>美国授权－仅限图像，1790～1969 年<br>美国授权前公布全文文本 2001 年＋ |
| USPTO | 美国专利 | QPAT | 美国授权全文文本 1836 年＋（1971 年之前 OCR）<br>美国授权前公布全文文本 2001 年＋ |

续表

| 提供商 | 服务名称 | 平台 | 收录范围（#） |
|---|---|---|---|
| USPTO | USAPPS | Questel | 美国授权前公布全文文本 2001 年 + |
| USPTO | USPATFULL/US-PAT2/USPATOLD | STN | 美国授权全文文本 1790 年 +（1976 年之前 OCR）<br>美国授权前公布全文文本 2001 年 + |
| USPTO | WIPS Global | WIPS Co. Ltd. | 美国授权全文文本 1976 年 +、美国申请全文文本 2001 年 + |
| USPTO/EPO | 知识产权图书馆 | www.ip.com | 美国授权图像、若干著录项目 1836 年 +、全文文本 1976 年 +<br>美国授权前公布 2001 年 + |
| USPTO/Google | 谷歌专利检索（测试版） | Google，Inc. | 美国授权全文文本 1790 – c.2008 年（1971 年之前 OCR，已知间断）<br>美国申请全文文本 2001 年 + |
| USPTO/IFI Claims/Dialog | 美国专利全文文本（文档 652、654） | Dialog | 美国授权全文文本 1971～1975 年（文档 652）<br>美国授权全文文本 1976 年 + 和美国授权前公布全文 2001 年 +（文档 654） |
| USPTO/Patents Online | Free Patents On – line | Patents Online LLC | 美国授权全文文本 1971、美国授权前公布全文文本 2001 年 + |
| USPTO/Questel | USPAT/USPATOLD | Questel | 美国授权全文文本 1836 年 +（1971 年之前 OCR） |
| USPTO/RWS | PatBase | Minesoft/RWS | 美国授权全文文本 1971 年 +、美国申请全文文本 2001 年 + |
| USPTO/SureChem | SureChem | Macmillan | 美国授权全文文本 1976 年 +、美国申请全文文本 2001 年 + |
| USPTO/Univentio | TotalPatent | LexisNexis – Uni – ventio | 美国授权全文文本 1790 年 +（全文文本 OCR1836 年 +）、美国申请全文文本 2001 年 + |

（#）注：本列表不包含其他文献种类的详细信息，比如再审专利、防卫性公告、法定发明登记和再颁专利。详情请查阅提供商文件。

## ▶ 美国专利分类

不同于所有其他国家专利局，美国专利商标局保留了一个功能完全的本国专利分类。所有美国专利（以及自 2001 年起，所有未经审查的申请）扉页 INID 代码 52 具有本国专利分类。

在撰写本书时，美国分类体系已约有 13 万个复分类（可能的有效分类标号），分为 430 个大类。标号系统以数字为主，但是子类后面采用一些字母后缀，比如标号 73/597 是指大类 73，子类 597。当出现在专利数据库之中时，可能出现一些格式变换，目的是标准化字段长度。

该体系在 1836 年启用，1898 年进行首次修订。与国际专利分类（IPC）相比，美国专利分类体系更新速度更快，这是一种非常适合用来检索快速发展技术的工具。不足之处在于，该体系仅适用于美国文献，因此利用该体系的任何检索都限定于真正专利性检索所需的一部分现有技术。

有大量的工具可为使用该体系提供帮助：

• 美国专利分类体系索引——一个大规模的书后关键词索引，可帮助用户针对一个主题识别一个或多个候选分类。

• 分类手册——包括层级式全部分类条目。

• 分类定义——每个分类扩展范围注释与使用示例，具有相关分类的交叉参考。

每个工具均可通过美国专利商标局网站获取（http：//www. uspto. gov/go/classification/）。此外，用户需参考《分类顺序》，该书面说明概括了新分类的产生或现有分类的定义修改。令人遗憾的是，该系统尚没有集中化电子索引，尽管一旦识别顺序号码可以通过美国专利商标局网站的公共检索服务获取。新版《分类顺序》公布在美国专利公报中，IFI Claims 著录项目数据库的生产商 IFI Claims 公司已开始尝试建设《分类顺序》的可检索数据库，但尚未获取全部数据资源集合。

现有单独分类用于外观设计专利。发明的专利具有美学元素可使用《设计分类》进行分类，同样地，部分"外观设计专利"可以采用专利的分类。外观设计分类号在数字前面具有前缀 D。附录 A 给出截至 2011 年 2 月每个实用分类的编号和名称。尤其值得注意的是，该体系已开发分类 700 系列，用以适应近期美国范围内软件与计算机辅助商业方法专利化的趋势。无论是 IPC 还是相应的欧洲专利分类或日本专利分类都未在上述主题领域内进行更新，原因在于这些司法管辖区内各不相同的可专利性要求。当然，这并不表示软件专利申请的有效现有技术只能在以前的美国专利中找到——只是这类现有技术某种程度上更易于查找。

美国专利分类当前不断变化，原因在于开发共同专利分类（CPC）的美国专利商标局—欧洲专利局联合项目将影响美国专利分类的未来，这将在第16章中作更详细的讨论。

## ▶ 参考文献

1. Living with AIPA：Impact of the American Inventors' Protection Act after a year. Proc. Symposium of the Chemical Information（CINF）Division of the American Chemical Society，held at the 223rd National Meeting，Orlando，Florida，USA，7 – 1 I April 2002. Papers CINF 41 – 43，48 – 52.

2. Patents for Victory：Disseminating enemy technical information during World War II. M. White. Science and Technology Libraries，22（1/2），5 – 22（2001）.

3. Available at（http：//dnapatents. georgetown. edu/）［Accessed on 2011. 07. 06］.

4. Available at（http：//www. osti. gov/doepatents/）［Accessed on 2011. 07. 06］.

5. Available at（http：//www. ers. usda. gov/Data/agbiotechip/）［Accessed on 2011. 07. 06］.

# 第4章 日本专利制度

## ▶ 日本专利制度历史背景

日本现代专利制度可追溯到 1871 年的垄断法则，在 1868 年明治维新后不久便开始实施。1884 年建立商标注册局，随后一年制定了新专利法。在 20 世纪早期该专利法进行多次修改，于 1959 年、1971 年两次进行实质性修改。1971 年的修改引入了延迟审查制度，并且 18 个月早期公开。从检索人员的角度而言，值得注意的是，1976 年进行的进一步修订引入了药品和化学品专利保护（与其生产方法相对），在此之前这种专利保护是被排除在外的。读者如需了解日本早期专利制度的详细信息请参阅 Drazil[1] 的著作。

日本在 1899 年签署《巴黎公约》，并且从一开始就加入 PCT，因此能从 1978 年起通过 PCT 途径指定日本。日本的标准国家代码现在是 "JP"，但 1978 年以前使用代码 "JA"，在更早的书面资料中可以发现此代码。

日本历史上使用基于和历的日期记载体系用于正式的政府文档，包括专利。既然日本专利制度使用日期记录申请信息同时作为公布号的组成部分，那么有必要从头了解该体系，其基本功能与 1964 年之前英国国会法案的引证方式一致，其引用是根据法案被国会通过的会期以及通过帝王年号依次识别的上述会期。因此旧的英国专利法 1949 可依据 "12, 13 & 14 Geo. 6. c. 87" 进行引用，表示在乔治六世统治时期第 12 年、第 13 年以及第 14 年国会通过的公共与一般法案第 87 章。日本历法与此类似，以天皇的年号为基础。

日本近代时期只有四位天皇。每位天皇均将年号引入官方文献之中，而不是其个人姓名。当天皇继位，开始使用新年号，在同一年的 12 月 31 日结束。譬如，裕仁天皇统治时期的最后一年（昭和 64 年）实际只存在一周，原因是裕仁天皇在 1989 年 1 月 8 日逝世。继位皇子的第一个统治年开始于 1 月 9 日，长达 51 周。表 4－1 列出了自明治维新以来的年号。

表 4－1　日本天皇年号和日历日期

| 天皇名号 | 个人姓名 | 年号 | 谥号 | 继位年份（西方） | 缩写 | 年份范围（西方） | 年份范围（日本） |
|---|---|---|---|---|---|---|---|
| 明治天皇 | 睦仁 | Meiji | 明治天皇 | 1867 年 | — | 1867～1912 年 | 1～46 |
| 大正天皇 | 嘉仁 | Taisho | 大正天皇 | 1912 年 | — | 1912～1926 年 | 1～15 |
| 昭和天皇 | 裕仁 | Showa | 昭和天皇 | 1926 年 | Sho. 或 S. | 1926～1989 年 | 1～64 |
| 明仁天皇 | 明仁 | Heisei | （平成天皇） | 1989 年 | Hei. 或 H. | 1989 年至今 | 1～ |

假如检索人员知道一个数据库的西方年份收录范围，则容易推断出数据库记录将采用何种日历。譬如，使用日本专利摘要（PAJ）数据库时，我们知道收录范围是从 1976 年开始。因此，含有年份前缀 62 的记录不能使用西方年份 1962 年，但是可参照天皇年份。由于在数据库的时期内，只有一位天皇持续到其第 62 个统治年，可推断文献一定是在昭和 62 年发布的，对应的西方年份为 1987 年。难度在于数据库年份收录范围扩大。譬如，公布中的年份 15 可能是指平成 15 年（2003 年）、昭和 15（1940 年）、大正 15 年（1926 年），在一些情况下甚至可能是 1915 年。

日本专利案卷中存在"不成功的维度"增加，例如 1989 年昭和转换为平成。虽然合法的电子记录会显示公告号的年份组成自 1 月 9 日恢复到平成 01 年，但是，在接下来的 3 个月将继续为印刷文献采用昭和 64 年，直到 1989 年 4 月 11 日完成转换。比如，JP 01－020000－A，1989 年 1 月 24 日公布，扉页实际上印有 64－020000－A，但是通过修正的合法编号进行检索也可检索。若实际编号和官方编号不能正确匹配，很明显导致文献提供服务产生问题。

## ▶ 日本专利文献与近期法律变化

日本专利的一个显著性特点是专利数量。每周会公布数千个未经审查的申请，导致每年产生的文献超过 40 万篇。产生这种情况的部分原因是法律差异——多年来，日本专利申请仅包含一个专利权利要求，导致扩张的申请与公布比率——而其他部分原因是文化方面。日本产业将专利申请数量视为研究成果的一种度量，存在与学术上的"不出版就淘汰"综合征相似。据估计，美国化学文摘服务（CAS）著录项目文档的年度总增长量中多达 1/3 归因于 20 世纪 90 年代末与 21 世纪初在化学领域中新增的日本专利申请。既然 CAS 仅提取第一个专利族同族成员，那么就仅涉及未经审查的申请，并且在受限的主题领域内。为了解全貌，我们需要考虑的是，日本每周授权超过 2000 件申请案，著录项目增加 12 万条及少量的实用新型专利。能够看出，日本专利文献正为现有技术贡献了大量的技术知识，即使存在语言障碍，为在世界其他地方确认专利性也需要查阅这些文献。将在后续章节讨论有助于这一过程的部分关键数据库。

## 专利权授予的正常进程

表 4 - 2 说明了根据 1995 年前的立法与现今立法公布的主要顺序。对于截至 1996 年 1 月 1 日的申请，正常路径为未经审查的申请案（文献种类代码 A）大约在优先申请后的 18 个月公布，这一阶段通常被称为"Kokai"阶段。申请人有 7 年的申请时间来进行检索与审查。这意味着，直至在大多数其他国家中已经授权，第二阶段公布（JP - B，"Kokoku"）才开始。第二阶段是指经审查还未获得授权的说明书。这两个阶段都有以天皇年号为前缀的公开号，但是不同于欧洲专利局体系，这两个公布阶段相互之间不会保留相同编号。在任何给定年份内，可能对一项发明 18 个月阶段以及更早申请审查阶段采用相同编号 12345。考虑到文献传递需要区分，因此有必要知道所需文献的文献种类代码。

**表 4 - 2　日本专利公布阶段和编号格式**

| | 公布阶段 | 印刷版本 | 典型的数据库条目 |
|---|---|---|---|
| 1995 年前立法 | 日本专利申请 | 58 - 188564（昭和 58 年（1983 年）10 月 11 日） | 1983JP - 0188564 |
| | 日本未经审查专利公布 | JP 59 - 88455 - A（1984 年 5 月 22 日） | JP 59 - 088455 - A2 |
| | 日本经审查专利公布 | JP 3 - 37541 - B2（1991 年 6 月 5 日） | JP 03 - 037541 - B4 |
| | 日本专利登记 | JP1674848 - B | JP I674828 - C |
| 1995 年后立法 | 日本专利申请 | 63 - 331710（昭和 63 年（1988 年）12 月 27 日） | I988JP - 0331710 |
| | 日本未经审查专利公布 | JP 2 - I74499 - A（1990 年 7 月 5 日） | JP 02 - 174499 - AI |
| | 日本授权专利公布 | JP 2764982 - B2（1998 年 1 月 11 日公布，1998 年 4 月 3 日授权） | JP 2764982 - B2 |
| 2000 年后立法 | 日本专利申请 | II - 142970（平成 11 年（1999 年）5 月 24） | 1999JP - 0142970 |
| | 日本未经审查专利公布 | JP 2000 - 327531 - A（2000 年 11 月 28 日） | JP 2000 - 327531 - AI |
| | 日本授权专利公布 | JP 3500421 - B2（2004 年 2 月 23 日公布，2003 年 12 月 12 日授权） | JP 3500421 - B2 |

在经审查的申请案公布后，将提供为期 3 个月的"授权前异议期"，在此期间，最终授权可能被第三方提出异议。若不存在这样的异议，则将颁布授权证书。证书具有连续流水号形成的第三个公布号。很少有数据库收集第三阶段的相关信息——欧洲专利局的内部 EPODOC 检索文档以及依靠这些数据的其他数据库（譬如 Questel 的 PlusPat 文档）却是例外。

1995 年后，专利授予前异议程序被废除，经审查文献的授权和公布近乎同步进行。授权的公告为"Toroku"阶段，代替早前的"Kokoku"，并且编号格式变为流水号，始于 1996 年 5 月 29 日的 2500001，文献种类代码为 B2。从技术上讲，存在一个专利授权后异议期，该异议期从授权专利说明书的公布之日算起，但是实际的授权日期是在几周以前。注意图 4 – 1 中两个 INID 代码相关的不同日期：字段（45）表示授权专利的公布日期，但是专利权生效的起始日期却是显示在字段（24）之中的，在该申请案中，这两个日期大概相差 2个月。

(19) 日本国特许庁（JP）　　(12) **特　許　公　報** (B 2)　　(11) 特許番号

第2764982号

(45) 発行日　平成10年(1998) 6月11日　　(24) 登録日　平成10年(1998) 4月3日

图 4 – 1　日本公布与授权日期

2000 年后，该程序有两次进一步的修改。第一次修改中，天皇年号不再用作未经审查阶段公布号的前缀，改为四位数的公历年份。但是，天皇年号仍然保留在申请号之中。第二次修改中，延迟周期从 7 年降为 3 年。

## 日本 B1 公告

除了从 JP – A1 到 JP – B2 的"传统的"公布路径外，日本少数专利申请还采用加快审查程序。通过该程序可跳过 18 个月的早期公布阶段，直接进行到授权专利文献，该程序被给予 JP – B1 代码。O'Keefe[2] 在 2000 年描述该过程的详细内容，回顾自 1996 年法律变更以来该程序起到的作用。根据这篇文章，申请案公布为 JP – B1 永远不会出现在日本专利摘要文件中，以其致力于公布的未经审查的专利申请（JP – A 文献），因此在检索日本的现有技术时可能会漏掉这些申请案，除非查阅其他数据源。Derwent WPI 文档和 INPADOC是收录这些额外记录的两个信息源。然而，有证据显示，即使通过该路径迅速对一个申请案进行授权，仍然会产生一个对应的 Kokai 阶段。在表 4 – 3 的示例中，授权文献的公布时间为 2000 年 8 月，仅仅是在申请后的第 15 个月，但对应"Kokai"的公布，就是在申请后的第 18 个月（两者相差 3 个月）。

表 4 - 3　按年代顺序的日本加快审查程序

|  | 编号 | 日期 |
|---|---|---|
| 日本专利申请 | II - 134723 | 1999 年 5 月 14 日（平成 11 年） |
| 日本专利注册 | JP 3076559 - BI | 2000 年 8 月 14 日（公开），2000 年 6 月 9 日（生效） |
| 日本未经审查专利公告 | JP 2000 - 316501A | 2000 年 11 月 21 日 |

用户需要注意，根据 PCT 制度再公布的日本专利文献应用编号体系的若干特殊规则，与此相关的更多信息可参阅 Patolis 网站上的用户文件，或者参阅欧洲专利局"东西峰会"研讨会[3]中的学术成果。据了解，日本正在考虑引入临时专利申请制度，与美国的临时申请制度（序列 60、61 申请）类似；一旦采用，将导致日本专利申请的编号体系也会随之改变。

## 实用新型专利的重要性

日本法律自 1905 年起允许对实用新型专利进行申请，到 1994 年发生了一次重大法律变更后，实用新型专利成为日本知识产权文献的重要部分。虽然实用新型专利旨在保护小的创新发展，但是同专利制度一样进行审查，并且期限约为 15 年。法律变更时摒弃审查阶段并将期限减到 6 年，实用新型专利作为一种保护工具变得没那么流行，并且在最近几年，实用新型专利申请的数量大幅度减少。为应对这种情况，日本 2005 年再一次进行法律修改，此次修改延长了期限，改为自申请起 10 年，但是这并不会影响到未决申请案。再一次的变更使得实用新型专利持有人可以自实用新型专利申请日起 3 年内基于实用新型提出专利申请。

表 4 - 4 列出了根据 1994 年前立法和现今立法的公布顺序。旧法案顺序的编号格式紧跟专利的编号格式之后。但是，在新制度下，只进行单独的公布，该公布在申请的几个月后进行，并且以自 3000001 起的独立连续编号进行编号。由于未经审查，其保留传统第一级公布代码 U。在 1994 年立法生效时，待决申请案仍然按照旧法进行审查，但废弃 Y2 阶段且被单一审查/注册的文献所取代，其编号如同专利一样以 2500001 为起始编号。

表 4 - 4　日本实用新型公布阶段与编号格式

| | | 印刷版本 | 典型数据库条目 |
|---|---|---|---|
| 1994 年前立法 | 日本实用新型专利申请 | 54 - 61418（昭和 54 年（1979 年）5 月 8 日） | 1979JP - U61418 |

续表

| | | 印刷版本 | 典型数据库条目 |
|---|---|---|---|
| 1994 年前立法 | 日本未经审查的实用新型专利 | JP 55 – 162379 – U（1980 年 11 月 21 日） | JP 55 – 162379 – U |
| | 日本经审查的实用新型专利 | JP 60 – 15427 – Y2 | JP 60 – 015427 – Y |
| | 日本登记 | JP1621538 – U | 未记录 |
| 1994 年之后提交的申请案 | 日本专利申请 | 16 – 172（平成 16 年（2004 年）1 月 19 日） | 2004JP – U00172 |
| | 日本授权的实用新型专利（未审查） | JP 3102877 – U（2004 年 7 月 15 日公布，2004 年 4 月 28 日授权 | JP 3102877 – U |
| 1994 年待决申请案 | 日本专利申请 | 2 – 401403（平成 2 年（1990 年）12 月 21 日） | I990JP – U401403 |
| | 日本未经审查的实用新型专利 | JP 4 – 91338 – UI（1992 年 8 月 10 日） | JP 04 – 091338 – UI |
| | 日本授权的实用新型专利 | JP 2500002 – Y2（1996 年 6 月 5 日公布，1996 年 2 月 21 日授权） | JP 2500002 – Y |

## ▶ 数据库及其具体方面

本节将讨论许多仅包含日本专利信息的数据库。对于在其收录范围包含日本专利信息的多国家数据库，请参阅第 9 章。

日本特许厅（JPO）的官网地址是 www. jpo. go. jp。针对非日语的用户，可以英语访问网站大部分内容。

尽管近几年形势发生显著变化，但是情况仍是如此，收录日本专利文献的大量信息服务仅以日语运作。对于非日语会话者/读者而言，这类服务无法使用，并且很难获取有关内容以及可用检索功能的信息。表 4 – 5 虽不是全部可用日本信息源的全面调查，但汇总了至少有一些英文元素的日本数据源。最常见的检索元素包括摘要 —— "收录范围"一栏除非指明"全文文本"否则应当理解指的是"摘要"。表 4 – 6 简要说明了大量仅有日语的其他检索资源。

主要的日本国内专利数据库提供商为日本专利信息组织（JAPIO）和 Patolis Corporation，两者在海外同样也声名卓著。日本专利数据服务公司（www. jpds. co. jp）则名声稍逊，其运作 JP – NET 互联网日语版服务并且最近

开始涉足英文版服务。不同于日本专利信息组织和 Patolis Corporation，JP -
NET 在使用其网络服务前需要额外的浏览器插件。Oda [4] 在 2009 年发表了对
英语版 JPNET - e（www. jprom. co. jp）的评述。

除了英文版与日文版的主检索网站外，Patolis Corporation 还基于日本特许
厅的数据提供大量服务。这包括兼容日本特许厅主磁盘系列的光盘（CD -
ROM）格式的过档文件。与日本特许厅免费网站相比，英文网络检索界面 Pa-
tolis - e 提供著录项目检索、检索报告引文以及附加法律状态的服务。由于低
访问量与高维护成本，英文版在 2006 年停止进一步订阅，并被经由欧洲专利
局或 Questel 的代理服务（主要针对法律状态信息）所取代。通过数据库提供
商所应用的补注补充技术关键词与深度标引来增强检索文档；这些内容列在
Patolis 检索指南中。该指南是关于日本文献诸多方面的免费资源，当前可通过
网址（http：//search. p4. patolis. co. jp/search_ en. html）获取，但应当注意该
指南未作更新。

欧洲专利局日本信息部在其举办的"东西峰会"上讨论了日本文献检索
的众多其他方面。自 2009 年以来历次会议的存档内容可在欧洲专利局网站进
行检索[3]。

表 4 - 5　含英文内容的日本专利数据库

| 提供商 | 服务名称 | 平台 | 收录范围 |
|---|---|---|---|
| Delphion | PAJ/INPADOC | 互联网 | JP - A 1973 年 + |
| IPEXL | 知识产权交易（新加坡） | 互联网 | 部分 PAJ 内容，1998 年 + |
| 日本专利数据服务公司 | JP - NETe | 互联网 | JP - A 1989 年 +<br>JP - B 1994 年 +<br>法律状态 1989 年 +<br>日本专利摘要内容 + 最近 3 个月的机翻翻译 |
| JPO | JPFULL | Questel | JP - A、JP - U 全文文本 2004 年 + |
| JPO | 专利对照索引 | JPO 网站 | 申请，1921 年 + |
| JPO | 专利公报 | JPO 网站 | JP - A 1971 年 +<br>JP - B 1922 年 + |
| JPO | 实用新型对照索引 | JPO 网站 | 申请，1913 年 + |
| JPO | 实用新型专利公报 | JPO 网站 | JP - U 1971 年 +<br>JP - Y 1922 年 + |

续表

| 提供商 | 服务名称 | 平台 | 收录范围 |
|---|---|---|---|
| JAPIO | 日本专利摘要 | 互联网（＊）<br>命令行（＊＊）<br>CD－ROM/DVD | 见表4－7；仅限 JP－A 摘要，1976年＋ |
| JPO/EPO | 知识产权图书馆 | www. ip. com | JP－A 著录项目与摘要 1976年＋，部分 1971年＋ |
| LexisNexis Univentio | TotalPatent | 互联网 | JP－A（旧法案授权，新法案申请）著录项目 1956年＋、全文文本 1991年＋<br>JP－B（授权）著录项目 1913年＋、全文文本 2003年＋ |
| Minesoft | PatBase | 互联网 | JP－A 全文文本 1998年＋ |
| Pantros IP | Patent Cafe | 互联网 | 日本专利摘要（摘要 1976年＋）、部分著录项目 1973年＋ |
| Patents Online LLC | FreePatentsOnline | 互联网 | 日本专利摘要内容＋JP－B 著录项目数据（1996年＋） |

（＊）经由 Espacenet、MicroPatent、JPO、Wisdomain（FOCUST）、DepatisNet、WIPS Global。

（＊＊）经由 STN（fice JAPIO）、Questel（fice JAPIO）、Dialog（fice 347）、MicroPatent、Minesoft（PatBase）。

### 表4－6　精选的仅有日语的专利数据源

| 提供商 | 服务名称 | 网址 | 收录范围 |
|---|---|---|---|
| Patolis Corporation | PATOLIS－J | www. patolis. co. jp | JP－A 1955年＋<br>JP－U 1960年＋ |
| Japan Patent Data Service | JP－NET | www. jpds. co. jp | JP－A 1983年＋<br>JP－B 1986年＋<br>JP－U 1986年＋<br>法律状态 1986年＋ |
| Ultra－Patent | Ultra－Patent | www. ultra－patent. jp | JP－A 1971年＋<br>JP－B 1964年＋ |
| Wisdomain | FOCUST－J | www. wisdomain. com/wis_ html/jp/Product/Product. htm | JP－A 1971年＋<br>JP－B 1964年＋ |
| NRI CyberPatent | NRI CyberPatent | www. patent. ne. jp | JP－A 1971年＋（？） |
| Chuo Kogaku Shup-pan KK | CKS Web | www. cks. co. jp | 未知 |

| 提供商 | 服务名称 | 网址 | 收录范围 |
|---|---|---|---|
| Nefnet Co. Ltd | NEF – PAT | www. nefnet. co. jp | JP – A 1971 年 + |
| Hatsumei – | HYPAT – i | www. hatsumei. co. jp | JP – A 1971 年 +（摘要） |
| Tsushin Co. | — | — | JP – A 1983 年 +（全文文本）<br>JP – B 1983 年 +（全文文本） |

日本专利摘要服务是迄今为止涵盖日本专利制度的最著名的英文版信息源。然而日本专利摘要有大量可用的不同版本，并不是所有版本都被更新到完整的文档内容。收录范围的相关方针在数据库使用周期内进行修改，并不是所有主机都加载 JAPIO 不断发布的缺失数据。JAPIO 的收录范围进行过两次重大调整并且都是在 1989 年实施的。第一次调整决定包括全部已公开的 JP – A 文献，且不考虑来源国家。在 1976～1989 年，仅为来自日本的申请案编制英文摘要；从世界其他地方进入日本的《巴黎公约》申请所产生的全部其他公布文献被假定以至少一种西方语言进行公布，因此比日本国内提交的申请更容易访问。

第二个重大调整是主题选择方式。在 1976～1989 年，仅基于主 IPC 子类挑选了 JP – A 文献的子集提取了摘要。主要偏向于选择化学专利与部分电气专利来提取摘要，数据库中大量机械申请案未提取摘要。日本好像没有任何计划创建过档文献填补这些缺失。表 4 – 7 表明根据 IPC 收录范围的划分，IPC 分类的定义请参阅附录 C。

**表 4 – 7　日本专利摘要的主题收录范围**

| | IPC 大类/子类 | 收录起始年份 |
|---|---|---|
| 化学 | A01N、A61K、B01、B03、B04、B05、B09、C01、C02、C03、C07、C08、C09、C1O、Cl2、C21、C22、C23、C25、C30、D01、D06N | 1976 年 |
| | A01 的剩余项（不包括 A01N）、A21、A22、A23、A24、A41、A42、A43、A44、A45、A46、A47、A61 的剩余项（不包括 A61K）、A62、A63、B02、B06、B07、B08、C04、C05、C06、C11、C13、C14、D02、D03、D04、D05、D06 的剩余项（不包括 D06N）、D07、D21 | 1989 年 |

续表

| | IPC 大类/子类 | 收录起始年份 |
|---|---|---|
| 物理/电气 | G01、G02、G03、G04、G05、G06、G11、H01F、H01J、H01L、H01M、H01P、H01Q、H01S、H02K、H02M、H02N、H02P、H03、H04、H05G | 1976 年 |
| | G07、G08、G09、G10、G12、G21、H01 的剩余项（不包括 H01F、J、L、M、P、Q 和 S）、H02 的剩余项（不包括 H02K、M、N 和 P）、H05 的剩余项（不包括 H05G） | 1989 年 |
| 一般主题/机械 | B21、B22、B23、B24、B29、B30、B41、B60、B62D、B63、B65G、B65H、E02、F01、F02、F03、F04、F15、F16C、F16D、F16F、F16G、F16H、F16J、F16K、F16N、FI7、F23、F24、F28 | 1976 年 |
| | B27N | 1985 年（＊） |
| | B25、B26、B27 的剩余项（不包括 B27N）、B28、B31、B32、B42、B43、B44、B61、B62 的剩余项（不包括 B62D）、B64、B65 的剩余项（不包括 B65G 和 H）、B66、B67、B68、E01、E03、E04、E05、E06、E21、F16 的剩余项（不包括 FI6C、D、F、G、H、J、K 和 N）、F21、F22、F25、F26、F27、F41、F42 | 1989 年 |

（＊）子类 B27N 是从 1985 年 1 月 1 日起引入 IPC 的第 4 版。在新的子类中，一些主题内容以前被分在 B29J 子类，该子类自 1976 年起引入日本专利摘要。

值得注意的是，所有已翻译为英文的日语数据源存在同样的缺点，也就是将日本文字直译为英文字母的难度。对于检索人员而言，当试图检索姓名时，譬如受让人或发明人字段，这就是一个特殊问题。由于日语姓名翻译成英语姓名时会产生不一致的现象，日本特许厅已经决定将这个字段完全从其检索文档中移除。同样，DWPI 直至 2005 年完全未记录任何日本发明人。关于日语翻译所面临的挑战的更多信息，请参阅 Huby 等人发表的论文[5]。

## ▶ 日本专利分类与索引系统

在 20 世纪大部分时期，日本使用本国的专利分类体系来辅助专利检索。到 1969 年，日本专利分类体系基于 136 组类目（并非从一开始就引入全部类目），该类目使用号码系统结合另外的字母后缀。譬如，图 4－2 表示 1970 年授权专利的扉页，大量分类标识来自第 16 组（有机化合物）。分类号出现在扉页左上角 INID 代码 52 下。

从 20 世纪 70 年代初开始，日本专利分类便逐渐被 IPC 淘汰。然而，IPC

很快便无法满足日本国特许厅的检索需求，通过两个进一步的主题检索方案进行补充。FI 分类基于 IPC 但进行了进一步细化，而 F－Term（File Forming Term）标引代码被用于一些技术领域以提供增强型多维度检索。由于这两种分类体系基本上都是内部系统，直到最近（FI 类目 2001 年）对应代码才印刷在专利文献的扉页上。使用这两种分类体系提供访问的公众检索系统相对较少，并且大多数检索文档仍局限于 IPC。然而，近几年对这两种详细分类体系的兴趣开始复苏，Questel's Pluspat、Chemical Abstracts file、Thomson 的 DWPI 和 Minesoft 的 PatBase 等西文数据库均使用这两种分类体系。日本本国 Patolis 等检索系统长期以来一直提供这些检索功能。就 Patolis 而言，其英文界面 Patolis－e 向许多西文检索者提供 FI 和 F－term 的首次使用机会。有关 FI 分类分析的更多信息请参阅第 16 章。有关识别与使用 F－terms 分类体系的工具信息，请参阅 Adams 发表的论文[6]。

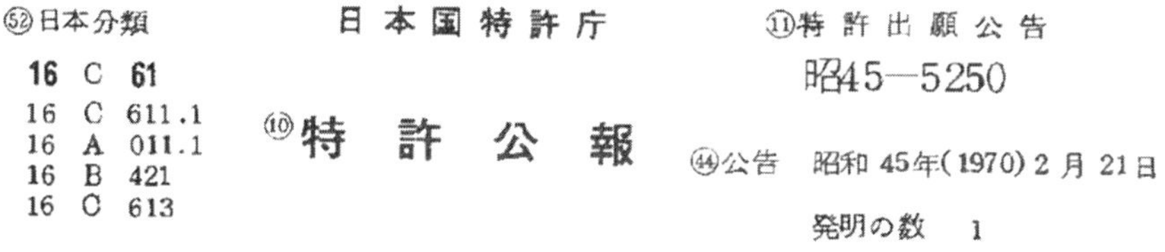

图 4－2　日本国家专利分类（INID 字段 52）

有关日本旧国家分类的更多背景信息，请用户参阅 Drazil[1] 和 Finlay[7] 的著作。日本特许厅分类体系的主要结构参阅附录 B，该体系在 1969 年起开始逐步被 IPC 所淘汰。1980 年废止日本特许厅分类体系。

# ▶ 参考文献

1. Guide to the Japanese and Korean patents and utility models. J. V. Drazil. London：British Library，Science Reference Library，1976. ISBN 0－9029－1421－9.

2. Japanese submarine patents：examined patents within a year of filing! M. O' Keeffe. World Patent Information 22 （4），（2000），283－286.

3. Details of the most recent （2011） seminar can be found at ＜http：//www. epo. org/learning－events/events/conferences/emw2011. html＞［accessed on 2011. 07. 06］which also provides a link to the archive for 2010 and 2009 presentations.

4. JP－NETe－A English－language search tool for Japanese unexamined patents. S. Oda. World Patent Information 31 （2），（2009），131－134.

5. Some problems in the translation of Japanese patents. R. Huby；V. T. Schenk. World Patent

Information 16 （3）, （1994）, 154 – 158.

6. English – language support tools for the use of Japanese F – term patent subject searching on-line. S. Adams. World Patent Information 30 （1）, （2008）, 5 – 20.

7. Guide to foreign – language printed patents and applications. I. F. Finlay. London：Aslib, 1969. ISBN 0 – 85142 – 001 – X.

# 第 **5** 章
# 专利合作条约

## ▶ PCT 制度背景

《专利合作条约》（PCT）对于专利信息方面的专家是一个极其重要的体系，因为其已成为供公众查阅最常用的途径之一。在近几年，每年公布超过10 万件申请，相应的技术信息达数百万页。

PCT 的施行始于 1978 年，是以 1970 年在美国华盛顿特区签订的条约为基础。PCT 主要与众不同的特点是其本身不授权任何专利。PCT 主要是一个管理体系，其从申请提交起到现有技术检索都采用集中化处理，直至实质审查被转至国家局。这个过程包括在优先权后 18 个月对申请进行集中式公布，还可以选择性地包括撰写关于可专利性的国际非约束性意见。提交、检索、公布以及初步意见与报告的阶段构成"国际阶段"，送往国家局（地区局，如欧洲专利局和欧亚专利组织（EAPO））进行实质审查以便授予专利权的阶段则为"国家"或"地区"阶段。

## ▶ PCT 文献

新近建立的 PCT 制度不对任何申请进行审查或授权，认识到这一点很重要。因此，许多被问及的本国申请法律状态问题与 PCT 毫无关系。为了便于比较，应当牢记，尽管欧洲专利局仅公开单一的授权文献，但这也不是一个真正的超国家专利制度。在法律上，欧洲专利局专利申请的结果是已按照一项法律（《欧洲专利公约》）进行独立审查并被相关成员国认可的一系列国家专利。同样，PCT 申请的结果是，各国专利局担负审查"脱胎"于 PCT 国际申请的本国申请的任务。申请将按照本国立法进行审查，并且作为本国专利被授权或驳回。总体结果仍然是一系列国家专利，但这些专利是已根据各国法律而非单一程序进行审查。

PCT 的最大优点在于申请人可以延缓专利申请翻译成多种官方语言的巨额费用，直到申请人至少有机会来评估在 18 个月生成的检索报告（所谓的第 I 章程序）。18 个月公布的专利文献可以使用多种语言，而且逐渐增加更多语言来涵盖世界不同地区。目前公布可选语言是英语、法语、德语、日语、俄语、西班牙语、汉语、阿拉伯语、韩语或葡萄牙语（《专利合作条约实施细则》第48.3 条）；后两种语言仅针对 2009 年 1 月 1 日之后提交的申请，到目前为止，很少有专利文献以这两种语言印制。所有文献都带有一个国别代码"WO"代码前缀，便于对文献进行识别，代码前缀用来表示世界知识产权组织（严格意义上表示世界知识产权组织国际局），而不是普遍意义上的"世界"。在大约 1981 年之前，Thomson DWPI 数据库采用一个非官方国家代码"WP"，但此后数据库已进行修改。

图 5-1 说明了采用 PCT 程序的典型顺序。这里有几点需要注意：

● 美国优先权申请旨在通过国家途径保护美国专利，同时也作为国际申请的基础以产生专利族中的所有其他专利。这种情况并不少见——专利族中的 PCT 公布绝不应被理解为世界各国对发明的全部保护源自于 PCT 申请。

● 来自 PCT 国际申请的所有国家或地区申请（加拿大、澳大利亚、英国和欧洲专利局）将被给予一个与国际申请日期相同的本国或本地区申请日期（在本示例中，即为 1997 年 10 月 14 日），即使经过一段时间之后申请才寄至这些国家的专利局。这会导致最终的本国申请号与申请日期明显不符。譬如，英国申请号有一个前缀 99，表示申请号是在 1999 年分配的，但申请日期起始年份为 1997 年。

● 各国家机构关于对应于在先公布的 WO 文献的未经审查申请公布的政策存在差异。一些国家机构（譬如澳大利亚和大多数欧洲专利局成员国）分配一个带有文献种类代码 -A 的虚拟公布号以供在专利公报上公布使用，而且不再公布任何专利文献。其他一些国家机构（譬如英国）以标准 GB-A 格式公布单页，并交叉引用对应的 WO 文献。

在 18 个月时公布的 PCT 公开专利申请（正式名称为"单行本"）可以采用上述 10 种官方语言中的任何一种。在近几年里，英语单行本的比例从 2000 年的 70% 多下降至 2009 年的 58%，且很可能继续下降。扉页数据总是以英语进行重译，无论说明书正文是否使用的是另一种语言；这对于检索很有帮助，因为第一级数据服务能够为全部公布单行本提供最低限度的英语摘要。

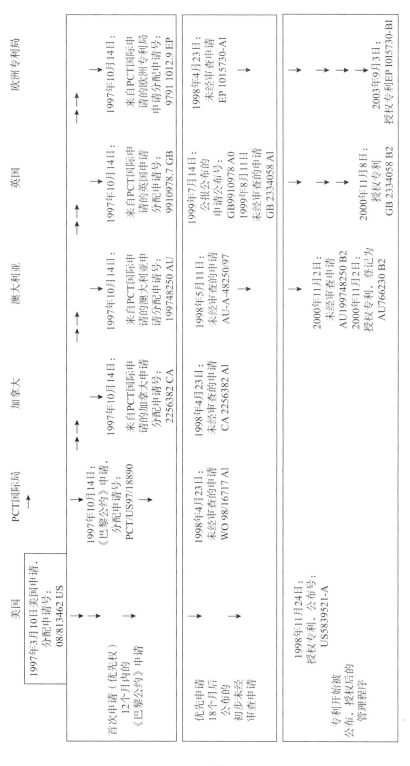

**图 5－1　PCT 制度公布顺序**

申请人可通过本国专利局或直接通过 PCT 管理总部（位于日内瓦的世界知识产权组织国际局）提交国际申请（产生的申请号现行格式是 PCT/CCYYYY/NNNNNN，其中 CC 是申请提交地点的国家代码，YYYY 是依照 PCT 制度的申请年份，NNNNNN 是序列号）。如果申请人选择后一种途径，国家代码则使用双字母"IB"，代表（PCT 的）国际局。为鼓励欠发达国家申请专利，现在可以任何语言提交申请，但必须提供一份译本，以便单行本可以 10 种官方公布语言中的任一种语言公布。

申请号与公布号格式两者均进行修改以适应申请数量的增加以及"千年虫"兼容问题。修改在不同阶段均有进行，如表 5-1 所示。转换的名义日期分别是公布号的 2002 年 7 月 1 日和申请号的 2004 年 1 月 1 日，但由于 PCT 公报最近期卷的实际公布日期，新格式从表中所示日期起公布。进一步困惑使用者的是，跨越转换日期的相关文献使用在公布的实际日期所生效的格式，譬如 2002 年 6 月 27 日公布文献 WO 02/50995-A2，随后采用新格式后，2002 年 10 月 10 日公布后续的检索报告 WO 02/050995-A3。数据库提供商采取不同措施标准化这些号码，因此不可能概括出数据中特定号码的"正确"格式。

表 5-1　PCT 编号变化

| 数据类型 | 数据范围 | 格式 |
|---|---|---|
| 申请号 | 1978 年至 2003 年 12 月 24 日 | PCT/CCYY/NNNNN（2+5） |
| | 2003 年 12 月 31 日至今 | PCT/CCYYYY/NNNNNN（4+6） |
| 公布号 | 1978 年至 2002 年 6 月 27 日 | WO YY/NNNNN（2+5） |
| | 2002 年 7 月 4 日至 2003 年 12 月 22 日 | WO YY/NNNNNN（2+6） |
| | 2003 年 12 月 31 日至今 | WO YYYY/NNNNNN（4+6） |

在申请过程中，与欧洲专利局程序类似，申请人可指定一个或多个 PCT 成员国。在撰写本书时，PCT 已有 144 个成员国。然而，不同于欧洲专利局指定程序的早期版本，PCT 申请扉页上的指定国并不意味着申请人在所列出的国家必然寻求保护。相反，由于 2003 年实施新的规定，指定一个成员国视为所有成员国的有效指定。既然审查仅在国家层面进行，INID 字段 81 或 84 的指定国列表并不能保证最终会存在对应发明的授权专利——有关指定国列表的示例，请参阅图 5-2。

单行本通常会随附一份由任一国际检索单位（ISA）撰写的官方检索报告。ISA 是代表国际局被分包检索 PCT 申请的一组专利局。在被认可为检索机构之前，每个 ISA 都必须证明其可访问在先文献的特定范围，即所谓的 PCT 最低文献量（定义参阅 PCT 及其实施细则文本）。在撰写本书时，运行的 ISA

已有 14 家：欧洲专利局、北欧专利局（设于丹麦），再加上奥地利、澳大利亚、巴西、加拿大、中国、芬兰、日本、俄罗斯、韩国、西班牙、瑞典和美国等国家专利局。印度、埃及和以色列的国家局已被暂时接受为 ISA，但还未开始实施。

(12) INTERNATIONAL APPLICATION PUBLISHED UNDER THE PATENT COOPERATION TREATY (PCT)

(19) World Intellectual Property Organization
International Bureau

PCT

(43) International Publication Date
3 July 2003 (03.07.2003)

(10) International Publication Number
**WO 03/053401 A2**

(51) International Patent Classification7: A61K 9/00, 38/16, 31/715

(21) International Application Number: PCT/US02/41031

(22) International Filing Date:
18 December 2002 (18.12.2002)

(25) Filing Language: English

(26) Publication Language: English

(30) Priority Data:
60/343,005　19 December 2001 (19.12.2001)　US

(71) Applicant: ALZA CORPORATION [US/US]; 1900 Charleston Road, P.O. Box 7210, Palo Alto, CA 94039-7210 (US).

(72) Inventors: DONG, Liang, C.; 181 Leota Avenue, Sunnyvale, CA 94086 (US). WONG, Patrick, S., L.; 1533 Burlingame Ave., Burlingame, CA 94010 (US).

NGUYEN, Vu, A.; 1828 Park Avenue #5, San Jose, CA 95126 (US). YUM, Si-Hong; 2625 Carlmont Dr., Belmont, CA 94002 (US). CHAO, Anthony, C.; 156 Glasgow Lane, San Carlos, CA 94070 (US). DADDONA, Peter, E.; 35 Anderson Way, Menlo Park, CA 94025 (US).

(74) Agents: WEBB, Samuel, E. et al.; Alza Corporation, 1900 Charleston Road, P.O. Box 7210, Mountain View, CA 94039-7210 (US).

(81) Designated States *(national)*: AE, AG, AL, AM, AT, AU, AZ, BA, BB, BG, BR, BY, BZ, CA, CH, CN, CO, CR, CU, CZ, DE, DK, DM, DZ, EC, EE, ES, FI, GB, GD, GE, GH, GM, HR, HU, ID, IL, IN, IS, JP, KE, KG, KP, KR, KZ, LC, LK, LR, LS, LT, LU, LV, MA, MD, MG, MK, MN, MW, MX, MZ, NO, NZ, OM, PH, PL, PT, RO, RU, SD, SE, SG, SK, SL, TJ, TM, TN, TR, TT, TZ, UA, UG, UZ, VN, YU, ZA, ZM, ZW.

(84) Designated States *(regional)*: ARIPO patent (GH, GM, KE, LS, MW, MZ, SD, SL, SZ, TZ, UG, ZM, ZW), Eurasian patent (AM, AZ, BY, KG, KZ, MD, RU, TJ, TM), European patent (AT, BE, BG, CH, CY, CZ, DE, DK, EE, ES, FI, FR, GB, GR, IE, IT, LU, MC, NL, PT, SE, SI, SK,

*[Continued on next page]*

图 5 - 2　PCT 首页指定国列表

在单行本公布之后，申请人可以选择申请路径。申请人可选择第 I 章的程序，这意味着国际局不再负责此申请案，而转送给申请人指定的国家专利局。另一种可选择的途径（第 II 章的程序）还需要额外步骤，即在转送申请之前，需要撰写专利性的非约束性意见。意见由来自与 ISA 相同的国际初审单位（IPEA）撰写。无论是第 I 章还是第 II 章程序，申请文件都处于可转交到指定专利局的状态，这通常在发布单行本 12 个月内实现（严格意义上是在优先申请 30 个月内）。

WO 专利文献[1]现行使用的文献种类代码如表 5 - 2 所示。

表 5 - 2　PCT 文献种类代码

| 代码 | 含义 |
|---|---|
| Al | 含检索报告的公布申请 |
| A2 | 不含检索报告或空检索包括的公布申请（#） |
| A3 | 检索报告延迟公布 |
| A4（*） | 更正权利要求的再公布 |
| A8（*） | 说明书扉页再公布 |
| A9（*） | 完整说明书再公布 |

（#）在严格意义上，应包含一份 PCT 第 17（2）（a）条规定的检索报告未编制声明。

（*）用于 2009 年 1 月 1 日之后公布或再发布的公开物。

尽管像这样的 PCT 申请没有获得授权，但是在 2009 年之前的短时期里使用大量附加的文献种类代码，其与用于经审查专利的文献种类代码会产生混淆：

● WO - C1 更正的扉页（现在已被 WO - A8 所代替）。

● WO - C2 完整的更正文献（现在已被 WO - A9 代替）。

● 更正权利要求书的公布 WO - B1（现在已被 WO - A4 代替）。

相同的公布号在全部申请中重复使用，而仅更改后缀。

作为进一步推进电子申请措施的一部分，自 2001 年 8 月起决定含有大量基因序列数据的专利申请可分为两部分公开，包含主要内容的正常 WO - A 文献以及序列数据的纯电子附录。序列数据作为单独可下载文件[2] 提供使用。"主"公布文献所用文献种类代码无明确内容标识出说明书是否有纯电子部分。PatentScope 记录中的"文件"或"通知"标签应包含为给定公布文献下载序列数据的链接。

2003 年，在部分规则修改前，第 I 章程序不包含任何书面意见的撰写，书面意见均作为第 II 章的可选程序。然而，新程序意味着第 II 章旧程序中的书面意见已经归入第 I 章的国际检索程序，并对于 2004 年 1 月 1 日后提出的申请有效。ISA 将在未来提供一份专利性的书面意见以及检索报告，但书面意见不会公开。国际局将该意见转化为"有关专利性的国际初步报告（PCT 第 I 章）"或简称 IPRP（第 I 章）提供给申请人。若申请人通过第 II 章请求继续进行审查，则相同的书面意见将用作撰写相应的、仍不具有约束力的 IPRP（第 II 章）的依据，以代替第 II 章旧程序中的国际初步审查报告（IPER）。根据这些新规则，PCT 制度运作详情在 PCT 时事通讯[3] 中公开，其中与信息学家最为相关的章节为"增强的国际检索与初步审查制度"。就 PCT 制度中的其他变化而言，PCT 时事通讯很值得关注。

2011 年 9 月初，PCT 共有 144 个成员国。表 5 - 3 按照 PCT 在该国境内生效的年代顺序列出了各成员国。

表 5 - 3　PCT 成员国（截至 2011 年 8 月 31 日）

| 国家 | PCT 生效时间 |
| --- | --- |
| 喀麦隆、中非共和国、乍得、刚果、加蓬、德国、马达加斯加、马拉维、塞内加尔、瑞士、多哥、英国、美国 | 1978 - 01 - 24 |
| 法国 | 1978 - 02 - 25 |
| 俄罗斯联邦（最初为苏联） | 1978 - 03 - 29 |
| 巴西 | 1978 - 04 - 09 |
| 卢森堡 | 1978 - 04 - 30 |
| 瑞典 | 1978 - 05 - 17 |
| 日本 | 1978 - 10 - 01 |
| 丹麦 | 1978 - 12 - 01 |
| 奥地利 | 1979 - 04 - 23 |
| 摩纳哥 | 1979 - 06 - 22 |
| 荷兰 | 1979 - 07 - 10 |
| 罗马尼亚 | 1979 - 07 - 23 |
| 挪威 | 1980 - 01 - 01 |
| 列支敦士登 | 1980 - 03 - 19 |
| 澳大利亚 | 1980 - 03 - 31 |
| 匈牙利 | 1980 - 06 - 27 |
| 朝鲜 | 1980 - 07 - 08 |
| 芬兰 | 1980 - 10 - 01 |
| 比利时 | 1981 - 12 - 14 |
| 斯里兰卡 | 1982 - 02 - 26 |
| 毛里塔尼亚 | 1983 - 04 - 13 |
| 苏丹 | 1984 - 04 - 16 |
| 保加利亚 | 1984 - 05 - 21 |
| 韩国 | 1984 - 08 - 10 |
| 马里 | 1984 - 10 - 19 |
| 巴巴多斯 | 1985 - 03 - 12 |
| 意大利 | 1985 - 03 - 28 |
| 贝宁 | 1987 - 02 - 26 |

续表

| 国家 | PCT 生效时间 |
|---|---|
| 布基纳法索 | 1989 – 03 – 21 |
| 西班牙 | 1989 – 11 – 16 |
| 加拿大 | 1990 – 01 – 02 |
| 希腊 | 1990 – 10 – 09 |
| 波兰 | 1990 – 12 – 25 |
| 科特迪瓦 | 1991 – 04 – 30 |
| 几内亚、蒙古 | 1991 – 05 – 27 |
| 亚美尼亚、白俄罗斯、格鲁吉亚、哈萨克斯坦、吉尔吉斯斯坦、摩尔多瓦、塔吉克斯坦、土库曼斯坦、乌克兰、乌兹别克斯坦 | 1991 – 12 – 25 |
| 爱尔兰 | 1992 – 08 – 01 |
| 葡萄牙 | 1992 – 11 – 24 |
| 新西兰 | 1992 – 12 – 01 |
| 捷克、斯洛伐克 | 1993 – 01 – 01 |
| 越南 | 1993 – 03 – 10 |
| 尼日尔 | 1993 – 03 – 21 |
| 拉脱维亚 | 1993 – 09 – 07 |
| 中国 | 1994 – 01 – 01 |
| 斯洛文尼亚 | 1994 – 03 – 01 |
| 特立尼达和多巴哥 | 1994 – 03 – 10 |
| 肯尼亚 | 1994 – 06 – 08 |
| 立陶宛 | 1994 – 07 – 05 |
| 爱沙尼亚 | 1994 – 08 – 24 |
| 利比里亚 | 1994 – 08 – 27 |
| 斯威士兰 | 1994 – 09 – 20 |
| 墨西哥 | 1995 – 01 – 01 |
| 乌干达 | 1995 – 02 – 09 |
| 新加坡 | 1995 – 02 – 23 |
| 冰岛 | 1995 – 03 – 23 |
| 马其顿 | 1995 – 08 – 10 |
| 阿尔巴尼亚 | 1995 – 10 – 04 |
| 莱索托 | 1995 – 10 – 21 |
| 阿塞拜疆 | 1995 – 12 – 25 |

| 国家 | PCT 生效时间 |
|------|------------|
| 土耳其、以色列 | 1996 - 01 - 01 |
| 古巴 | 1996 - 07 - 16 |
| 圣卢西亚 | 1996 - 08 - 30 |
| 波斯尼亚和黑塞哥维那 | 1996 - 09 - 07 |
| 塞尔维亚和黑山（＊） | 1997 - 02 - 01 |
| 加纳 | 1997 - 02 - 26 |
| 津巴布韦 | 1997 - 06 - 11 |
| 塞拉利昂 | 1997 - 06 - 17 |
| 印度尼西亚 | 1997 - 09 - 05 |
| 冈比亚 | 1997 - 12 - 09 |
| 几内亚比绍 | 1997 - 12 - 12 |
| 塞浦路斯 | 1998 - 04 - 01 |
| 克罗地亚 | 1998 - 07 - 01 |
| 格林纳达 | 1998 - 09 - 22 |
| 印度 | 1998 - 12 - 07 |
| 阿联酋 | 1999 - 03 - 10 |
| 南非 | 1999 - 03 - 16 |
| 哥斯达黎加 | 1999 - 08 - 03 |
| 多米尼克 | 1999 - 08 - 07 |
| 坦桑尼亚 | 1999 - 09 - 14 |
| 摩洛哥 | 1999 - 10 - 08 |
| 阿尔及利亚 | 2000 - 03 - 08 |
| 安提瓜和巴布达 | 2000 - 03 - 17 |
| 莫桑比克 | 2000 - 05 - 18 |
| 伯利兹 | 2000 - 06 - 17 |
| 哥伦比亚 | 2001 - 02 - 28 |
| 厄瓜多尔 | 2001 - 05 - 07 |
| 赤道几内亚 | 2001 - 07 - 17 |
| 菲律宾 | 2001 - 08 - 17 |
| 阿曼 | 2001 - 10 - 26 |
| 赞比亚 | 2001 - 11 - 15 |
| 突尼斯 | 2001 - 12 - 10 |

| 国家 | PCT 生效时间 |
|---|---|
| 圣文森特和格林纳丁斯 | 2002 – 08 – 06 |
| 塞舌尔 | 2002 – 11 – 07 |
| 尼加拉瓜 | 2003 – 03 – 06 |
| 巴布亚新几内亚 | 2003 – 06 – 14 |
| 叙利亚 | 2003 – 06 – 26 |
| 埃及 | 2003 – 09 – 06 |
| 博茨瓦纳 | 2003 – 10 – 30 |
| 纳米比亚 | 2004 – 01 – 01 |
| 圣马力诺 | 2004 – 12 – 14 |
| 科摩罗 | 2005 – 04 – 03 |
| 尼日利亚 | 2005 – 05 – 08 |
| 利比亚 | 2005 – 09 – 15 |
| 圣基茨和尼维斯 | 2005 – 10 – 27 |
| 黑山（＊） | 2006 – 06 – 03 |
| 老挝 | 2006 – 06 – 14 |
| 洪都拉斯 | 2006 – 06 – 20 |
| 马来西亚 | 2006 – 08 – 16 |
| 萨尔瓦多 | 2006 – 08 – 17 |
| 危地马拉 | 2006 – 10 – 14 |
| 马耳他 | 2007 – 03 – 01 |
| 巴林 | 2007 – 03 – 18 |
| 多米尼加 | 2007 – 05 – 28 |
| 安哥拉 | 2007 – 12 – 27 |
| 圣多美与普林希比 | 2008 – 07 – 03 |
| 智利 | 2009 – 06 – 02 |
| 秘鲁 | 2009 – 06 – 06 |
| 泰国 | 2009 – 12 – 24 |
| 卡塔尔 | 2011 – 08 – 03 |
| 卢旺达 | 2011 – 08 – 31 |

（＊）塞尔维亚和黑山于 2006 年解体后，塞尔维亚继承在 PCT 中的法律地位，而黑山不久后以独立身份加入 PCT。

一项最终的程序问题涉及地区性专利制度与 PCT 之间的联系。这能够通过两种方式产生影响。首先，现行的 PCT 规则确保在申请时单一 PCT 成员国的指定被视为等同于通过所有途径指定所有国家以获得这些国家全部的知识产权。这会引起双重甚至三重指定，譬如，对德国的指定可视为（a）德国本国专利；（b）在德国有效的欧洲专利；或（c）德国本国实用新型。扉页数据包含这 3 种指定。但这并不意味着申请人将获得 3 种知识产权，即使在法律上可行。最终选择哪国进入作为国家阶段或地区阶段，以及通过何种途径进入的期限为自优先权日期起的 30 个月（因此在带有 INID 81 与 84 中列表的国际申请公布后）。实际上，很难在大多数所列国家中寻求保护。世界知识产权组织统计数据显示，2009 年，对于提交的每件 PCT 申请而言，采用 PCT 制度的申请人平均通过 2.7 个专利局（欧洲专利局作为单独的专利局）进入国家阶段[4]。该数字略带有误导性，原因在于算术平均值会由于根本未进入国家阶段的申请而降低，尽管如此，该数字仍表明扉页所列的大量国家从未受理一件 PCT 申请来进一步处理以获取任何形式的知识产权。

第二个问题涉及属于欧洲专利局的 PCT 成员国。根据 PCT 第 45（2）条，属于地区专利制度的国家可在本国法律范围内规定该国的 PCT 指定将仅被视为地区申请而不是本国申请；也称为"封闭国家途径"。在撰写本书时，多个欧洲专利局成员国已采用这种方式，这些国家包括比利时（BE）、塞浦路斯（CY）、法国（FR）、希腊（GR）、爱尔兰（IE）、意大利（IT）、拉脱维亚（LV）、摩纳哥（MC）、马耳他（MT）、荷兰（NL）以及斯洛文尼亚（SI）。这些国家都将出现在 WO 公布文献的扉页中，当进入国家阶段和地区阶段时，仅可能通过欧洲专利局审查与授权获得实质性的专利保护。因此，若专利族同时包含 PCT 公布文献和法国本国专利，则可推断出法国申请必定为单独提交，而非脱胎于国际申请。

## ▶ 涵盖 PCT 的数据库

PCT 的特点之一是仅涉及早期公开阶段缺乏集中化的法律状态登记簿。然而，世界知识产权组织 PatentScope 系统的近期变化表明，尽管尚处于国际阶段，但越来越多的早期文献已向公众公开，而并非必须等到国家阶段。尽管如此，PatentScope 既不包含与全部国家文档案卷的等同物，也不包含各国授权过程的确定详情。第三方仍需查阅 PatentScope 和相关的国家登记簿或地区性登记簿以获取完整信息。一经授权，来自 PCT 国际申请且通过国家途径的本国专利与直接申请的本国专利难以区分（就法律效力和出于大多数文献目的）。一个国家偶尔会为 PCT 申请保留特殊的号码范围，除此之外，便再无任何用于区分的特征。

世界知识产权组织 PatentScope 系统（http：//www. wipo. int/patentscope/en）目前已归入 WIPO GOLD 名下，这是一个可提供广泛的知识产权信息和数据库的全新门户网站（http：//www. wipo. int/wipogold/en）。自 2009 年起，国家专利局的文献集合已被添加到同一界面，目前可提供超过 20 个系列集合，包括许多来自中美或南美洲地区的国家，世界知识产权组织已为上述地区在数字化处理方面提供技术支持。关于将 PatentScope 作为工具检索多专利信息集的讨论详见第 9 章，本章仅讨论 PCT 公布文献的访问。

PatentScope 提供多语检索界面，许多官方文献以及申请的语言均是英语。不仅是公开的单行本，每条记录通常包括优先权文件、2003 年停用的旧版第 II 章 IPERs 和 2004 年起新版第 I 章和第 II 章专利性 IPRP 以及公布的单行本（包括延迟检索报告和修改文件）都归入"文件"标签。记录中单独的"国家阶段"标签包括约 40 个国家的国家阶段条目数据，在某些情况下也包含相应国家专利登记簿的链接。图 5 - 3 列出了 PatentScope 示例记录。

**图 5 - 3　PatentScope 示例记录显示文件标签**

对于 PCT 文献资源检索的根本问题是多种公开语言。多年来，即使是最完整的数据库也只包含以采用拉丁字母的语言所公布的此类文件全文文本，如英语、法语、德语、西班牙语等。采用其他字符集（如斯拉夫语、日语、汉语等）公布的文本只能通过英语补充摘要进行检索，无法进行全文检索。这意味着大部分公布文献较难以通过文本检索进行检索。为说明这种问题，2008年针对 PCT 进行了评估，本次评估是最近一次来披露详细的公布语言数据[5]，指出仅有超过 80% 的单行本采用拉丁字母，表 5 - 4 给出了全部细目，以及2010 年的大致数据以便对比。可以明确的是，由于亚洲语言的使用率上升，用英语作为主要语言已有下滑趋势，这意味着不仅基于词检索第一级数据将变得更为困难，而且为信息服务准备译文成为日益沉重的负担，譬如 Chemical Abstracts 和 Thomson DWPI 文档，上述服务通常依赖以单一语言为其全部记录产生摘要。

**表 5 - 4  2008 年与 2010 年 PCT 公布语言细目**

| 公布语言<br>（ISO 639 - 1 代码） | 2008 年公布的<br>申请数量/件 | 申请百分比/%<br>（2008 年） | 估计百分比%<br>（2010 年）（＊） |
|---|---|---|---|
| En | 105532 | 65.5 | 55.0 |
| Ja | 25727 | 16.0 | 18.0 |
| De | 17734 | 1 1.0 | 10.0 |
| Fr | 5092 | 3.2 | 3.5 |
| Zh | 4927 | 3.1 | 7.0 |
| Es | 1261 | 0.8 | 1.0 |
| Ru | 755 | 0.5 | <0.5 |
| Ko | 0 | 0.0 | 4.0 |
| Pt | 0 | 0.0 | <0.5 |
| Ar | 0 | 0.0 | <0.5 |
| 合计 | 161028 | 100.0 | |

（＊）根据 2010 年 PCT 评估中的条形图的估计；未提供数字数据。

为应对这种情况，世界知识产权组织于 2010 年 6 月推出跨语言信息检索（CLIR）工具测试版，能够使用 5 种语言（英语、法语、德语、日语和西班牙语）在 PCT 申请的权利要求书与说明书中进行关键词检索。截至 2011 年 5月，增加汉语、韩语、葡萄牙语和俄语。

CLIR 的功能是通过将用户的查询翻译为多种不同语言后发送至数据库以帮助检索多语言集合。这个过程绝不简单，因为按照定义，关键词包含短语或词组，但语境信息极少。当能够将同一个英语单词翻译为一种或多种目标语言时，则很难根据修正策略选择最为合适的关键词，尤其是在检索人员对每种译文的细微差异知之甚少的情况时。然而，该工具的确能让用户指定一项或多项宽泛主题领域，以便改进翻译质量。图 5－4 显示了以英语提交基于简单词的检索术语（采用"安全带"一词）并将翻译限定于汽车工程或航空工程领域的效果。所提交词语或短语被翻译为德语、西班牙语、法语、日语、韩语、葡萄牙语、俄语以及汉语，并限定数个 IPC 分类号。当查询发送至数据库后，命中项在各种语言中高亮显示。下面的 3 个命中示例用来显示检索式已在西班牙语、德语与汉语等公布文献的文本主体中进行检索的位置。

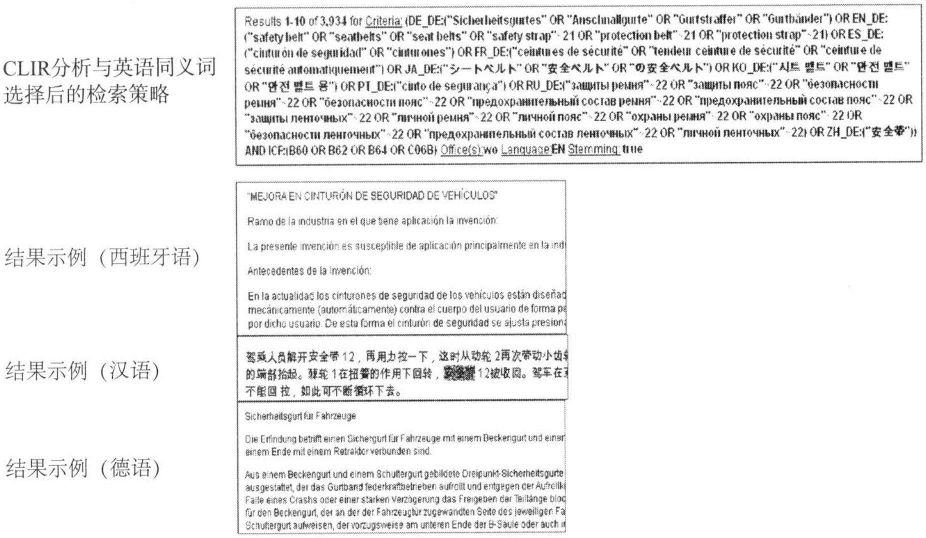

图 5－4　PatentScope 的 CLIR 策略与查询翻译后示例结果

推出 PatentScope 之前，商业数据库提供商已经在不断尝试向检索群体提供至少一部分 PCT 文件。下列数据库概览中（见表 5－5）已排除了子集示例。PCT 对于许多行业来说是专利申请的重要途径，尤其是制药行业。同时，很多商业数据库逐渐成熟，其包含大量特定技术领域的 PCT 文献，但不是完整集合；例如 Current Patents 快报服务，现已累积成为 DOLPHIN 数据库。

表 5－5　PCT 数据库

| 提供商 | 服务名称 | 平台 | 收录范围 |
|--------|----------|------|----------|
| EPO | ESPACE － ACCESS（＊） | CD － ROM/DVD | 著录项目信息，包括可检索的英语和法语摘要 1978～2009 年。图像光盘系列与 Espacenet 的参照索引 |

续表

| 提供商 | 服务名称 | 平台 | 收录范围 |
|---|---|---|---|
| Univentio | WIPO PCT Publications | Delphion | 著录项目数据、图像和 OCR 全文文本，1978 年 + |
| WIPO | Espacenet | 公共互联网 | 所有公布文献的英语摘要、著录项目数据，1978 年 + ；图像，1978 年 + |
| WIPO | ESPACE – WORLD（*） | CD – ROM/DVD | 摹真图像，1978 ~ 2009 年。仅限可检索著录项目数据和摘要 |
| WIPO | FOCUST | Wisdomain | 著录项目数据、全文文本（仅 En/Fr/De/Es），1978 年 + |
| WIPO | FreePatentsOnline | 公共互联网 | 著录项目数据、全文文本（仅 En/Fr/De/Es），1978 年 + 图像页，1978 年 + |
| WIPO | Patent Café | Pantros IP, Inc. | 著录项目数据、全文文本（仅 En/Fr/De/Es），1978 年 + |
| WIPO | PatentLens | 公共互联网 | 著录项目数据、全文文本（至少为 En/Fr/De/Es）1978 年 + ，部分为 Zh 和 Ja, |
| WIPO | PatentScope | 公共互联网 | 著录项目数据、OCR 全文文本（99% 覆盖）、法律状态 1978 年 + （所有公布语言） |
| WIPO | SureChem | Macmillan | "所有语言全文文本"（未经证实的说法） |
| WIPO | WIPS Global | WIPS Co. Ltd. | 所有公布文献的英语摘要、著录项目数据，1978 年 + ；图像，1978 年 + |
| WIPO/RWS | PatBase | Minesoft | 著录项目数据、全文文本（En/Fr/De/Es）1978 年 + ，Ru 2007 年 + ，Ja 2008 年 + ，部分为 Zh；图像页，1978 年 + |
| WIPO/Univentio/Questel | PCTFULL（#） | Questel | 著录项目数据、全文文本（仅 En/Fr/De/Es），1978 年 + |

| 提供商 | 服务名称 | 平台 | 收录范围 |
|---|---|---|---|
| WIPO/Bundes druckerei | PCT 公报（＊） | CD – ROM | 著录项目信息，包括可检索的摘要，1997 年＋；全部 4 个部分在内的公报 |
| WIPO/EPO | ESPACE – FIRST（＊） | CD – ROM/DVD | 包括摘要在内的可检索的扉页数据（仅 En/Fr/De/Es），1978～2009 年 |
| WIPO/FIZ Karlsruhe | PCTGEN | STN | PCT 申请中以电子形式提交的核酸和蛋白质序列，2001 年＋ |
| WIPO/Micro Patent | PatSearch FullText | MicroPatent | 著录项目数据和 OCR 全文文本，1978 年＋(仅拉丁文)；图像，1997 年＋ |
| WIPO/Questel | WOPATENT | Questel – Orbit | 著录项目数据、摘要（仅 En/Fr）和部分法律信息，1978 年＋ |
| Wl – PO/Univentio | PCTFULL | STN | 著录项目数据、OCR 全文文本（仅 En/Fr/De/Es），部分为机器翻译（MT）为英文全文，1978 年＋ |
| Wl – PO/Univentio | Total Patent | LexisNexis Uni – ventio | 著录项目数据、OCR 或 XML 全文文本（所有语言），机器翻译（MT）为英文全文，1978 年＋ |
| Wl – PO/Univentio | WIPO/PCT Patents Fulltext（file 349） | Dialog | 著录项目数据、全文文本（仅 En/Fr/De/Es），1978 年＋ |

（＊）已停产，仍可购买存档文献。

（#）该文件还可通过合并后的 FAMPAT 文献获取。

应注意的是，从表5－5 中可看出，存在多种不同版本的"PCT 全文文本"可检索文件。21 世纪初，OCR 技术仅用于从英语、法语、德语或西班牙语（可能还有其他采用拉丁字母的语言，如葡萄牙语）的 PDF 原始文件中创建机器可检索文本。斯拉夫等非拉丁字母或者日语、汉语等形意文字公布的其他PCT 文本无法转换为编码的字符文本，也无法作为基础通过机器翻译将其译为英语。在 PCT 制度下，电子申请逐渐成为首选方法，因此 XML 原数据也正变得可用。多个商业数据库提供商以及 WIPO 本身已经能够以原始语言和/英语向可检索文档增补额外文本。文档内容持续进行更新并且早期文档则逐步进行转换。在比较收录范围时，建议用户从数据提供商或经销商处获取最新情况。

## ▶ 参考文献

1. Modification of Kind Codes. PCT Newsletter No. 12/2008, 13 (December 2008).

2. PatentScope Products and Services: Free Services: Sequence Listings. Available at: http://www. wipo. int/patentscope/en/data/products. html [Accessed on 2011. 07. 07]. Data are also available using the Browse: Sequence Listing menu within PatentScope, from the webpage (http://www. wipo. int/pctdb/en/sequences/) or by anonymous ftpfrom (ftp://ftp. wipo. int/pub/published_ pct_ sequences/publication/).

3. Overview of changes to the PCT system as of I January 2004. PCT Newsletter No. I 1/2003, 1 – 5, (November 2003) and New enhanced international search and examination procedure. PCT Newsletter No. 12/2003, 13 – 15 (December 2003).

4. PCT, the International Patent System: yearly review 2010. Section A20. Geneva: WIPO, 2011. Available at: http://www. wipo. int/export/sites/www/pct/en/activity/pct_ 2010. pdf.

5. The International Patent System in 2008. Section 4. 3 Publications by Language ofPublication. Geneva: WIPO, 2009. Available at: http://www. wipo. int/pct/en/activity/pct _ 2008. html. [Accessed on 2011. 07. 01].

# 第 *6* 章
# 七国集团各国国家专利制度

## ▶ 概　　述

　　成熟的专利制度通常紧随高水平的工业发展（或根据部分评论员的观点，先于高水平的工业发展），这也标志着一国国民生产总值的首要贡献者从农业转向制造业。世界知识产权组织的统计数据毫无疑问地表明，七国集团（美国、日本、加拿大、英国、德国、法国和意大利）每年产生大部分的授权专利，甚至更大部分的已公布未经审查的文献。已经在前述章节中讨论过美国和日本，本章将探讨七国集团的其他国家，上述国家正成为专利信息专家所用公布文献最有可能的来源国。

## ▶ 加拿大

### 历史方面与当前法律

　　在主要专利局的专利制度中，加拿大的专利制度相对而言与众不同，在这一点上，其公布文献反映了加拿大本身的双语特性。所有著录数据都以英语与法语两种语言进行标识，仅一小部分的加拿大专利完全以法语撰写。

　　在 1867 年英属北美法案创建加拿大自治领之后不久，1869 年第一个真正的加拿大专利制度形成。在此之前，各独立省份——新不伦瑞克省、新斯科舍省、纽芬兰省、爱德华王子岛、上下加拿大——都有自身的专利法并公布专利说明书或专利号码清单。纽芬兰省直至 1949 年至少在商标领域仍保留若干单独立法。McMaster[1] 描述了一些历史里程碑事件。

　　20 世纪的大部分时间，加拿大的专利立法与专利公布阶段全面仿效美国。

每件单独文献在实质审查与授权后公布，并且从公布之日起计算 17 年的期限。加拿大与美国都采用"先发明"制度，也保留"宽限期"制度。这意味着发明人在提交申请前 12 个月内在加拿大境内公开披露其发明，不会丧失其加拿大的权利。然而，这样的披露将损害在加拿大之外不承认宽限期的国家的申请。

1925 年，加拿大签署了《巴黎公约》，其是该条约的一个长期签约国，但在主要工业国家中，其加入 PCT 相对较晚，直到 1990 年 1 月才成为成员国。大约在同一时期，1989 年加拿大国内立法的一个主要修改影响了专利授权与公布。该修改引入了"先申请"制度，但保留了通常的 12 个月宽限期。加拿大的标准国家代码为"CA"。

1989 年 10 月 1 日之后在加拿大所提交的专利申请按照延迟审查制度和双重公布进行处理。在本国申请（或自优先权日起，如果主张优先权）后 18 个月公布未经审查的说明书，并为其分配 2000000 序列的一个编号。1989 年之前的申请已达到约 130 万件，因此新法规定全新的公布机制并且造成序列编号的中断。

在申请后，申请人可以在 5 年内任何时候请求检索与审查——根据 1989 年立法原有 7 年的延迟在 1996 年进行了缩短。从信息角度来看，这意味着加拿大申请在公布未经审查的文献后相当一段时期表现不活跃，但仍有潜力进行授权。在假定一件申请失效或撤回之前，要求仔细审核该申请的法律状态。自 1989 年立法以后，授权后需缴纳续展费（年费）维持加拿大专利有效。不同于美国、欧洲与日本，在撰写本书时，加拿大尚未规定药品或农药的专利期限延长制度。

加拿大与美国专利制度进一步的相似之处在于本国分类体系的继续使用。在 1989 年立法之后，本国分类体系逐步被淘汰，现代加拿大的专利说明书仅记载国际专利分类。然而，加拿大本国分类体系已被保留在加拿大网站的数据库中作为检索字段，仍可用于检索早期的说明书。

## 本国专利文献

在引入 1989 年公布文献序列之前，加拿大授权专利文献不具有文献种类代码，原因在于其授权专利文献仅公布一次。然而，为统一起见，各主要数据库都给其分配虚拟代码 – A，再公布文献在公布版本中具有文献种类代码 – E，但相同数据库给其分配代码 – B，这反映上述文献是授权后第二级公布的事实。

在加拿大创建新体系后，给公布文献分配官方代码 – A，这可能与现有虚拟数据库形式产生混淆。因此，有些数据库分配附加虚拟代码 – AA 来区分新法的 A 文献与旧法的对应文献。这些文献也可以通过其公开号范围进行区分——新法文献公布号总是大于 CA2000001。授权申请在扉页上以及数据库记录中都具有文献种类代码 – C。关于编号序列详情可以进一步参阅安大略省皇后大学的 Michael White 所编制的指南（http：//library. queensu. ca/webeng/patents/Canadian_ Patent_ Number_ Guide. pdf）。

　　加拿大专利文献的一个特有特征值得关注。由于加拿大加入了 PCT，国际申请能够成为本国申请并且经实质审查后授予加拿大专利。这是进入加拿大国家的主要途径，因此每周公布的大量未经审查的申请反映了 PCT 的转换。在加拿大作为 PCT 成员国最初几年内，在加拿大知识产权局的记录中无任何公告显示 PCT 申请进入加拿大。因此，一些主要数据库提供商，譬如 DWPI 文档，无法采集上述数据为文档的专利族体系添补加拿大同族专利成员。检索人员应当注意需要通过加拿大本国数据的单独查询补充专利族检索，以便确定对应的加拿大同族专利成员。

## 数据库及其具体方面

　　加拿大是将大量过档文献加载到互联网的最早国家之一。尽管许多专利局倾向于只提供最近几年的文献，但是加拿大知识产权局（CIPO）选择数字化1920 年以来的完整过档文献，并且都可以从网站上获取。加拿大知识产权局的主网站地址为：http：//www. cipo. gc. ca，该网站是双语网站。追溯到 1869年的早期著录项目数据是由加拿大国家图书馆以及加拿大图书档案馆进行收录，但收录范围仅覆盖加拿大居民的授权专利，而不是完整专利集合。仅1869 年以来的著录项目数据可用而图像数据限于 1869 ~ 1919 年（见表 6 – 1）。收录范围可以在 http：//www. collectionscanada. gc. ca/databases/patents/index – e. html 找到。

表 6 – 1　加拿大专利数据库

| 提供商 | 服务名称 | 平台 | 收录范围 |
| --- | --- | --- | --- |
| CIPO | 加拿大知识产权局记录 | 互联网；通过 CIPO 的主网站 | 1999 年以来的每周公报 PDF 版本。可用年度索引 |
| CIPO | 加拿大知识产权局数据库 | 互联网；通过 CIPO 的主网站 | 1839 ~ 1978 年授权专利（仅著录项目）授权专利 1978 年 +（著录项目、权利要求书与摘要以及页面图像）未经审查的申请 1989 年 +（著录项目、权利要求书与摘要以及页面图像）可用的法律状态与授权后诉讼 |

| 提供商 | 服务名称 | 平台 | 收录范围 |
|---|---|---|---|
| CIPO | Patent Cafe | Pantros IPInc | 著录项目 1970 年 + |
| CIPO | CD – R 专利文献 | CD – ROM （MIMOSA 兼容） | 授权专利 2000 年 +（著录项目与摘要 + 页面图像）<br>未经审查的申请 1999 年 +（著录项目与摘要 + 页面图像） |
| CIPO | CD – R 专利文献 | CD – ROM 过档文献 | 仅著录项目数据，1869 ~ 2008 年（自 1978 年以后的全文文本，摘要与权利要求书）；订购的年度、月度或周度更新 |
| CIPO/IP. com. Inc. | 知识产权图书馆 | 互联网 www. ip. com | 著录项目 1869 年 +，权利要求书 1978 年 + |
| 加拿大卫生部 | 专利登记簿 | 互联网 www. patentregister. ca/ | 保护药品的加拿大专利选择性收录；仅生效专利 |
| Lexis – Nexis | 全部专利 | 加密互联网 | 自 1920 年 + 以来的全文文本（原始语言 + 机器翻译为英语） |

## ▶ 法国

### 历史方面与当前法律

　　自法国大革命后不久的 1791 年，法国始有专利制度，1810 年拿破仑法令引入进口专利（允许法国公民有权进口他国授权发明）。1844 年和 1901 年专利局（现今法国国家工业产权局，INPI）建立时分别对法律进行了进一步修改。专利期限从 5 年、10 年、15 年最终修改为 20 年。

　　1968 年对法律进行了重大修改，法国专利申请不再审查新颖性并且同样不包括任何权利要求。专利申请仅审查单一性，通常申请后 9 个月左右授权。授权后 1 个月左右公布简略版，约 3 个月后公布说明书。这一过程意味着在文献公布后仅能通过法律诉讼实现专利保护的有效裁决。在 1968 年之前，进行检索的申请是涵盖药品的系列特殊专利药物或 BSM 系列文献。这些申请大多在 1961 ~ 1973 年公布（尽管少量迟至 1978 年才出现），在此之后此类申请按照正常法律处理。

1968 年立法要求在申请中包含权利要求书，并将实用新型引入法国制度。称为新型证书，使用不同的文献种类代码进行区分，但以与正常专利相同的编号序列公布。实用新型期限是 6 年。在正常的专利申请程序中，优先权的 18 个月内必须申请检索报告请求。

当前立法是起源于 1992 年与 1995 年的知识产权法典。该法典采用所谓的检索报告程序。在法国国家工业产权局撰写的检索报告公布后，申请人可以在 3 个月内提交新的权利要求书或提交答辩书说明维持原始权利要求的理由。如果没有收到任何答复，那么申请会由于"显著缺少新颖性"被驳回。在检索报告的答复期限之后，专利授权并公布。准确地讲，该检索报告程序并非审查，除非在显著缺乏新颖性的情形下，专利总会授权并且其权利要求书是申请人最终所提交的。

法国专利除在法国本土有效外，还包括海外省和留尼旺地区、新喀里多尼亚、法属波利尼西亚、圣皮埃尔与密克隆群岛、瓦利斯与富图纳群岛，以及法属南方与南极领地。

与意大利一样，法国在 1990 年的本国法律中设立了补充保护证书制度（法语称为补充保护证书，CCP），这一点早于欧盟立法。根据法国法律在 1990 ~ 1992 年，药品期限延长是可用的，允许最长 7 年的延期，或者自销售许可起 17 年。1993 年起欧盟立法取代该制度，仅允许最长 5 年的延期。

1997 年法国成为欧洲专利局的创始成员国。与许多成员国的本国专利局一样，并行欧洲专利局程序的优势显著影响根据本国法律在法国所提交申请的数量。对两种制度之间平衡的粗略度量表明在任何一年，欧洲专利局指定法国所提交的申请再加上由 PCT 通过欧洲专利局路径指定法国所提交的申请，两者总计约 10 万件，而直接本国申请少于 2 万件。法国是不允许申请人运用 PCT 路径直接进入本国专利体系的许多欧洲专利局成员国之一。法国已选择"关闭国家路径"，希望由 PCT 在法国获取专利保护的申请人必须通过指定覆盖法国的欧洲专利局申请。

当《巴黎公约》在 1884 年生效时，法国是该公约的创始签约国。法国也是 1977 年欧洲专利局的创始成员国，并且在 1978 年加入 PCT。法国的标准国家代码是"FR"。

## 本国专利文献

在现行立法下，法国在 18 个月公布专利申请，作为 FR – A1 文献（Demande de Brevet），随后授权专利使用相同编号，但后缀变更，作为 FR – B1 授权文献（Brevet）。实用新型申请按照相同序列编号，但具有代码 FR – A3

(Demande de certificat d' utilité)，随后如果授权，授权代码为 FR－B3（certificat d' utilité）。当 1968 年立法生效时，公布号码序列始于 FR2000001，当前约 2800000（2005 年 1 月公布号码 FR2857556－A1）。上文所述旧 BSM 序列采用特有 FR－M 文献种类代码。在 1968 年立法后的过渡期间，采用附加文献种类代码（A4、A5、A6、A7）表示授权之前仅公布一次的文献，上述代码不再使用[2]。

与惯例相反，法国国家工业产权局建议 INID 11 中的"numéro de publication"仅用于定购说明书副本，并且出于其他目的使用申请号或 INID 21 中的"numéro d' enregistrement national"。著录项目数据库通常突出前者。图 6－1 显示了最近 FR－A1 文献的扉页显示两个字段。

(19) RÉPUBLIQUE FRANÇAISE

INSTITUT NATIONAL
DE LA PROPRIÉTÉ INDUSTRIELLE

PARIS

(11) N° de publication : 2 857 556
(à n'utiliser que pour les commandes de reproduction)

(21) N° d'enregistrement national : 03 50305

(51) Int Cl⁷ : H 05 K 9/00

(12) DEMANDE DE BREVET D'INVENTION A1

**图 6－1　法国未经审查的公布文献的扉页数据**

## 数据库及其具体方面

法国国家工业产权局长期以来选择游离在欧洲专利局的通用 Espacenet 服务之外。主检索引擎 Plutarque 可以通由 INPI 网站或直接从 http://www.plutarque.com 进行访问并且允许访问一系列检索服务，包括专利、商标、外观设计与模型，但仅有最近 2 年的数据（FR、EP 与 WO 文献）是可以免费访问的。要求在先注册才能访问包含摘要与页面图像在内的更大规模过档文献。浏览全文则需要额外付费。

Plutarque 系统的一个特征是使用自然语言输入获取 IPC 标识，用来向用户提供可选的检索术语。

近年来，INPI 在 Espacenet 地址的标准形式下（http://fr.espacenet.com）选择收录本国专利。此外，新的专利状态数据库已收录在 INPI 网站；所有检索免费，但部分经核证的副本必须定购并且收取少量费用。表 6－2 列出了法国专利数据库的情况。

表6-2　法国专利数据库

| 提供商 | 服务名称 | 平台 | 收录范围 |
|---|---|---|---|
| INPI | BREF（#） | CD-ROM/DVD | FR-A 1966年+、EP-A 1978年+、WO-A 1978年+（仅著录项目数据） |
| INPI | 法国国家工业产权局的官方公报（BOPI） | 互联网 | 自2005年起至今每周PDF格式的公报，带索引 |
| INPI | COSMOS-A（#） | CD-ROM/DVD | FA-A全文图像1989年+ |
| INPI | COSMOS-B（#） | CD-ROM/DVD | FR-B全文图像2000年+（MIMOSA兼容） |
| INPI | Espacenet | 互联网 | FR-A 1978年+、EP-A 1978年+、WO-A 1978年+（完整文本）加上FR-B 1989年年+与EP-A权利要求译为法语，2004年+ |
| INPI | File 371 | Dialog | FR-A著录项目数据1966年+，摘要与图像1978年+，FR-M 1961~1978年，包含补充保护证书数据的法律状态1969年+ |
| INPI | FRANCEPAT（封闭文档） | STN | FA-A著录项目数据1966年-2009年，摘要与图像1978年-2009年 FR-M 1961年-1978年 包含补充保护证书（SPC）数据的法律状体1969年+ |
| INPI | PRPATENT（*） | QUESTEL | FR_A著录项目数据1966年+，摘要与图像1978年+ FR-M 1961年-1978年 包含补充保护证书数据的法律状态1969年+ |
| INPI | Patent cafe | Pantros IP，Inc. | FR-A全文文本1980+、FR-B著录项目1980年+ |
| INPI/EPO/MicroPatent | 法语公布的申请 | MicroPatent | FR-A著录项目数据与全文文本1971年+、图像1992年+ |
| INPI/Univentio | FRFULL | Questel | FR-A全文文本1980年+ |

续表

| 提供商 | 服务名称 | 平台 | 收录范围 |
|--------|----------|------|----------|
| LexisNexis Univentio | FRFULL | STN | FR – A 全文文本 1902 年 + |
| LexisNexis Univentio | TotalPatent | 加密的互联网 | 自 1902 年以来的全文文本（原原始语言 + 机器翻译（MT）英文） |

（﹡）相同文档也装载在 QPAT 平台

（#）不连续产品；存档过档文献

INPI 基于磁盘的早期产品是在欧洲专利局的 PATSOFT/MIMOSA 项目之外进行开发的，并且与这些应用程序包不兼容。最近开发的程序 COSMOS – B 与 MIMOSA 兼容。

## ▶ 德国

### 历史方面与当前法律

普法战争之后，1871 年在凡尔赛宣告德意志帝国成立之后才形成现代的德国。德国第一部专利法在 1877 年生效，取代组成新国家的各组成王国与公国的专利制度。许多德意志帝国的组成王国与公国已通过专利法，譬如普鲁士（1815）、巴伐利亚（1825）、符腾堡（1836）和萨克森（1843）。德国法案最初规定 15 年的期限，在 1936 年修改为 18 年。

授权专利基本上是连续编号，直到专利局在 1945 年关闭，授权专利数量达到约 76.8 万件。在 1949 年颁布新法，自 1950 年起，公布以编号 800001 重新开始。这些文献称为 Erteilten 或 Patentschriften，文献类型有时指定为 PS。自 1957 年开始引入授权前异议的新制度，导致编号再一次跳跃到 1000001。在这种制度下，文献可公布两次；第一次作为 Auslegeschrift，已审查但未授权并且开放授权前异议的 3 个月期限。在异议程序之后，文献作为授权专利再次公布，称为 Patentschrift。这些文献可以通过纸张颜色进行区分，尽管这一点对当前检索人员没有太多帮助。Auslegeschriften 以淡绿色纸张印刷，Patentschriften 以白色纸张印刷。一旦异议程序造成两份文献之间内容的变更，授权专利需盖上签注 "Weich ab von Auslegeschrift" 或 "Patentschrift weicht von der auslegeschrift ab"。

德国从 19 世纪后期使用德国国家专利分类，直到 1975 年被 IPC 取代。包括奥地利与丹麦在内的一些国家使用相同或稍加修改的分类体系。

随着 1949 年 10 月 7 日德意志民主共和国宣告成立，1950 年其颁布了新的专利法，该国持续授予本国样式的专利文献直到 1990 年 10 月 3 日德意志民主共和国与德意志联邦共和国重新统一。所谓的 1992 年延伸法案允许统一之前在前述两个国家中任一国家所提交的专利申请扩大到整个全境有效。

如上所述，许多专利局在 20 世纪 60 年代都开始经历积压的困难，德国迅速采用由荷兰所开创的延期审查模式。1968 年 10 月 1 日之后所提交的申请给予新格式的公布号，从 1800001 起贯穿审查与公布的全部阶段。公布号保留与旧连续序列相同的格式，实际上是不连续的体系。公布号在全部阶段都予以保留并且保持与申请号相同的格式，其可分为两个部分：前两个数字是申请年份减去 50，因此公布号 DE2004000 – A 是基于 1970 年所提交的第 4000 件申请的第一公布阶段。在新公布阶段，未经审查的申请（Offenlegungschrift）在优先权后的第 18 个月公布并且用黄色牛皮纸印刷，这有可能将检索与审查推迟 7 年。1976 年，专利的期限延长到 20 年。1981 年废除了中间 Auslegeschrift 序列，留下两阶段公布顺序，即公开说明书（Offenlegunschrift）后接公布专利说明书（Patentschrift）。在有些情形下，甚至上述顺序也可以修改（参阅下文）。

德国现行法律的一个方面是实用新型制度。这类专利权利需要较低程度的创造性并且初始不进行审查。1990 年修改法律之后，产品可以获得实用新型，但方法或工艺无法获得实用新型。这些文献总是机械与电子领域现有技术的重要组成部分，并且由于上述变化，每年也公布少量的涉及化学组合物的实用新型。

1903 年德国签署了《巴黎公约》，它是该条约的长期签署国。德国是 1977 年欧洲专利局的创始成员国，1978 年加入 PCT。自 1978 年以来德意志联邦共和国的标准国家代码是"DE"。在此之前使用的代码是"DT"。对于德意志民主共和国而言，代码分别是"DL"（1978 年以前）和"DD"（1978～1990 年）。可以观察到，某些其他代码的变化表示了不同的文献阶段，譬如 DE – OS 表示公开说明书（Offenlegungschrift），PAS 表示专利说明书（Patentschrift），但是上述变化在数据库中很少遇到，仅在印刷文献中出现在页眉。

## 本国专利文献

由于程序的各种变化，德国拥有许多相当复杂的文献种类代码与编号体系。和许多知识产权局一样，德国专利商标局（Deutsches Patent – und Markenamt）负责除专利之外的多种权利，譬如商标、外观设计、计算机芯片布图等。不同于其他专利局，德国专利商标局采用统一的知识产权的编号体系，每种权利类型采用内含代码的公布号表示。该体系自 1994 年起用于全部文献类型，但是从 1989 年逐步引入。这些号码从申请直至授权始终保留，因此在可检索数据库中以公布号的格式出现。

这些号码的最新格式自 2004 年 1 月 1 日起生效。整体格式是数值型，节段为 2 + 4 + 6 + 1。第一个 2 位表示知识产权的类型，随后 4 位数字表示申请的年份，此部分在全过程中保持不变；因此 2006 年公布的申请在此位置为 2004。第三节段的 6 位数字是流水序列号，并且由小数点分开的最后单一数字是计算机校验数字。最后的数字经常在公布号的数据库记录中予以省略。

1994 ~ 2004 年，上述号码的早期格式相似但仅使用 1 位数字表示权利，随后 2 位数字是年份并且 5 位数字表示流水号部分，即 1 + 2 + 5 + 1 格式。为了表示特定文献种类，1994 ~ 2004 年体系保留结合权利代码种类的特定号码范围。在当前体系中，未使用 13 - 19、23 - 29、31 - 39、42 - 49、51 - 59 与 61 - 69 的 2 位数范围（见表 6 - 3）。

表 6 - 3　德国知识产权权利编号代码

| 权利类型 | 数量（2004 年 + ） | 数字序列范围（1994 ~ 2004 年） |
|---|---|---|
| 本国专利申请 | 10 | 1 + 00001 到 749999 * * |
| PCT 申请指定德国 | 11 | 1 + 80001 到 99999 |
| 补充保护证书 | 12 | 1 + 75001 到 79999 |
| 实用新型申请 | 20 | 2 + 00001 到 74999 |
| 通由 PCT 申请的实用新型申请 | 21 | 2 + 80001 到 99999 |
| 半导体布图设计申请 | 22 | 2 + 75001 到 79999 |
| 商标申请 | 30 | 3 + 00001 到 99999 |
| 注册外观设计申请 | 40 | 4 + 00001 到 49999 |
| 印刷字体申请 | 41 | 4 + 50001 到 59999 |
| 欧洲专利指定德国以德语授权 | 50 | 5 + 00001 到 99999 |
| 欧洲专利指定德国以英语或法语授权 | 60 | 6 + 00001 到 99999 |

* * 注意：最初，00001 - 89999 的范围是保留给本国申请，90001 - 99999 用于 PCT 转移。自 1994 年起引入用于补充保护证书申请的单独范围。其他信息源列出直到 79999 的范围用于本国专利，从 80001 到 89999 用于补充保护证书，并且 90001 至 99999 用于 PCT 转移。

上述代码使用示例：

| | |
|---|---|
| DE 1 00 46981 – A1 | 2000 年所申请的公布未经审查的专利申请 |
| DE 2 95 00440 – U1 | 1995 年所申请的公布的实用新型申请 |
| DE 4 01 00134 | 2001 年所申请的注册外观设计申请 |

| DE 5 00 00339 – T2 | 2000 年在欧洲专利局所提交的英语公布的授权欧洲专利注册 |
| DE 6 99 12443 – T2 | 1999 年在欧洲专利局所提交的英语公布的授权欧洲专利注册 |
| DE 11 2004 123456 – B3 | 2004 年所申请的授权本国专利（虚拟示例） |
| DE 20 2004 000123 – U | 2004 年所申请的公布的实用新型申请（虚拟示例） |

由于不同时期公布阶段的各种编号，德国多年来引入新文献种类代码以尽量防止含义重复。从广义上讲，表 6 – 4 显示了上述公布阶段顺序。2007 年引入新文献种类代码 DE – A5 表示 PCT 申请进入德国国家阶段单一扉页的再公布文献并且已在德国以 WO – A 文献公布；自 2004 年起除德语之外语言公布的全部 PCT 申请作为 DE – T5 再公布。

**表 6 – 4　德国文献种类代码与顺序**

| | | |
|---|---|---|
| 1968 ~ 1981 年 | 正常顺序 | Offenlegungschrift（A1），随后 Auslegeschrift（B2），再后是 Patentschrift（C3） |
| | 加快审查 | Auslegeschrift（B1），随后 Patentschrift（C2） |
| | 少见情形 | 仅 Patentschrift（C1） |
| 1981 ~ 2003 年 | 正常顺序 | Offenlegungschrift（A1），随后 Patentschrift（C2） |
| | 加快审查 | 仅专利说明书（C1） |
| 2004 年以后 | 正常顺序 | Offenlegungschrift（A1），随后 Patentschrift（B4） |
| | 加快审查 | 仅 Patentschrift（B3） |

## 数据库及其具体方面

德国本国公报 Patentbltt 成为多个基于互联网或非互联网电子产品的基础。此外，自 20 世纪 40 年代末，一家商业公司 Wilhelm Lampl Verlag（后为 WILA Verlag，现在为 Thomson Reuters 集团的一部分）出版了一系列的摘要期刊，涵盖德国专利与实用新型申请。这些摘要期刊成为多个著录项目数据库的基础，并且上述著录项目数据库近年来可以在 STN 服务器上使用，譬如 PATOS 系列文档（PATOS – DE 收录德国本国文献、PATOS – EP 收录 EP 文献以及 PATOS – WO 收录 PCT 公布文献）。

现已产生大量收录德国专利数据的磁盘产品，并且其中一些产品已移植到位于德国东部的伊尔梅瑙大学 PATON 服务器的在线网页服务（PATON 库）。该大学还提供 PATON 在线系统，进一步收录德意志民主共和国的文献（1950 ~

1990 年）。上述部分文献可以公开访问，但更广泛的收录内容仅向德国学术界的注册用户提供使用。

1990 年德国重新统一之后，实施复杂的过渡程序来处理两个国家专利制度的合并。位于德国 STN 主机的欧洲中心，已装载有德意志民主共和国专利文档（PATDD），并且有关未决申请的后续著录项目数据持续不断增补到该文档中，但数据本身是由统一后的国家的新联邦机构从慕尼黑公布。表 6 – 5 列出了德国的相关数据库情况。

表 6 – 5 德国专利数据库

| 提供商 | 服务名称 | 平台 | 收录范围 |
|---|---|---|---|
| DPMA/德国联邦印钞公司 | DEPATIS 网络 | 互联网 | （www. depatisnet. de）DD 图像 1946 年 +，附加著录项目数据 1978 年 +，DE – A，– B，（1877 年 +），– U（1934 年），自 1978 年 + 的大部分全文文本 |
| DPMA/德国联邦印钞公司 | 出版物服务器（代替早期的 DPINFO 和 DPMAP 出版物服务器） | 互联网 | （http：//register. dpma. de/）文献传递和法律状态；可以通过公布号检索 可检索的每周 Patentblat |
| DPMA | DEFULL | Questel | DE – A 全文文本 1987 年 + DE – E 全文文本 1987 年 + DE – U 全文文本 2004 年 + DE – T 全文文本 2005 年 + |
| DPMA | 德国专利——申请 | Delphion | DE – A 的著录项目数据与去权利要求 1968 年 +、全文文本 1987 年 + |
| DPMA | 德国专利——授权 | Delphion | DE 授权的专利与实用新型，著录项目数据与第一个权利要求 1968 年 +；全文文本 1987 年 + |
| DPMA | PATDD | STN | DD（东德）；著录项目数据 1981 年 + |
| DPMA | PATDD | STN | DE – A，授权专利与实用新型；著录项目数据 1968 年 +；扉页图像 1983 年 + |
| DPMA | PATDPASPC | STN | 用于药品与药的德国补充保护证书著录项目数据 1992 年 + |
| DPMA | Patent cafe | Pantros IPInc. | DE – A，DE – C，DE – U 全文文本 1970 年 + |

| 提供商 | 服务名称 | 平台 | 收录范围 |
|---|---|---|---|
| DPMA/fiz karlsruhe | PATDPAFULL | STN | DE – A 全文文本 1981 年 + ；DEDE 授权专利全文文本 1981 年 + ，欧洲专利文献译文，全文文本 1992 年 + ；实用新型，著录项目与权利要求 1981 年 + |
| DPMA/伊尔梅瑙大学 | DE – T2 | PATON | EP 的德语译文；著录项目数据 1992 年 + |
| DPMA/伊尔梅瑙大学 | PATOS | PATON | （www. paton. de）<br>DE – A 与实用新型，著录项目数据 1976 年 + |
| DPMA/德国联邦印钞公司 | DEPAROM – ACT | CD – ROM | DE – A，EP 的授权专利与德语译文；著录项目数据、摘要、页面图像，1995 年 + |
| DPMA/德国联邦印钞公司 | DEPAROM – KOMPACT | CD – ROM | 用于其他 DEPAROM 磁盘所收录的全部文献种类著录项目数据（索引磁盘）（1991 年 + ） |
| DPMA/德国联邦印钞公司 | DEPAROM – T2 | CD – ROM | EP 的德语译文；著录项目数据、页面图像 |
| DPMA/德国联邦印钞公司 | DEPAROM – U | CD – ROM | 实用新型，全部页面图像 |
| DPMA/Thomson/Univentio | File 324 | Dialog | DE – A，授权专利与实用新型；著录项目数据 1967 年 + ；原始语言的机器翻译为英语的全文文本 1980 年 + |
| EPO | ESPACE – DE （#） | CD – ROM | 德国申请、著录项目数据、页面图像 1991 ~ 1994 年 |
| Landespatentzntrum Thüringen （TU Il-menau） | DEPAORDER | 互联网 | （www. depaorder. de）<br>文献提供，仅公布号 |
| Lexis – Nexis Univentio | 全部专利 | 加密的互联网 | 自 1899/1877 年起的全文文本（原始语言 + 机器翻译英语） |
| MicroPatent | 德语公布的申请；德国授权专利；翻译；实用新型 | MicroPatent | DE – A 全文文本 1989 年 + ；DE 授权专利全文文本 1989 年 + ；指定 DE 的 EP 授权译文，摘要 1989 年 + ，全文文本 2004 年 + ；实用新型摘要 1989 年 + ，全文文本 2004 年 + |

（#）不连续产品

## ▶ 意大利

### 历史方面与当前法律

《巴黎公约》自 1884 年 7 月 7 日生效，意大利是该条约的创始签约国之一。意大利自 1978 年起成为欧洲专利局的早期成员国，但 1985 年才加入 PCT。意大利根据 PCT 选择关闭了本国路径，因此 PCT 申请仅可以通过欧洲专利指定意大利，而不是直接指定意大利。意大利的标准国家代码是"IT"。

意大利在专利信息方面有辉煌的历史，1474 年威尼斯诞生了世界上第一部专利法，并且 19 世纪的意大利几个邦国譬如撒丁岛与伦巴第等都拥有自身的专利法。直至 1864 年制定了统一的意大利专利法。当今，意大利专利局（UIBM，或意大利专利商标局）的授权专利在意大利共和国和罗马教廷（梵蒂冈）有效，尽管后者也有自身的标准国家代码（VA），但适用意大利专利法受限于"不违背戒律神圣的权利，教会法的一般原理或 1929 拉特兰条约"。1997 年圣马力诺（代码 SM）制定自身的专利法并且其专利局在 1999 年开始运作，但是与意大利的双边条约仍然有效——在意大利获取的工业产权权利在圣马力诺具有约束力且可实施，反之亦然。

尽管有这样的历史背景，现代意大利专利文献发展并不完善，并且文献的信息源与数据库收录范围都给检索人员造成极大的困扰。官方的公报（公布的发明、实用新型和外观设计）名义上是每月公布，但经常出现不规律的中断，并且大多数图书馆的公报与说明书馆藏大量缺失。

意大利按照地区受理本国专利申请。每个省会的商会可以作为专利申请的受理中心，并且保留各自格式的申请号。指定的省局作为来自同一地区其他省局的数据收集与处理中心，因此数据可以输入整体信息系统。在意大利有效的大量专利好像不是本国专利，而是指定意大利的欧洲专利，因此全面法律状态的核查需要考虑双重保护路径。

药品产业的一个问题就是专利期限的延长。意大利作为欧盟成员国之一多年来已经根据 1992 年与 1996 年法规实施补充保护证书制度，但是也有关于期限延长的意大利本国法律（1991 年 349 号意大利法律），该法律曾在 1991 年 11 月至 1993 年 1 月期间实施，现在欧盟制度取代了上述法律。该法律比后续欧盟规定更为宽松，允许 18 年的延长期，但推行后续的法律修订逐步缩短延长期直至与欧盟（EU）规定的最长允许年限（5 年）相一致。因此，计算任何给定药品专利的实际期限是一项极其复杂的任务。

意大利实施实用新型制度，其期限是自申请日期起 10 年。

## 本国专利文献

如上文所述，意大利按照地区受理本国专利申请。自 1991 年起，修改分配申请号的方法。在此之前，分配给每个商会规定范围的编号在给定年限内使用，导致不连续但全数字化的序列。在 1991 年之后，采用表示商会的双字母代码，每个商会在新的一年编号从 1 开始。这给仅以数字形式加载申请号的数据库提供商造成困扰。为解决这个问题，INPADOC 数据库采用一套 2 位代码对应于商会的代码并且将其取代。譬如，申请号 91 RM 0011（1991 年罗马商会受理的第 11 件申请）变为 91 73 0011，原因在于按照字母顺序罗马是第 73 个省。更为麻烦的是，1997 年建置了另外 8 个省，迫使 INPADOC 插入附加三位数代码来解决此问题。表 6 - 6 显示了意大利省份的完整列表。

表 6 - 6　意大利省份代码

| 商会 | 代码 | INPADOC 等同 | 商会 | 代码 | INPADOC 等同 |
|---|---|---|---|---|---|
| Agrigento | AG | 01 | Campobasso | CB | 19 |
| Alessandria | AL | 02 | Campobasso | CB | 19 |
| Ancona | AN | 03 | Campobasso | CB | 19 |
| Aosta | AO | 04 | Campobasso | CB | 19 |
| Arezzo | AR | 05 | Caserta | CE | 20 |
| Ascoli Piceno | AP | 06 | Catania | CT | 21 |
| Asti | AT | 07 | Catanzaro | CZ | 22 |
| Avellino | AV | 08 | Chieti | CH | 23 |
| Ban | BA | 09 | Como | CO | 24 |
| Belluno | BL | 10 | Cosenza | CS | 25 |
| Benevento | BN | 11 | Cremona | CR | 26 |
| Bergamo | BG | 12 | Crotone | KR | 992 |
| Biella | BI | 991 | Cuneo | CN | 27 |
| Bologna | BO | 13 | Enna | EN | 28 |
| Bolzano | BZ | 14 | Ferrara | FE | 29 |
| Brescia | BS | 15 | Firenze | FI | 30 |
| Brindisi | BR | 16 | Foggia | FG | 31 |
| Cagliari | CA | 17 | Forli | FO | 32 |
| Caltanissetta | CL | 18 | Frosinone | FR | 33 |
| Campobasso | CB | 19 | Genova | GE | 34 |

续表

| 商会 | 代码 | INPADOC 等同 | 商会 | 代码 | INPADOC 等同 |
|---|---|---|---|---|---|
| Gorizia | GO | 35 | Ragusa | RG | 68 |
| Grosseto | GR | 36 | Ravenna | RA | 69 |
| Imperia | IM | 37 | Reggio Calabria | RC | 70 |
| Isernia | IS | 38 | Reggio Emilia | RE | 71 |
| L'Aquila | AQ | 39 | Rieti | RI | 72 |
| La Spezia | SP | 40 | Rimini | RN | 996 |
| Latina | LT | 41 | Roma | RM | 73 |
| Lecce | LE | 42 | Rovigo | RO | 74 |
| Messina | ME | 49 | Salerno | SA | 75 |
| Milano | MI | 50 | Sassari | SS | 76 |
| Modena | MO | 51 | Savona | SV | 77 |
| Napoli | NA | 52 | Siena | SI | 78 |
| Novara | NO | 53 | Siracusa | SR | 79 |
| Nuoro | NU | 54 | Sondrio | SO | 80 |
| Oristano | OR | 55 | Taranto | TA | 81 |
| Padova | PD | 56 | Teramo | TE | 82 |
| Palermo | PA | 57 | Terni | TR | 83 |
| Parma | PR | 58 | Torino | TO | 84 |
| Pavia | PV | 59 | Trapani | TP | 85 |
| Perugia | PG | 60 | Trento | TN | 86 |
| Pesaro | PE | 61 | Treviso | TV | 87 |
| Pescara | PS | 62 | Trieste | TS | 88 |
| Piacenza | PC | 63 | Udine | UD | 89 |
| Pisa | PI | 64 | Varese | VA | 90 |
| Pistoia | PT | 65 | Venezia | VE | 91 |
| Pordenone | PN | 66 | Verbania | VB | 997 |
| Potenza | PZ | 67 | Vercelli | VC | 92 |
| Prato | PO | 995 | Verona | VR | 93 |
| Prato | PO | 995 | Vibo Valentia | VV | 998 |
| Prato | PO | 995 | Vicenza | VI | 94 |
| Prato | PO | 995 | Viterbo | VT | 95 |
| Prato | PO | 995 | UIBM Dep. Post. | DP | 96 |

意大利当前法律（自 1997 年起）规定 18 个月后公布（IT – A1 文献种类，重复使用申请号格式），随后授权，再次使用相同的编号，但代码为 – B1。实用新型采用类似的公布方式，申请公布时代码为 IT – U1，随后授权时代码为 IT – Y1。对于未决的实用新型而言，其原始实用新型申请可以转换为专利申请，反之亦然——由此产生的文献分别给予代码 IT – A4（原始为实用新型，公布为专利申请），与 IT – U4（原始为专利申请，公布为实用新型）。

令人遗憾的是，这些新代码与用于授权专利的早期代码 – A 和 – U 冲突。因此，数据库可以包含早期公布申请与授权两类文献。需要比较公布日期决定生效的立法与文献的结果状态。然后，根据早期立法的授权文献按照单一流水号进行编号，编号达到约 1320000，因此编号格式可以作为确定法律状态的线索。

授权专利指定意大利的意大利译文不以常规的著录项目记录进行公布，但会在公报中以通知方式出现，并且保留原始的 EP 号码。

## 数据库及其具体方面

如上文所述，对于信息专业人员而言，从意大利专利商标局获取及时与准确的数据并收录到任何数据库中（特定国家或多个国家）是一个困惑的问题。少数专用的信息源经常过时，INDADOC 文档中有限的意大利法律状态专门用于指定意大利的欧洲专利而不是本国专利。近期启动的 SIMBA 服务提出未来改进的可能性，并且意大利本国用户社群 AIDB（Associazione Italiana Documentalisti Brevettuali）已将其作为一项优先内容与意大利专利商标局着手商讨以便改善现有状况。近期的一篇论文总结了 2009 年以前[3]的情形，表 6 – 7 给出了当前可用数据库列表。

表 6 – 7　意大利专利数据库

| 提供商 | 服务名称 | 平台 | 收录范围 |
| --- | --- | --- | --- |
| UIBM/EPO | ESPACE – IT（#） | CD – ROM | IT – A1993 ~ 1995 年，IT – U 仅 1995 著录项目数据与文档图像 |
| UIBM | UIBM Dati Nazionale | 公共互联网 http：//www. uibm. gov. it | 自 1980 年 + 起专利与实用新型 |
| InfoCamere（IT） | SIMBA | 付费互联网 https：//telemaco. infocamere. it | 自 1980 年起的一些数据全部详情未知——当前仅意大利订购用户可用 |

续表

| 提供商 | 服务名称 | 平台 | 收录范围 |
|--------|---------|------|---------|
| FILDATA SrI（IT） | FILPAT | 公共互联网 http://www.fildata.it | 实用新型、著录项目数据1990～2009年 |
| Lexis – Nexis | TotalPatent | 加密互联网 | 自1927～1953年全文文本（原始语言＋机器翻译为英语） |

（#）不连续产品。

# ▶ 英国

## 历史方面与当前法律

至少从15世纪起，英国的各个地区已有一些发明专利保护的形式，如本书所述，1623年的英国垄断法案在现代制度的发展中起到至关重要的作用。工业革命时期，至少在英格兰，专利及其获取的商业优势已得以很好地体现。

英国可以被视为对地区专利制度进行早期尝试的国家。在1852年之前，需要在英格兰（包括威尔士）、苏格兰与爱尔兰分别申请以寻求保护。在英国知识产权局成立之后，1851年世界博览会后的1852年完成了专利法修正法案，并且在专利法改革过程中体现新兴利益以顺应全球范围的产业发展，从而在整个英国境内授予专利权。然而，即使今天的情况并不像看起来那么简单。专利保护范围自动涵盖包括大不列颠岛，北爱尔兰与马恩岛但不包括其他一些相近的属地，譬如海峡群岛。许多附属领地、英国直辖殖民地甚至若干独立英联邦成员国可以通过再注册程序纳入英国专利的保护范围。中国香港、马来西亚与新加坡等现今也建立自身的专利制度，但大量有效专利保护仍是再注册的英国文献形式。

进一步的立法分别在1883年、1902年、1919年以及1949年通过，此时英国（UK）专利自完整说明书提交之日起具有16年期限。根据1949年法案，公布号是单一标号序列。详细摘要（称为缩略本）是由每个审查员逐案整理而成，并根据英国分类键按组公布。这些摘编因其内容与质量受到高度重视，并且近期作为单独数据集合加载到欧洲专利局的Espacenet检索系统。自1916年起直至最近法律修改，专利以单一编号序列公布，从100001开始。

《巴黎公约》在1884年7月7日生效，英国是该公约的创始签约国之一。英国也是1977年欧洲专利局的创始成员国之一，并且1978年加入PCT。英国的标准国家代码不是所预期的互联网顶级域名 UK，而是"GB"。

1970 年[4]政府对专利法改革调查后，英国效仿荷兰与德国引入延迟审查早期公布制度。1977 年专利法案生效，时至今日仍是主要立法，尽管通过 1988 年版权、设计与专利法案以及 2004 年专利法案的若干条款对其进行了修改。

1977 年新立法专门用于接轨《欧洲专利公约》，并且 2 项立法至少在设置审查与公布专利程序方面相当类似。该制度规定了检索与实质审查的顺序过程，一旦检索阶段完成并且说明书在优先权后 18 个月公布，申请人需要提交实质审查请求。这种延迟允许第三方查阅公布的未经审查的申请，并且提请审查员注意新的现有技术。如果申请人决定进行实质审查并且申请得到授权，那么采用相同公布号进行再公布，但文献种类代码为 GB－B。英国专利法本身不具有异议期，尽管有授权后更正文献公布规定的存在，且代码为 GB－C。现今专利期限是自英国申请日起 20 年，并且在整个期限内缴纳每年续展费用以维持专利有效。

根据 1977 年法案，自 1979 年起公布文献在 2000001 以上的范围内编号。在新序列开始后许多年，根据 1949 年旧法案持续公布的未决申请，2003 年编号达到约 GB1605000。近年来所公布的未决申请是由于在申请时出于国家安全因素考虑而无法及时公布的申请，上述申请仅公布备案并且立即失效。

与既是欧洲专利局成员国也是欧盟成员国的其他国家一样，英国实施了欧盟补充保护证书计划。在授权英国专利或授权欧洲专利指定英国的基础上在英国范围内授予期限延长。因此，互联网上可用的状态登记簿必须处理英国与欧洲的公布号。英国公布号码范围刚刚超过 2477000，这意味着英国知识产权局已公布约 477.7 万件未经审查的申请。考虑到在同一时期，欧洲专利局已公布超过 234.4 万件未决申请，这说明欧洲专利局在一定程度上影响了其成员国本国专利局处理申请的数量。虽然大量申请仍在英国提交，但是许多（超过 75%）申请仅作为获取优先权日的途径以便进入欧洲制度而绝不作为 GB－A 文献公布。

英国分类键使用于 1888 年，但 1963 年进行了较大修改，从编号 GB940001 的说明书起适用。在这个时候，此分类体系根据与新 IPC 相同的 8 个主要部分字母 A 至 H 重新分组成大约 400 个主题标目。因此层次结构是部（字母）—分部（数字）—标目（字母），后接单一的字母数字代码标识。分类示例如下：

部 C 　　　　　　　化学，冶金学

分部 C3 　　　　　　大分子化合物

标目 C3A 　　　　　　纤维素衍生物

代码标识 C3A 7C 由细胞和多孔制成的物品

分类体系进行定期修订，并且发布新的分类键。最初每 2 万件说明书发布新分类键，然后是每 5 万件，近年来已按照日程表日期发布新的版本。该分类体系仍适用于英国本国专利并且出现在文献的扉页上。最初，欧洲申请与指定英国的 PCT 申请也通过英国分类体系分类，以辅助在英国范围内的检索，但近年来缺乏可用资源进行上述申请的分类，并且相关尝试已停止。少数电子系统使用英国分类作为检索工具。其中一个是欧洲专利局生产的磁盘产品 ESPACE – ACCESS – Europe，该产品包括自 1978 年至今的英国专利文献著录项目信息。少数检索人员是英国分类的活跃用户，并且英国分类最终在 2007 年 7 月 1 日停用；英国分类不再出现在新文献的扉页，但仍然是一个检索早期现有技术的有用工具。

## 本国专利文献

自 1997 年起，英国专利局（现今正式称为英国知识产权局，UKIPO）的官方公报已命名为《专利与外观设计公报》（PDJ），尽管此前称为官方公报（专利）但通常许多检索者称其为"OJ"。公报每周公布，并且公众在 2008 年 4 月之前通过官方网站（http：//www.ipo.gov.uk）可以获取 PDF 格式的过档副本。2008 年 4 月起引入了新的检索版本，但如果需要仍可以获取 PDF 格式的相同信息。

根据 1977 年立法，英国本土申请人需要首先在英国申请，然后等待大约 6 周时间后才能在世界其他地方进行申请。这项规定能够使国家安全检查得以实施。在 6 周时间期满后，《专利与外观设计公报》公布申请的简短条目，包括申请标题、申请号与申请人姓名。新近申请的编目会在世界任何地方的专利申请的最早公布记录中。尽管最新 2004 年专利法案第 7 部分已经修正英国本国安全检索规定，但是新申请的编目继续在公报中提供。

相同编目包括进入英国主张国外优先权申请的具体项，这意味着这些记录出现要在优先权后约 13 ½ 个月。INPADOC 是对此阶段信息进行整理的少数几个数据库之一。既然尚没有说明书的正式公布文献，数据库提供商生成虚拟文献种类代码 GB – A0（A –0），并且复用申请号作为公布号。

在《专利与外观设计公报》的最初编目后，下一个公布事件是在优先权后 18 个月公布说明书，该说明书具有文献种类代码 GB – A（早期在 1977 年法案中）或者 GB – A1。不同于欧洲专利局，英国知识产权局不公布无检索报告的说明书（对应于 EP – A2）或延迟的检索报告（对应于 EP – A3）。GB – A1 文献包含提交时的完整说明书，除非申请人由 PCT 进入英国国家阶段的情形。

如图6-2所示再公布的示例，注意 INID 代码 87 表示对应 PCT 公布文献的数据。

现今，大量 GB-A 文献绝不会授权，因此不会有对应的 GB-B 文献。如果申请进入实质审查，最终会使用相同公布号以及新文献种类代码 GB-B 进行再公布。以 GB-B2 代码公布修正文献的条款确实存在，但这种情况不经常发生。许多数据库提供商弃用数字后缀并且将英国授权简单记录为 GB-B。表6-8列出了典型授权的全部流程。

(12) **UK Patent Application** (19) **GB** (11) **2 316 670** (13) **A**

(43) Date of Printing by UK Office 04.03.1998

(21) Application No 9725289.4

(22) Date of Filing 29.05.1996

(30) Priority Data
(31) PN3207 (32) 29.05.1995 (33) AU
    PN5182     31.08.1995

(88) International Application Data
    PCT/AU96/00323 En 29.05.1996

(87) International Publication Data
    WO96/38344 En 05.12.1996

(51) INT CL⁶
    B65D 27/04 27/34 27/36 27/38

(52) UK CL (Edition P)
    B8K KCA K2E K2H1 K2K1

(56) Documents Cited by ISA
    AU 060750081 A  AU 079069087 B  CH 000343219 A
    DE 003110897 A  DE 002004210 A  FR 001166863 A
    FR 000785572 A  US 3370782 A

(58) Field of Search by ISA
    INT CL⁶ B65D 27/04 27/34 27/36 27/38
    AU: IPC as above

图6-2　PCT 申请进入国家阶段的英国再公布

表6-8　典型的英国授权顺序

| 阶段 | 印刷格式 | 典型数据库条目 |
| --- | --- | --- |
| 英国申请 | 7836675（1978 年 9 月 13 日） | GB19780036675-A0 |
| 未经审查的公布 | GB2029757-A（1980 年 3 月 26 日） | GB2029757-A1 |
| 授权专利 | GB2029757-B（1982 年 7 月 28 日） | GB2029757-B2 |

《专利与外观设计公报》的另一个作用是监测授权且在英国有效的欧洲专利。该公报登载指定英国的全部申请的授权日期，无论其何种语言，并且单独列出原始以法语或德语授权专利的按第 65 条所要求的英语译文。后者所列出的英语译文十分重要，如果专利权人未能在规定期限内提交所需译文，则导致欧洲专利在英国被宣告无效。不同于德国，在英国上述译文不会再给予新的英国编号。英国自 1987 年起实施第 65 条的规定，因此 1986 年授权的专利申请作为 EP-B 文献不需要提供译文。《伦敦协议》在英国生效之后，不再有提交译文的法定要求，但在自愿的基础上可以提交一定译文，典型情况是专利权持有人关注在英国的侵权。

英国依据当前的欧盟法规实施补充保护证书规定。上述证书的申请处理、授权以及生效是不同于主流的专利授权流程并且采用新的编号格式。如表 6 - 9 所示的流程顺序。

表 6 - 9　英国补充保护证书的申请程序

| 事件 | 公布 |
| --- | --- |
| 英国专利申请 | 申请号 GB8332598.5，1983 年 12 月 7 日申请 |
| 公布的未经审查 | GB 2133788 - A1，1984 年 8 月 1 日公布 |
| 公布授权 | GB2133788 - B，1987 年 7 月 15 日公布 |
| 补充保护证书申请 | SPC/GB95/009，1995 年 5 月 15 日申请，施引 GB2133788 - B |
| 补充保护证书授权 | SPC/GB95/009，1995 年 7 月 21 日授权 |
| 专利失效 | GB2133788 - B，2003 年 12 月 6 日失效 |
| 补充保护证书生效 | SPC/GB95/009，2003 年 12 月 7 日生效 |
| 补充保护证书失效 | SPC/GB95/009，2008 年 12 月 6 日失效 |

## 数据库及其具体方面

直到 20 世纪 90 年代中期，英国国家专利唯一公开的电子访问路径是多国数据库，譬如 DWPI 和 INPADOC。有兴趣使用英国本国分类等英国特有内容的检索人员仅限于在英国图书馆或者英国知识产权局的阅览室进行检索。然而，自 1999 年 Espacenet 系统启动以来，英国知识产权局一直是该系统的合作者，最初提供 2 年的 GB - A 文献，随后扩展到根据 1977 年法案所公布的全部文献（最早日期为 1979 年 1 月）。最近的情况是，20 世纪初期专利的早期缩编也加载到 Espacenet World 中，为众多早期文献创建大量的信息摘要字段。Univentio 组织专门从事于纸质文档的 OCR 生成全文文本数据库，已完成 1977 年法案以后的文献扫描，并且计划扩大到早期专利。MicroPatent 已生成自 1916 年以来的 OCR 扫描文档。英国文献早期的著录项目数据可以在若干多国数据库中找到，本书他处已有介绍。表 6 - 10 给出了专用文档的当前列表。

愿意对 1977 年法案之前的专利开展历史性研究的检索人员可以参阅 van Dulken[5]的著作，该书详细介绍了各种纸本索引以及在英国图书馆如何使用上述索引。

表 6 – 10　英国专利数据库

| 提供商 | 服务名称 | 平台 | 收录范围 |
|---|---|---|---|
| Lexis – Nexis Univentio | Total Patent | 付费互联网 www. lexisnexis. com/ totalpatent/ | GB – A 1979 年 +，著录项目数据与全文文本； GB 授权 1855 年 +，全文文本 |
| Questel/Univentio | GBFULL | Questel | GB – A 1979 年 +，著录项目数据与图像 |
| UKIPO | Espacenet Level 1 server | 公共互联网 http：//gb. espacenet. com | GB – A 1979 年 +，著录项目数据与图像 |
| UKIPO | Patent Café | Pantros IP. Inc | GB – B 2002 年 +，仅图像；GB – A 1979 年 + 全文文本，GB – B 1979 年 + 著录项目 |
| UKIPO/EPO | Espacenet Level 2 server（Worldwide file） | 公共互联网 http：//gb. espacenet. com | GB – A、GB – B 1859 年 + 著录项目数据，1859 年 + 摘要，1920 年 + 图像 |
| UKIPO/EPO | ESPACE – UK | CD – ROM | GB – A 1976 年 +，著录项目数据与图像 |
| UKIPO/MicroPatent | PatSearch Full Text GB（A） | 付费互联网 www. micropat. com | 专利与专利申请，1916 年至今，著录项目数据与全文文本 |
| UKIPO/Univentio | GBFULL | STN Intelnational | GB – A 1979 年 +，著录项目数据与全文文本。 GB 授权 1855 年 +，全文文本。部分可用的剪切图像 |

# ▶ 参考文献

1. The impact of Canadian Patent Policy and Information Technology （IT） on Canadian Patent Office operations and on Canadian use of patent information from 1980 to 2005. D. McMaster. World Patent Information 29 （3），（2007），224 – 240.

2. France in International Guide to Official Industrial Property Publications. B. M. Rimmer；S. van Dulken （3$^{rd}$ edn. ），chapter 4，section 4. 3. London：British Library，1992. ISBN 0 – 7123 – 0791 – 5.

3. Patent information in Italy. G. Moradei. World Patent Information 31 （1），（2009），19 – 31.

4. The British Patent System；report of the committee to examine the patent system and patent law. Chaired by M. A. L. Banks. Cmnd. 4407. London：HMSO，1970.

5. British Patents of Invention 1617 – 1977：a guide for researchers. S. van Dulken. London：British Library，1999. ISBN 0 – 7123 – 0817 – 2.

► 概述

自本书第 2 版在 2006 年出版以来,世界经济秩序持续出现快速变化。"七国集团"中老牌工业化国家在 2008 年金融危机之后遭受很大的损失,中国与印度两国都继续发展自身的产业与专利制度。现在经济评论家通常用缩写"BRIC"代表巴西、俄罗斯、印度与中国 4 个发展中国家,本章将研究上述四国的专利信息,以及东南亚与南亚其他国家(地区)日益增长的影响力。在此还将探讨能影响俄罗斯与中东地区专利政策的若干小规模地区专利局。

► 巴西

**历史方面与当前法律**

巴西具有悠久的知识产权历史,1809 年首次引入专利保护制度,并且 1882 年引入重要的专利立法。巴西是 1883 年《巴黎公约》的创始签约国之一,1884 年 7 月 7 日《巴黎公约》在该国生效。巴西也是 PCT 的早期采用者,PCT 从 1978 年 4 月 9 日起在该国生效。自 2009 年起,巴西成为 PCT 国际检索实施单位。国家专利机构被称为巴西工业产权局(缩写为 INPI,与法国国家工业产权局的缩写一致),其标准国家代码为"BR"。

巴西沿用至今的法律是 1971 年通过的第 5772/71 号工业产权法,并且采用与印度相同的方式将化学产品,尤其是药品排除在专利保护之外。在世界贸易组织(WTO)成立之后,巴西被要求批准 TRIPS 方能成为成员,这意味着承认专利保护应当包括药品在内的所有主题类别。新的工业产权法已颁布

（1996 年 5 月 14 日的第 9279/96 号），其大部分条款在 1 年后生效。免责条款是与药品"管道专利"规定有关第 230 条、第 231 条和第 239 条，即这些条款立即生效。虽然此后有大量修订，但是立法基础是 1996 年的新法。值得注意的一项修正案是 2001 年 2 月 14 日的第 10196/01 号法律，其修订了 1996 年新法第 229 条。引入的新条款 229 C 要求药品专利依据国家卫生监管部门（ANVISA）特别许可才能得以授权；巴西工业产权局完成实质审查后，申请案移交国家卫生监管部门（ANVISA）进行最终审批。1994 年 12 月 31 日之前提交的关于化学产品或方法的全部申请以及 1995 年 1 月 1 日至 1997 年 5 月 14 日期间提交的医药或农药方法申请都将被驳回，除非上述申请转换为"管道专利"申请。

根据 TRIPS 的删减，新法首次规定了过渡期间的增补专利与"管道专利"，实用新型的授权继续依据旧法。新法的一个特点是对使用国家遗传资源表现强硬立场，特别是有关用于发展生物活性分子的植物提取物。第 10 条排除了"在自然界中发现的全部或部分自然生物与生物材料，即使从中分离，包括任何自然生物的基因组或遗传物质，以及自然生物过程"。进一步而言，申请人被要求证明在申请时该发明是否使用 2000 年 6 月 30 日后获取的巴西遗传材料而制成，如果采用，则提供所需"访问证书"与相关传统知识的具体内容。

申请在 18 个月时作为未经审查的案卷进行公布，其后在申请日或优先权日起 3 年内提出实质审查请求。在 1996 年改法之前，发明的保护期限是 15年，实用新型的保护期限是 10 年；自 1997 年 1 月 1 日起发明的保护期限修改为 20 年，实用新型保护期限修改为 15 年，对于实用新型而言，这是罕见的长保护期限。

## 本国专利文献

巴西文献的本国编号格式有点不同寻常，其中包括的字母部分表示不同类型的知识产权权利，而不是标准文献种类代码后缀。该编号格式还包括一个校验位，其位于数字结尾的连字符之后，并且当导入电子数据库时通常会予以省略。随着 1996 年立法通过，不得不引入新类别号码。

在表 7-1 中，为了清楚起见，每个编号的各组成部分之间留有空格，但在印刷版本中不一定出现。专利申请号的前两位数字表示申请的年代（引进专利申请除外，参阅脚注），并且在各公布阶段都保留该编号。实用新型申请对应的前两位是申请年代减去 20，譬如 MU 74 00055-1 U 是 1994 年申请的。由于一些检索服务会将原始编号 MU YY NNNNN 与 PI YY NNNNN 重新格式化为相同的编号 BR YYNNNNN，这样会检索到两个结果，一个表示专利申请 BR YYNNNNN－A，而另一个表示 20 年后的实用新型 BR YYNNNNN－U，因此可能导致混淆。同样地，工业模型与工业设计使用申请号流水前两位年代减去 40，即 MI 55 00728－7 是在 1995 年申请的。在 Espacenet 中，自 2004 年以后的公布号保留前缀 PI 或 MU，以确保更精确的检索，并且必须作为编号的一部分以避免无效结果。

表 7－1　1971 年至今巴西的编号格式

| 时间 | 文献种类 | 印刷版本 | 电子版本 |
|---|---|---|---|
| 1971~1997 年 | 专利公布 | PI 82 00345－9 A | BR8200345－A |
| | 实用新型 | MU 74 00055－1 U | BR7400055－U |
| | 工业模型 | MI 55 00728－7 | 未在数据库中 |
| | 外观设计 | DI 55 00065－7 | 未在数据库中 |
| 1997~2007 年 | 专利公布 | PI 06 05141－3 A | BRPI0605141－A |
| | 增补证书（#） | C1 06 05141－3 A（除了 PI 06 05141－3 A） | BR0605141－E2 |
| | 实用新型 | MU 85 03055－4 U | BRMU8503055－U |
| | 引进专利申请（＊） | PI 11 00008－2 A | 未在数据库中 |
| 2008 年至今 | 公布的专利申请 | PI 09 00066－6 A2 | BRPI0900066－A2 |
| | 授权专利 | PI 86 00001－2 B1 | BRPI8600001－B1 |
| | 公布的增补证书（#） | C1 06 05141－3 E2 | BR0605141－E2 |
| | 授权的增补证书（#） | C1 96 05669－0 F1 | BRC19605669－F1 |
| | 公布的实用新型申请 | MU 89 00022－6 U2 | BRMU8900022－U2 |
| | 授权的实用新型 | MU 81 01158－0 Y1 | BRMU8101158－Y1 |
| | 授权引进申请（＊） | PI I I 00008－2K B1 | 未在数据库中 |

（#）同一基础专利的后续增补证书将具有流水编号前缀 C2、C3 等，一些数据库提供商将其用作文献种类代码。

（＊）注意申请阶段与授权阶段都有以 PI I I 作为开始的编号，并在 B 阶段附加后缀 K。这样会与 2011 年以文献种类（KD）代码－A2 公布的正常专利申请混淆。一些数据库提供商已采用文献种类代码－A3 来区分引进专利申请。

## 数据库及其具体方面

作为具有相对规范文献且公布迅速的国家，巴西是多年来商业化多国数据库已收录其专利的为数不多的南美国家之一，并且收录时间范围可以追溯到 20 世纪 70 年代早期。第 9 章中介绍了更多具体内容，表 7－2 列出了可用的单一国家信息源。对于巴西而言，任何依托 INPADOC 著录项目文件作为原始数据的服务（譬如 Espacenet）都具有相同内容范围。

近年来巴西工业产权局网站可用检索功能已显著改善。许多早期图像（PDF）文献可以在 Espacenet 上获取，并且当选择全文图像时巴西工业产权局站点可以连接到 Espacenet。世界知识产权组织已帮助巴西工业产权局数字化本国专利文献资源，并且可以同时在巴西工业产权局网站与 PatentScope 上获取相关文献资源。

法律状态的详细信息纳入了巴西工业产权局的显示记录中，包括适当立法说明、各阶段直至授权的公报公布以及期满或失效通知。

表 7 - 2　巴西专利数据库

| 提供商 | 服务名称 | 平台 | 覆盖范围 |
|---|---|---|---|
| INPI | Base de Patentes, Base de Desenhos | 互联网 http：//www. inpi. gov. br | BR - A 著录项目 1973 年 +，图像 2006 年 +（部分自 1982 年 + 起），BR - B 图像 2008 年 + |
| INPI/OEPM/EPO | Latipat（＊） | 互联网 http：//lp. espacenet. com | BR - A、BR - U 1975 年 +（收录有缺失）。其中大约 40% 有图像 |
| INPI/WIPO | PatentScope | 互联网 http：//www. wipo. int | BR - A 著录项目 1972 年 +，摘要 1989 年 +。其中大约 35% 有图像 |
| Lexis Nexis Uniwentio | Queste | FAMPAT（全部平台） | BR - A 全文文本（OCR）1975 年 +，机器翻译 1974 年 + |
| Lexis Nexis Uniwentio | TotalPatent | 互联网（订阅者） | BR - A 全文文本（OCR）1975 年 +，机器翻译 1974 年 + |

（＊）注意：Latipat 相关内容以及巴西本国收录都已加载到 PatentScope。

## ▶ 俄罗斯联邦

### 历史方面与当前法律

俄罗斯联邦的专利制度是在 1991 年 12 月 25 日苏联解体之后应运而生。自 1812 年亚历山大一世颁布关于保护发明的法令后，该法令在该国一系列政治变革中得以保留。该法令一直有效直至 1896 年第一部俄罗斯专利法通过。该专利法仅持续到 1919 年，列宁签署发明章程，废除以前的全部专利立法并且宣布有用的发明是"公共财产"。

1924 年、1931 年、1959 年、1974 年以及 1978 年的新立法意味着苏联在逐渐恢复类似西方保护的法规，产生了两类专利文献的平行制度。"发明人证书"制度仅对苏联的居民开放，并且向发明人提供报酬以将发明使用的全部权利转让给国家；更为常见的"专利"对苏联以外的申请人开放，具有 15 年的期限。

1991 年，与发明有关的新法律从苏联制度中脱离，创建了一种更接近西方模式的专利保护制度。从 1991 年 7 月 1 日起，发明人证书制度不再受理新申请，但是在审申请继续处理或选择转换为专利申请。依据苏联的旧法律不会公布的某些申请也已经被公布。

在苏联解体时，有效的苏联专利自动成为俄罗斯联邦专利，而无须通过在苏联的其他加盟国家使用再注册程序。苏联发明人证书也采用类似程序，但是规定最后期限。

在苏联正式解体的数日内，来自亚美尼亚、白俄罗斯、摩尔多瓦、俄罗斯联邦、塔吉克斯坦和乌克兰的代表在明斯克签署了一项关于工业产权保护的新临时协议。这看起来像是超国家的专利制度的起点，但经过数年的谈判，苏联的 15 个国家中仅有 9 个国家最终同意创建新的欧亚专利局（EAPO）——这会在本章"地区专利制度"部分中详细讨论。欧亚专利局不会取代各成员国的国家局，但如同欧洲专利局与欧洲各国家局并行运作一样。俄罗斯联邦工业产权院和欧亚专利局的总部设在莫斯科。俄罗斯联邦工业产权院的斯拉夫语缩写是 FIPS，其是俄罗斯联邦知识产权专利商标局（ROSPATENT）受理与审查理事会。1992 年 2 月 1 日俄罗斯联邦知识产权专利商标局作为苏联专利局的继任者正式揭牌；主网站网址是 www. rupto. ru。

苏联在 1965 年加入《巴黎公约》，俄罗斯联邦作为苏联的继任者，仍然是签署国。俄罗斯联邦是 1978 年 PCT 的早期签约国，同时也是 1995 年协议生效时新欧亚专利局的创始成员国之一。俄罗斯联邦标准国家代码为"RU"，取代了苏联的"SU"。

2003 年，俄罗斯修改专利法使其符合 TRIPS，尽管俄罗斯仅是 WTO 的观察员，2011 年成为正式成员。2008 年 1 月 1 日，俄罗斯联邦民法典新的第 IV 部分取代了较早的专利法，在此日之后提交的全部专利申请的管理与诉讼由新的民法典管辖。专利保护期限自申请日之日起 20 年，实用新型是 10 年，可以延长 3 年。可以获取药品补充保护证书。

## 本国专利文献

造成现行俄罗斯文献的复杂因素之一是处理苏联解体时待决申请的过渡安

排，但目前已完成系统中大部分的待决申请。一般而言，截至俄罗斯新法日期仍未公布的待决专利与发明人证书会按照苏联序列号码格式进行公布，但使用国家代码"RU"与专用文献种类代码。

许多专利法修正案影响了申请号与公布号的格式。Höhne[1]详细分析了这些变化，基本上申请号修改为 3 个序列；1991～1992 年、1992～1994 年以及 1995 年至今，其他修改则需考虑自 2000 年起的 4 位年代号码。现行体系中包含了"权利类型"代码，类似于德国现行编号。申请在 18 个月时作为 RU－A1 文献进行公布，其公布号与申请号具有相同格式。进入俄罗斯国家阶段的 PCT 在进入国家阶段最后期限后的 18 个月再次公布，即优先权后的 31＋18 个月。必须在申请日的 3 年之内请求实质审查。

在实质审查且授权后，申请以单独的流水号序列再次公布，号码大于 2000001，譬如 RU 2239295－C2。然而，大部分申请授权迅速且直接跳过未审查阶段，作为 RU－C1 文献且具有 C2 文献的号码格式。

截至新法颁布时未公开的若干专利正作为 RU－C 文献进行公布（注意缺失最后数字位）并且公布流水号码在 2000001 内，譬如 RU1896741－C1（虚拟示例）。这些基于苏联发明人证书的有效俄罗斯专利截至 1992 年依然有效并且根据持有人的请求进行公布。该年代的文献在多年后不按号码序列顺序进行公布。譬如 2011 年 5 月的一份公报包括分别基于 1981 年与 1989 年申请的 SU 1289183－A1 与 SU 1603822－A1 的公布通知，而且 2010 年有近 100 件此类申请。

## 数据库及其具体方面

俄罗斯联邦知识产权专利商标局合作开发了复合光盘（CD－ROM）检索产品 CISPatent，收录了 8 个苏联加盟共和国（亚美尼亚、白俄罗斯、格鲁吉亚、摩尔多瓦、俄罗斯联邦、塔吉克斯坦、乌兹别克斯坦、乌克兰）外加欧亚专利局的专利申请。

如前文所述，许多俄罗斯申请跳过 RU－A1 阶段并且仅在授权阶段出现在数据库中。然而，在申请待决周期更长的情况下，RU－A1 文献是具有潜在价值的情报，但为数不多的数据库收录了此类文献。俄罗斯专利摘要（PAP）文档正是收录 RU－A1 文献的数据库之一，其加载在位于伊尔梅瑙的德国专利信息中心的 PATON 服务，Höhne[1]在论文中提供了该服务的更多内容。俄罗斯知识产权专利商标局的公共信息服务发布在俄罗斯联邦工业产权院的网站（http：//www. fips. ru）。

俄罗斯联邦知识产权专利商标局 2004 年度报告指出完成了 1924～1993 年俄罗斯/苏联专利的 MIMOSA 兼容的 DVD 过档文献工作。这样看来，上述文献集合现在可作为如表 7 - 3 所述的 RUPAT OLD 文档使用。同一年度报告指出俄罗斯联邦知识产权专利商标局众多定期公布物以电子形式 CD 或 DVD 发行，同时也以纸件方式发行。俄罗斯联邦知识产权专利商标局时至今日仍保留光盘完整公布项目，也在公布前通过网站（http：//www1. fips. ru/wps/wcm/connect/content_ de/EN/Informational_ resources/electron_ bulletins/Inventions_ and_ utility_ models/）上传官方公报最新 PDF 版本。

　　俄罗斯是欧亚专利局的重要成员国，俄罗斯本国著录项目信息可以在欧亚专利局的内部注册与信息系统（EAPATIS）中找到；参阅下文对这一服务的进一步探讨。

表 7 - 3　俄罗斯专利数据库

| 提供商 | 服务名称 | 平台 | 收录范围 |
|---|---|---|---|
| Lexis - Nexis Univentio | Questel | FAMPAT（全部平台） | RU - A 全文文本 1993 年 +，RU - U 全文文本 1994 年 +，RU - A 全文文本 2009 年 + |
| Lexis - Nexis Univentio | TotalPatent | 加密的互联网 | RU - A 全文文本 1993 年 +，RU - U 全文文本 1994 年 +，RU - A 全文文本 2009 年 +， + 机器翻译 |
| ROSPATENT | 专利与实用新型摘要 | CD - ROM | 大约每双周出版 |
| ROSPATENT | CISPatent（#） | CD - ROM | 独立国家联合体成员国的专利公布文献，2002 ~ 2010 年 |
| ROSPATENT | 官方公报 | CD/DVD（MIMOSA 兼容） | 每周公布 RU - A、RU - B、RU - U 全文文本，俄语与英语摘要 |
| ROSPATENT | PAR | PATON | 俄罗斯专利的英语摘要，1994 年至今 |
| ROSPATENT | 俄罗斯发明的英语摘要的登记簿；俄罗斯实用新型登记簿 | 公共互联网 http：//www. fips. ru /cdfi/index_ en. htm | 登记簿，包括俄罗斯专利与实用新型的法律状态 |
| ROSPATENT | RUABEN | 公共互联网 www. fips. ru | 俄罗斯专利的英语摘要，1994 年至今 |
| ROSPATENT | RUABUI | 公共互联网 www. fips. ru | 实用新型俄语摘要，1996 年至今 |
| ROSPATENT | RUPAT | 公共互联网 www. fips. ru | 授权专利的全文文本，1994 年至今（＊）。部分收录 RU - A 文献 |

| 提供商 | 服务名称 | 平台 | 收录范围 |
|---|---|---|---|
| ROSPATENT | RUPAT OLD | 公共互联网 www. fips. ru | 苏联/俄罗斯专利的著录项目记录 1924～1993 年。仅 OCR 的全文文本（＊） |
| ROSPATENT | RussiaPat | STN | 俄罗斯专利的英语摘要，1994 年至今，外加法律状态 |
| ROSPATENT/ EPO | Espacenet | 公共互联网 http：//ru. espacenet. com | RU－A、RU－C 著录项目似乎已推迟加载 |

（#）停止的产品序列。

（＊）访问需要预先注册。

► **印度**

## 历史方面与当前法律

印度最早的专利制度始于 1856 年，19 世纪 70 年代作出了修改，在依据《巴黎公约》修改制定的著名英国 1883 年法案通过之后，1888 年再次进行了修改。20 世纪首次实质性修改是印度专利与设计法案（1911 年第 11 号法案）。

印度独立之后，印度专利法尽管在 20 世纪 50 年代多次修改仍然深受英国专利法影响。当新的专利法案生效（1970 年第 39 号法案）时，自 1972 年 4 月 20 日起产生了重大变化。该法案试图解决促进本国产业发展问题，完全剔除了可专利性的重要主题——包括生物活性分子（如药品与农药），并且限制方法专利保护期限为 7 年，取代正常的 16 年（1930 年从 14 年延长至 16 年）。

随着 WTO 的成立，印度申请成员待遇，由于要求印度法律作出重大变革，但是事实证明难以实现。1994 年 12 月 31 日，公布的 1994 年专利条例（1994 年第 13 号）修改了 1970 年专利法案，6 个月之后停止实施。1999 年公布短期的专利条例。1999 年的专利修正法案最终实现专利法实质性与永久性修改，生效溯及 1995 年 1 月 1 日。该修正法案允许提交药品与农药领域的产品专利，尽管这些专利无法获得授权，但这是 TRIPS 批准程序允许欠发达国家的"黑盒"程序。任何化学产品申请将不进行审查直至 2004 年 12 月 31 日之后。同时，申请人满足特定条件授予独占销售权在印度销售或者批发产品。当 2004 年 12 月 31 日关闭"黑盒"申请期时，也撤销了独占销售权。

第二次变化体现在 2002 年专利法修正案（2002 年第 38 号），自 2003 年 5 月 20 日起生效。该法案建立了印度知识产权上诉委员会取代法庭先前承担的职能，要求 18 个月公开之后且 2 年之内申请实质审查。2002 年知识产权立法的其他修改详细情况可以参阅 Ganguli 的相关论文[2]。

第三次也是最终变化，最初在 2005 年 1 月 1 日生效的 2004 年专利法修正条例中出现，随后 2005 年 1 月 1 日生效专利法修正案（2005 年第 15 号）废止了这些变化。该法案使得印度药品与农药保护完全符合 TRIPS 规定，并且引入传统知识与遗传资源的新条款。专利期限从申请日起 20 年，自 2000 年 1 月 1 日生效。

一直以来，印度不是《巴黎公约》成员国，但 1998 年 12 月 7 日同时加入 PCT 与《巴黎公约》。印度标准国家代码是"IN"，国家专利机构（IP INDIA）网址是 http：//www. ipindia. nic. in。

## 本国专利文献

长期以来，印度遵循英国 1949 法案与美国立法模式仅公布授权文献。如果使用文献种类代码，则该文献种类代码是 A。编码始于 1912 年 1 号并且连续编号，截至 20 世纪 90 年代专利法修改生效，编码范围不超过 200000。然而，印度之外很少有数据库收录相关文献，除了化学文摘选择性收录了 1948 年以来印度的化学申请外，还收录了 1982 年以来全部化学专利。INPADOC 也收录了 1975 年以来印度授权专利，使用代码 A 表示。印度多年来一直未加入《巴黎公约》导致专利族数据库的收录相当复杂，因此必须通过人工建立优先权链接，除非基于双边协定要求优先权链接（通常是英国）。

1912~1960 年印度公布专利局公报，作为包含授权专利的简短摘要的年度公布文献。自 1970 年起，印度公报第 3 部分第 2 章取代了专利局公报，其中，该印度公报作为周刊发行至 2004 年 12 月，包括 1975 年起的 IPC 分类信息，1998 年起的 PCT 国家阶段详细信息。自 2005 年 1 月起，加尔各答总部发布每周专利局官方公报并且在网站上公布[3]。

印度自 2004 年底公布未审查申请。自 1972 年，申请号在各省受理局独立编号，早期公布使用相同体系略微修改用于公布号码。最早使用代码表示受理局使用三字母代码对应于城市英式旧名称，如孟买（Bom）、加尔各答（Cal）、德里（Del）或者马德拉斯（Mas）。随后德里的代码仍维持原样，孟买（MUM）、加尔各答（KOL）和钦奈（旧称马德拉斯）（CHE）替换新代码，但是新代码替换准确时间无法确认。城市名称变化的官方时间为 1995 年孟买、1996 年钦奈、2001 年加尔各答，但 Bom 直至 2001 年才为人们所熟知。三个主要的多国数据库覆盖了印度专利文献，采用不同方案转换申请号、公布号与种类代码表示文献，具体参阅表 7 - 4。每一列表示一个独立发明，从申请到授权。注意 2003 年之前，PCT 国家阶段号码形式是 IN/PCT/YYYY/NNNNN/MUM，2003 年之后 PCT 国家阶段号码形式是 NNNNN/MUM - NP/YYYY（以

表7-4 印度专利申请号、公布号与授权号格式汇总

| | | 德里—本国申请 | 德里—PCT转化 | 加尔各答—本国申请 | 加尔各答—PCT转化 | 孟买—本国申请 | 孟买—PCT转换 | 钦奈—本国申请 | 钦奈—PCT转换 |
|---|---|---|---|---|---|---|---|---|---|
| 申请号 | 本国格式 | 517/DEL/2004 | 1571/DEL-NP/2005 | 1301/KOL/2006 | 1671/KOL-NP/2003 | 845/MUM/2004 | 1276/MUM-NP/2007 | 1025/CHE/2005 | 1157/CHE-NP/2007 |
| | DWPI格式（#） | 2004IN-DE00517 | 2005IN-DP01571 | 2006IN-K001301 | 2003IN-KP01671 | 2004IN-MU00845 | 2007IN-MP01276 | 2005INCH01025 | 2007IN-CP01157 |
| | CAS格式（#） | IN2004DE00517 | IN2005DN01571 | IN2006K001301 | IN2003KN01671 | IN2004MU00845 | IN2007MN01276 | IN2005CH01025 | IN2007CN01157 |
| | EPO格式 | IN2004DE00517 | IN2005PD01571 | IN2006K001301 | IN2003PK01671 | IN2004MU00845(*) | IN2007PM01276 | IN2005CH01025 | IN2007PC01157 |
| 公开号 | 本国格式 | IN | IN | IN | IN | IN | IN | IN | IN |
| | DWPI格式 | IN200400517-I1 | IN200501571-PI | IN200601301-I2 | IN200301671-P2 | IN200400845-I3 | IN200701276-P3 | IN200501025-I4 | IN200701157-P4 |
| | CAS格式 | IN2004DE00517-A | IN2005DN01571-A | IN2006K001301-A | IN2003KN01671-A | IN2004MU00845-A | IN2007MN012676-A | IN2005CH01025-A | IN2007CN01157-A |
| | EPO格式 | 无 | 无 | 无 | 无 | 无 | 无 | 无 | 无 |
| 授权号 | 本国格式 | IN 245067 | IN 245055 | IN 245142 | IN 194579 | IN 224215 | IN 245084 | IN 245113 | IN 245075 |
| | DWPI格式 | IN 245067-B | IN 245055-B | IN 245142-B | IN 194579-B | IN 224215-B | IN 245084-B | IN 245113-B | IN 245075-B |
| | CAS格式 | IN 245067-A1 | IN 245055-A1 | IN 245142-A1 | IN 194579-A1 | IN 224215-A1 | IN 245084-A1 | IN 245113-A1 | IN 245075-A1 |
| | EPO格式 | IN 245067-A1 | IN 245055-A1 | IN 245142-A1 | IN 194579-A1 | IN 224215-A1 | IN 245084-A1 | IN 245113-A1 | IN 245075-A1 |

\* 一些示例中发现EPO申请号码格式，利用BO（Bombay）取代MU（Mumbai），CA（Calcutta）取代KO（Kolkata）。

# DWPI采用前缀字母P（PCT国家阶段）改变申请号码格式，等同于EPO的P后缀。CAS采用替代字母N（国家阶段）。18个月公布时，DWPI采用I号与P结合所有数字公布号。

孟买局为示例；其他地区代码也适用）。

在早期公布之后授权专利文献种类代码修正为 – A1（但若干数据库使用 B），将代码 A 用于 18 个月早期公开文献；编码仍使用 1912 年连续编码体系。增补专利使用文献种类代码 A7 或者 E，这取决于数据库。在撰写本书期间，印度正研讨引入实用新型制度的可行性，目标在于满足印度本国产业的知识产权需求。

## 数据库及其具体方面

第 9 章中所讨论的多国数据库包括大部分印度专利的收录范围。可获取少量官方与非官方信息源，其中包含有限的最新文献，但这些信息源的可靠性仍然令人无法满意。同时，当登录网站时，上述信息源的费用与可用性也都无法令人满意。表 7 – 5 列出了从 2011 年至今的印度专利数据库清单。

**表 7 – 5 印度专利数据库**

| 提供商 | 服务名称 | 平台 | 收录范围 |
|---|---|---|---|
| CIPIS | Clairvolex | 互联网<br>http：//cipis. clairvolex. com/ | 著录项目数据、全文文本 1971 年 +（未验证） |
| IP India | INPAT | Questel（all platforms） | 授权专利与公开申请的全文文本 2005 年 + |
| IP India | iPAIRS | 互联网<br>http：//ipindia. nic. in/ipirs1/<br>patents earch. htm | 未经审查的申请、授权专利与法律状态（年代范围未定） |
| Lexis – Nexis<br>Univentio | TotalPatent | 互联网 | 授权专利与申请、著录项目 1912 年 +，PDF 1976 年 + |
| 印度国家<br>信息中心 | 印度专利检索 | 互联网<br>http：//patinfo. nic. in/ | 基于发送给欧洲专利局的印度数据；范围不清楚 |
| 国家工业<br>产权管理<br>研究院 | 专利局信息系统，<br>Nagpur | 手工/CD 检索服务<br>（通过 IP India 网站的<br>NIIPM 链接联系，<br>http：//ipindia. nic. in/<br>Niipm/index. htm） | 自 1912 年 + 的纸件说明书副本、印度公报 1963 ~ 2004 年 |
| 专利促进中心 | EKASWA | 互联网<br>http：//wwwdb/db. htm | 1995 ~ 2004 年提交的申请、1995 ~ 2004 年的授权专利、2005 ~ 2007 年未审查的申请 |
| 印度科学和<br>技术 XB<br>实验室 | India | 互联网<br>http：//india. bigpatents. org（＊） | 申请 1995 年 +，授权专利 2007 年 + |

（＊）在撰写本书时，BigPatents 本质上是每周浏览服务，其提供一个到 IP India 网站印度专利信息查询系统（IPIRS）的链接。IPIRS 可能最终由更新的 iPAIRS 数据可所取代。

▶ 中国

## 历史方面与当前法律

虽然关于中国专利法的大部分参考文献强调中国在现代专利舞台上姗姗来迟，但是事实上存在一些早期的知识产权实践遗产。清朝末年（1644～1912年）实施了工业技术促进条例。1911年辛亥革命之后，中华民国新政府颁布了专利授权相关条例。1949年中华人民共和国成立，1978年[4]再次颁布关于专利或苏式发明人证书的新条例。

然而，中国的现代专利制度是在1979年实施"改革开放"政策后才诞生的。1980年中国成立专利局（现为国家知识产权局，SIPO），1985年4月1日专利法正式生效。不久，1985年3月19日中国加入《巴黎公约》。自1985年以来，中国已经分别在1992年、2000年与2008年进行了3次专利法修改。1992年修改了影响除其他内容之外的专利期限：发明专利被授予20年的期限，而不是15年，并且实用新型期限也从5年延长（原可选延长到8年）到10年。中华人民共和国采用的标准国家代码为"CN"。

在第一部专利法后大约10年，中国又向前迈进了一步：在1994年1月1日加入PCT。在20世纪的最后10年，香港与澳门两个前殖民地的回归使情形有点复杂。《巴黎公约》对1997年7月1日新成立的香港特别行政区和1999年12月20日新成立的澳门特别行政区有持续影响。然而，中国已告知世界知识产权组织当国际申请指定中国时，PCT不延伸到澳门但可以延伸到香港[5]。香港（地区代码HK）与澳门（地区代码MO）维持自身内部的专利制度，产生补充文献；上述内容本章不再进一步讨论。对于香港1997年之前的情形参阅Adams[6]的论文。

## 本国专利文献

虽然中国专利法仅施行大约30年，但是在此期间文献标准已经发生了一系列变化。这就使得收录部分或全部中国专利集的数据库的数据内容或检索格式变得稍微难以理解。除了中国国家知识产权局自身引发的变化之外，不同的数据库都采用自身的内部标准再格式化中国的申请号与公布号。在表7-6与表7-8中，分别表示用于发明与实用新型的不同方法。表7-7与表7-9分别表示专利发明与实用新型编号示例。注意在这些表中，所表示的数字间空格可能不在文献上再现——此处包括空格用于清楚理解编号的不同部分。在上述两个表格中，使用下列码：

● T 表示申请的权利类型：

1 = 发明专利

2 = 实用新型专利

3 = 外观设计专利

### 表 7 - 6　1985 年至今的中国编号体系（专利）

| 序列 | 时间 | 申请号 | 第一公布级 | 第二公布级 | 公报的授权编号 |
|---|---|---|---|---|---|
| 1 | 1985 ~ 1988 年 | YY T NNNNN (2 + 1 + 5) | CN YY T NNNNN - A (2 + 1 + 5) | CN YY T NNNNN - B (2 + 1 + 5，同第一公布级编号相同) | ZL YY T NNNNN (2 + 1 + 5，同申请号) |
| 2 | 1989 ~ 1992 年 | YY T NNNNN. X (2 + 1 + 5 + 1) | CN T NNNNNN - A（*） (1 + 6) | CN T NNNNNN - B（*） (1 + 6，新号码) | ZL YY T NNNNN. X (2 + 1 + 5 + 1，同申请号) |
| 3 | 1993 年 1 月 ~ 2003 年 10 月 | YY T NNNNN. X (2 + 1 + 5 + 1) | CN - T NNNNNN - A (1 + 6) | CN T NNNNNN - C (1 + 6，新号码) | ZL YY T NNNNN. X (2 + 1 + 5 + 1，同申请号) |
| 4 | 2003 年 10 月 ~ 2007 年 8 月 | YYYY T NNNNNNN. X (4 + 1 + 7 + 1) | CN T NNNNNN - A (1 + 6) | CN T NNNNNN - C (1 + 6，新号码) | ZL YYYY T NNNNNNN. X (4 + 1 + 7 + 1，同申请号) |
| 5 | 2007 年 8 月 ~ 2010 年 4 月 | YYYY T NNNNNNN. X (4 + 1 + 7 + 1) | CN T NNNNNNNN - A (1 + 8) | CN T NNNNNNNN - C (1 + 8，新号码) | ZL YYYY T NNNNNNN. X (4 + 1 + 7 + 1，同申请号) |
| 6 | 2010 年 4 月至今 | YYYY T NNNNNNN. X (4 + 1 + 7 + 1) | CN T NNNNNNNN - A (1 + 8) | CN T NNNNNNNN - B (1 + 8，同第一公布级编号) | ZL YYYY T NNNNNNN. X (4 + 1 + 7 + 1，同申请号) |

（＊）公布号 1989 年后的序列：第一公布阶段从 CN 1 03NNNN 开始，第二公布阶段从 CN 1 003NNN 开始。当流水号部分分别达到 039999 与 03999 时，流水号增加到 040000 与 04000 并且继续通常的号码序列。

### 表 7 - 7　现用中国专利编号示例（发明）

| 示例 | 数字序列 | 申请号 | 第一公布阶段 | 第二公布阶段 | 公报的授权公告 |
|---|---|---|---|---|---|
| 1 | 1 | 86 1 04202 | CN 86 1 04202 - A (1986) | CN 86 1 04202 - B (1988) | ZL 86 1 04202 |
| 2 | 1 & 2 | 85 1 04278 | CN 85 1 04278 - A (1986) | CN 1 007978 - B (1990) | ZL 85 1 04278 |

续表

| 示例 | 数字序列 | 申请号 | 第一公布阶段 | 第二公布阶段 | 公报的授权公告 |
|---|---|---|---|---|---|
| 3 | 1 & 3 | 85 1 04294 | CN 85 1 04294 – A<br>（1986） | CN 1 022045 – C<br>（1993） | ZL 85 1 04294 |
| 4 | 1 & 3 | 86 1 04370 | CN 86 1 04370 – A<br>（1986） | CN 1 030469 – C<br>（1995） | ZL 86 1 04370 |
| 5 | 2 | 87 1 07488. 5 | CN 1 033264 – A<br>（1989） | CN 1 005629 – B<br>（1989） | ZL 87 1 07488. 5 |
| 6 | 3 & 4 | 97 1 80402. 8 | CN 1 256832 – A<br>（2000） | CN 1 136696 – C<br>（2004） | ZL 97 1 80402. 8 |
| 7 | 4 | 2004 1 0069987. 9 | CN 1 555004 – A<br>（2004） | CN 1 285020 – C<br>（2006） | ZL 2004 1 0069987. 9 |

**表 7－8　1985 年至今的中国编号体系（实用新型）**

| 序列 | 时间 | 申请号 | 第一次公布级 | 第二公布级 | 公报授权编号 |
|---|---|---|---|---|---|
| 1 | 1985 ~<br>1988 年 | YY T NNNNN<br>（2 +1 +5） | CN YY T NNNNN – U<br>（2 +1 +5） | 未见 | 未用 |
| 2 | 1989 ~<br>1992 年 | YY T NNNNN. X<br>（2 +1 +5 +1） | CN T NNNNNN – U<br>（＊）（1 +6） | CN T NNNNNN – Y<br>（＃）（＊）<br>（1 +6，新编号） | ZL YY NNNNN. X<br>（2 +1 +5 +1，<br>同申请号） |
| 3 | 1993 ~<br>2003 年 10 月 | YY T NNNNN. X<br>（2 +1 +5 +1） | CN T NNNNNN – Y<br>（†）（1 +6） | 无 | ZL YY T NNNNN. X<br>（2 +1 +5 +1，<br>同申请号） |
| 4 | 2003 年 10 月 ~<br>2007 年 8 月 | YYYY T NNNNNNN. X<br>（4 +1 +7 +1） | CN T NNNNNN – Y<br>（1 +6） | 无 | ZL YYYY T NNNNNNN. X<br>（4 +1 +7 +1，<br>同申请号） |
| 5 | 2007 年 8 月 ~<br>2010 年 4 月 | YYYY T NNNNNNN. X<br>（4 +1 +7 +1） | CN T NNNNNNNN – Y<br>（1 +8） | 无 | ZL YYYY T NNNNNNN. X<br>（4 +1 +7 +1，<br>同申请号） |
| 6 | 2010 年 4 月至今 | YYYY T NNNNNNN. X<br>（4 +1 +7 +1） | CN T NNNNNNNN – U<br>（1 +8） | 尚未见 | 未用 |

（＊）公布号 1989 年后的序列：第一公布阶段从 CN 2 03NNNN 开始，第二公布阶段从 CN 2 003NNN 开始。当流水号部分分别达到 039999 与 03999 时，流水号增加到 040000 与 04000 并且继续通常的号码序列。

（＃）异议程序后的再版或再公布。

（†）注册公布；无第二公布阶段。

表 7 - 9　现用中国实用新型编号示例

| 示例 | 数字序列 | 申请号 | 第一公布阶段 | 第二公布阶段 | 公报授权公告 |
|---|---|---|---|---|---|
| 1 | 1 | 86 2 04798 | CN 86 2 04798 - U（1986） | 无 | 未用 |
| 2 | 2 | 91 2 18825.1 | CN 2 091366 - U（1991） |  | ZL 91 2 18825.1 |
| 3 | 2 & 3 | 91 2 30608.4 | CN 2 121941 - U（1992） | CN 2 449704 - Y（2001） | ZL 91 2 30608.4 |
| 4 | 3 | 98 2 23881.9 | CN 2 298054 - Y（1998） | 无 | ZL 98 2 23881.9 |
| 5 | 4 | 2005 2 0034245.2 | CN 2 741486 - Y（2005） | 无 | ZL 2005 2 0034245.2 |
| 6 | 5 | 2009 2 0078000.8 | CN 2 01373517 - Y（2009） | 无 | ZL 2009 2 0078000.8 |
| 7 | 6 | 2009 2 0090975.2 | CN 2 01454595 - U（2010） |  | 未用 |

表 7 - 10　文献类型的汉语拼应缩写

| 类型 | 时期 | 说明 | 文献种类代码 | 汉语拼音 | 拼音缩写 |
|---|---|---|---|---|---|
| 发明 | 1985 ~ 1993 年 | 已公布的未经审查的申请 | CN - A | Gong Kai | GK |
| | | 进入异议的已审查的申请 | CN - B | Shengding Gonggao | SD |
| | | 授权的公报公告 | CN - C | Zhuan Li | ZL |
| | 1993 ~ 2001 年 | 已公布的未经审查的申请 | CN - A | Gong Kai | GK |
| | | 进入异议的授权专利 | CN - C | Shouquan Gonggao | |
| | | 授权的公报公告 | （无） | Zhuan Li | ZL |
| | 2001 ~ 2010 年 | 已公布的未经审查的申请 | CN - A | Gong Kai | GK |
| | | 授权专利，无异议程序 | CN - C | Shouquan Gonggao | |
| | 2010 年 4 月至今 | 已公布的未经审查的申请 | CN - A | Shenqing Gongbu（#） | |
| | | 授权专利，无异议程序 | CN - B | Shouquan Gonggao（+） | |
| 实用新型 | 1985 ~ 1993 年 | 已公布的实用新型 | CN - U | Gong Gao | GG |
| | | 异议期结束后再版实用新型 | CN - Y | ？ | |

续表

| 类型 | 时期 | 说明 | 文献种类代码 | 汉语拼音 | 拼音缩写 |
|------|------|------|--------------|----------|----------|
| 实用新型 | 1993～2010 年 | 登记的实用新型 | CN – Y | Shouquan Gonggao | |
| | 2010 年 4 月至今 | 登记的实用新型 | CN – U | Shouquan Gonggao（＊） | |

（＃）也用于具有文献种类代码 CN – A8、– A9 的更正文献。

（＋）也用于具有文献种类代码 CN – B8、– B9 的更正文献，并且用于部分无效后修正说明书，其文献种类代码 C1～C7。

（＊）也用于具有文献种类代码 CN – U8、– U9 的更正文献，并且用于部分无效后修正说明书，其文献种类代码 C1～C7。

自 1994 年以来，当中国进入 PCT 体系时，引入了 2 个附加代码仅用于表示申请号及其对应的 ZL 授权号：

8 = PCT 进入国家阶段作为中国专利

9 = PCT 进入国家阶段作为中国实用新型

PCT 转化的对应公布阶段将分别具有权利类型号码 1 或 2。

● X 表示计算机产生的校验位，当文献添加到电子数据库时经常会省略。

编号的许多方面不同寻常。在一个或多个公布阶段需实现编号体系转换的情况下，应当使用当时有效的编号序列。参阅表 7 – 7 中的示例 2 与 3，后续公布阶段的编号格式已调整到当时合适的序列。同样的情形适用于文献种类代码；在表 7 – 7 中的示例 4、8 与 10，编号格式未改变，但授权阶段文献具有适用于公布日的新文献种类代码。

1985 年专利法实施初期，有关公布文献（譬如官方公报）为每个文献阶段使用汉语拼音的缩写，而不是使用西式文献种类代码。这些已知的缩写如表 7 – 10 所述。虽然前缀 ZL 出现在 1985～2010 年授权专利的扉页上（INID 21，1985～2005 年以及 INID 12，2005～2010 年），但是看起来似乎不再使用这种做法。2010 年 4 月重新设计扉页，缩写 ZL 也不再出现。

似乎在 1985～1988 年公布的许多未经审查的申请直到 1989 年之后才获得授权，因此具有与申请号相同格式的审定文献（表 7 – 6 中序列 1）相当少见——参阅表 7 – 7 中示例 1。

中国专利文献体系相反的特点是引入新格式的同时保留旧格式。2007 年 8 月之后授权的专利通常使用 9 位公布号，但如果对应的申请（CN – A）在 2007 年 8 月之前公开，那么授权将保留旧的 7 位公布号。譬如，对应于 CN 1819591 –

A（2006 年 8 月 16 日）的授权阶段直到 2010 年 4 月 7 日才公布，但仍采用旧格式编号 CN 1819591 并有合适的新文献种类代码 B，而不是采用新格式编号 CN 1 00819591。如果公布申请及其对应授权都是在 2007 ~ 2010 年公布的（表 7 - 6 中的序列 5 与表 7 - 7 中的示例 8），那么授权编号将是全新编号，不同于在先公布的申请。

## 数据库及其具体方面

自中国专利局建立初期就可以从其网站获取一些可检索资料。网站的中文版可以提供更多材料，其网址为 http：//www. sipo. gov. cn。网站也有英文页面的链接，但内容不是很全面。

可以通过不同网站与不同数据库提供商得到可检索的中文信息。知识产权出版社有限责任公司（IPPH，网址为 www. ipph. cn）是中国国家知识产权局的下属机构，其负责中国知识产权网，网址为 www. cnipr. com. cn，而中国专利信息中心提供另一个可选网站，网址为 http：//www. cnpat. com. cn。中国国家知识产权局官方网站的检索提供访问 1985 年至今未经审查的专利申请的著录项目与摘要，以及同一时期实用新型的著录项目数据。其他两个可选网站提供了中国专利文献的英文摘要与全文文本，外加中国实用新型的著录项目与全文文本。对于各种官方文件内容的最新信息，用户可以参阅欧洲专利局网站的亚洲帮助页面，尤其有关中国数据库部分，其网址为 http：//www. epo. org/searching/asian/china/search. html。除了位于北京的中国国家知识产权局网站之外，检索功能似乎也内置到部分地区专利中心网站，譬如云南省，其网址为 http：//www. ynipo. gov. cn/。

通过现有商业渠道进行专利文献的传播始于将 ChinaPats 文档加载到 Questel（file CPAT）与 Dialog（file 344）。该文档为早期产品，类似于日本专利信息组织的专利文摘，是由欧洲专利局与中国专利文献服务中心（PDSC）两者合作完成。内容包括自 1985 年以来全部未经审查的中国专利申请的英文摘要与著录项目详情。基本的中国著录项目数据是通过中国同族专利成员公布时已公布的等同专利的 INPADOC 专利族信息进行补充。

收录的相似限制适用于 ChinaPats 文档，早期的日本专利文摘同样也受到限制；即对于主张非中国优先权的申请而言假定存在其他语言的摘要。这些摘要可以通过专利族数据进行查找。在申请人（个人或公司）是中国居民的情形下仅将摘要收录到 ChinaPats 文档。该文档不包括中国实用新型数据或者授权中国专利数据。

尽管上述两个主机持续加载了中国数据，但是其数据来源近年来发生了变化。Dialog 的 File 344 已撤销且被来自 SciPat 的 File 325 所取代。该文档包含由机器翻译生成且人工校对补充的全文文本。同样，Questel 的原始 CNPAT 文档已由来自中国国家知识产权局的全文文本进行补充，加载为 CNFULL。表 7 - 11 列出了中国专利数据库的相关信息。

表 7 - 11　中国专利数据库

| 提供商 | 服务名称 | 平台 | 收录范围 |
|---|---|---|---|
| 北京东方灵盾科技有限公司 | East Linden - China Pat | 公共互联网<br>www. eastlinden. net | CN - A、CN - U 著录项目，摘要和主权利要求机器翻译文本 |
| 中国专利信息中心 | 中国专利数据库 | 公共互联网<br>http：//www. cnpat. com. cn | CN - A 1985 年 + 著录项目、摘要 |
| 汉之光华/上海汉光知识产权数据科技有限公司 | IPRTOP | 公共互联网<br>www. iprtop. com | CN - A、CN - U 著录项目与全文文本 1985 年 +，链接到页面图像 |
| 知识产权交易（新加坡）知识产权 | EPEXL 专利检索 | 公共互联网<br>www. ipexl. com | CN - A、CN - U 著录项目与全文文本 1985 年 +，链接到页面图像 |
| IP. com. Inc | 知识产权图书馆 | IP. com | CN - A、CN - U 著录项目，若干权利要求 1985 年 + |
| IPOS（新加坡） | SurfIP | 公共互联网<br>http：//www. surfip. gov. sg | 门户访问 SIPO 官方数据集合 |
| Lexis - Nexis Univentio | TotalPatent | 安全的互联网<br>http：//www. lexisnexis. com/total | CN - A 1985 年 +，CN - B 1993 年 + 全文文本加上机器翻译 |
| Raytec（日本） | Pat - List - CN/Web | 公共互联网<br>www. raytec. co. jp | CN - A、CN - B/C、CN - U 著录项目，摘要，权利要求。查询翻译 |
| SciPat Benelux B. V. | 中国专利全文文本 | Dialog（File 325） | CN - A 全文文本 1985 年 +；CN - U/Y 全文文本 1985 年 +。有限的法律状态 |

续表

| 提供商 | 服务名称 | 平台 | 收录范围 |
|---|---|---|---|
| SIP GmbH | SIP Database | 公共互联网<br>http：//www.search4ip.com | 基于 EPO/INPADOC 数据 |
| SIPO | CNFULL | Questel | CN－A 全文文本 1985 年＋、CN－B/C 全文文本 1985 年＋、CN－U/Y 全文文本 1985 年＋ |
| SIPO | SIPO | 公共互联网<br>www.sipo.gov.cn | CN－A、CN－U 的独立数据库 1985 年＋ |
| SIPO/百度 | 百度专利 | 公共互联网<br>http：//zhuanli.baidu.cn | 可能撤销？检索页面不可用 |
| SIPO/IPPH | CNIPR | 公共互联网<br>www.cnipr.com.cn | CN－A 1985 年＋，可检索中文全文文本，图像 |
| SIPO/IPPH | C－Pat Search | 公共互联网<br>http：//english.cnipr.com/cnipreng/使用主页的"服务"菜单 | 全文文本的英文机器翻译<br>CN－A 的 TIFF 图像 1985 年＋ |
| SIPO/EPO | CNPAT | Questel | CN－A 著录项目 1985 年＋，若干摘要 |

## ▶ 其他亚洲经济体

就能够获取专利公布文献的定期全面数据而言，在南亚与东南亚的新兴经济体中两个最为重要的是韩国与中国台湾。作为韩国重要性的具体体现，韩国文献在 2007 年增加到 PCT 最低文献量集合，要求全部 PCT 国际检索单位（ISAs）可以访问韩国文献并进行检索。

尽管马来西亚、印度尼西亚、菲律宾与越南等其他国家正着手生成信息，但是这些国家的信息数量相对较少。有关上述这些国家文献方面的信息可以在欧洲专利局"东西峰会"项目的出版物中找到。澳大利亚与新西兰的收录范围包含在第 9 章的汇总表中。

### 韩国

自 1947 年起韩国就拥有了现代专利法，该专利法很大程度上效仿了同时期的美国专利法。在 20 世纪 90 年代末，韩国专利法修改为早期公布延迟审查的形式。大多数数据库收录范围自 2000 年最早的公布起转为新的 18 个月公布文献，韩国文献代码是 KR－A，并且一直延续到现在。韩国也公布了实用新型序列，具有 10 年保护期限，并且认可医药与农药专利的补充保护证书延期。不同于其他许多国家，韩国实用新型要进行实质审查，并且按照 KR－U 与 KR－Y 文献公布两次（除了在 1999～2006 年废除审查之外）。韩国编号体系的详情可以在欧洲专利局的亚洲帮助页面找到，其网址为 http://www.epo.org/searching/asian/korea.html。

韩国特许厅（KIPO）的信息事务是由其下属机构——1995 年建立的韩国专利信息研究所（KIPI）进行管理。该研究所网站英文网址（http://eng.kipris.or.kr）能够提供韩国工业产权信息服务系统（KIPRIS）的访问。韩国专利与实用新型的基本著录项目收录范围可以追溯到 1947 年。KIPRIS 系统也提供韩国专利文摘（KPA）服务，上述服务是基于光盘版的韩国专利文献英文摘要。STN 上的 KoreaPats 也是基于该信息。由于专利法的变化，许多数据库包括两个截然不同的文献类型。1979 年之前韩国专利法类似于美国专利法，早期文献仅在授权时公布一次，分配的文献种类代码是 KR－B。旧法所授权的最后专利申请在 2001 年予以公布。新法规定采用 KR－A 表示未经审查的公布并且可能不包括对应的 KR－B 授权公布文献。

在韩国特许厅的网站上，可以获取大量英语与韩语的法律状态信息。韩国专利文献的全文文本能够以摹真模式（TIFF 格式文件）进行检索。通过韩国工业产权信息服务的 K2E－PAT 服务提供了字符编码格式的韩语文本的机器翻译。Questel 主机服务器已加载 KRCLMS 的文档，其包含 2000 年至今的 KR－A 文献以及 2009 年至今的 KR－U 文献的权利要求译文。Lexis－Nexis 的 Total-Patent 检索系统具有 1985 年以来的授权专利以及 2003 年以来公布申请的机器翻译文本。

### 中国台湾

自 20 世纪 90 年代初期以来，数个西方数据库已经收录了中国台湾的现代文献。2003 年修改的法律引入了 18 个月公布未经审查的申请，采用文献种类代码 TW－A 表示公布的申请而 TW－B 表示对应的授权专利。实用新型也可以给予授权（TW－Y）。编号系统的详细信息可以在网址（http://

www. epo. org/searching/asian/chinese – taipei/numbering – system. html）找到。

　　台湾的政治局势意味着其从未成为众多国际条约的签约方，包括 1883 年的《巴黎公约》，但台湾居民可以利用中华人民共和国的成员国资格主张在国外申请的优先权。在 2002 年之前，通过中国台湾与德国（1995 年）、瑞士（1996 年）、奥地利（2000 年）、法国、日本、澳大利亚、美国（1996 年）以及英国等的一系列双边协定，申请人有望利用中国台湾申请的本地优先权来主张在国外申请的优先权。曾经台湾（正式名称为台湾、澎湖、金门与马祖单独关税区）在 2002 年 1 月 1 日加入 WTO，随后批准的 TRIPS 意味着根据该条约第 2 条，其他 WTO 成员必须依照《巴黎公约》的实质性部分给予台湾申请人权利，包括优先权，反之亦然。

　　中国台湾专利文献具有许多不同寻常的特点。在公布实践变化之前，专利与实用新型仅在授权时公布一次。两种文献给予相同的编号序列（6 位数字），在每个星期的公布文献中轮番交替出现。譬如在某一周，在给定专利的编号可能从 TW150000 – A 到 TW150100 – A，随后实用新型的编号从 TW150101 – Y 到 TW150400 – Y，在接下来的一周，专利的编号将从 TW150401 – A 开始。既然台湾公报并未使用西式文献种类代码，那么很有可能会混淆授予的权利类型。在 2004 年之后，文献通过 6 位授权号码的字母前缀进行区别（I 表示专利，M 表示实用新型）。然而，编号序列重新开始并且现在已经与 2004 年以前的授权文献产生重叠；新法文献 TW I260000 – B 在 2006 年授权但旧法授权专利 TW260000 – A 是在 1995 年授权。

　　第二个不同寻常的方面是对于申请号与日期采用民国纪年（民国纪元）。不同于日本天皇纪年，民国日期容易与西式日期混淆，原因在于两者仅相差 11 年。民国纪年的元年是公元 1912 年，即中华民国成立之年。为了将民国纪年转换为公元纪年，则需增加 11。从 2011 年起，民国纪年变为三位数字，台湾专利申请编号使用三位数的前缀；2000 年（民国 89 年）预先引入但检索时可省略前导 "0"。

　　Questel 最近加载了 TWFULL 文档，其收录了 2010 年以来的全文文本以及 2003 年前的过档文本。TotalPatent 已经加载了 1993 年以来的著录项目数据以及 2007 年以来的机器翻译译文。考虑到专用的机器翻译，值得指出的是，中国台湾的文本仍然使用传统的繁体中文，而不是简体中文。中国香港和中国澳门也使用繁体中文。中国台湾 "智慧财产局"（TIPO）网站可以提供全文文本、法律状态以及在线文件查阅，其网址为 http：//www. tipo. gov. tw/。

## ▶ 地区专利制度

到目前为止，有关专利文献的大多数讨论都集中在"一国家，一专利"模式，即一项发明会有很多专利，原因在于申请人寻求并获得保护的国家。唯一的例外是欧洲专利局。然而，欧洲专利局不是唯一现行的地区专利制度，一些国家集团正朝着专利授权地区合作方向努力。政治格局的变化相当迅速，因此针对这种情形的任何评论有可能会很快过时。然而，在撰写本书时下述制度在实施中或正在发展中。

### 欧亚专利局

正如本章前文所述，在1991年苏联解体后不久，开始着手在苏联加盟共和国范围内建立专利授权的地区制度。欧洲专利局帮助起草新的地区协议，因此该协议与《欧洲专利公约》具有很多相似之处。

1994年9月9日，10个苏联加盟共和国最终在莫斯科签署《欧亚专利公约》[7]，并且在白俄罗斯、塔吉克斯坦与土库曼斯坦三个必要签约国批准后，自1995年8月12日起生效。在接下来的6个月内，俄罗斯联邦、哈萨克斯坦、阿塞拜疆、吉尔吉斯斯坦、摩尔多瓦与亚美尼亚相继加入，成员国总数达到9个。格鲁吉亚、乌克兰以及乌兹别克斯坦国没有明显举动加入欧亚专利局，相反其余三个苏联加盟共和国（波罗的海国家爱沙尼亚、拉脱维亚与立陶宛）已加入欧洲专利局。欧亚专利局的国家代码为"EA"。该专利局在1996年1月1日开始运营，总部设在莫斯科。

欧亚专利局的运作非常类似于欧洲专利局，采用延迟审查与18个月早期公布，随后是实质审查产生专利授权，专利期限是自申请日起20年。欧亚专利局的唯一官方语言为俄语，不同于欧洲专利局所使用的3种语言。最早的未经审查的文献在1996年10月公布，并且在1997年4月授权第一件专利。

欧亚专利局与欧洲专利局实践的一个显著差异在于不可能指定单独的成员国。全部9个成员国默认包括在任何授权专利的保护范围内，撤销保护的唯一途径是通过后续不再向任何不必要国家支付续展费用。图7-1示出了向欧亚专利局提交的未经审查的申请。

(19) **Евразийское патентное ведомство**　(21) **200200760**　(13) **A1**

(12)　**ОПИСАНИЕ ИЗОБРЕТЕНИЯ К ЕВРАЗИЙСКОЙ ЗАЯВКЕ**

(43)　Дата публикации заявки:
**2003.02.27**

(51)⁷　A 23L 3/349, 3/3454, 3/00
B 65D 81/26

(22)　Дата подачи заявки:
**2001.01.10**

(54)　**ПОДДЕРЖИВАЮЩЕЕ СВЕЖЕСТЬ УСТРОЙСТВО**

Приоритетные данные:
(31)　**2000-7065**
(32)　**2000.01.14**
(33)　**JP**
(86)　**PCT/JP 01/00066**
(87)　**WO 01/50890 2001.07.19**
(71)　Заявитель:
**ФРЕТЕК КО., ЛТД. (JP)**
(72)　Изобретатель:
**Акиба Ёсуке, Уранака Усио, Нисизаки Кодзи (JP)**
(74)　Представитель:
**Медведев В.Н., Павловский А.Н. (RU)**

(57)　Адсорбент (2) охвачен двумя пленками (4) с верхней и нижней сторон, две пленки (4) соединены с верхней и нижней поверхностями адсорбента (2). Юбочный участок (4А), продолжающийся в боковом направлении адсорбента (2), образован в наружной периферии каждой из пленок (4), а между юбочными участками (4А) образованы отверстия (8) диспергирования. Поддерживающая свежесть жидкость, импрегнированная в адсорбенте (2), постепенно распространяется наружу от каждого бокового участка (2А) адсорбента (2) через отверстие (8) диспергирования, при этом предотвращен непосредственный контакт адсорбента (2) в поддерживающем свежесть устройстве (1) с пищевым продуктом, и свежесть пищевого продукта может стабильно поддерживаться в течение длительного времени.
Международная заявка была опубликована вместе с отчетом о международном поиске.

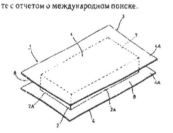

图 7 – 1　欧亚专利局——未经审查的申请

　　图 7 – 1 显示了未经审查的欧亚申请的扉页，图 7 – 2 显示了授权专利的页眉，其使用单独的公布流水编号。所有授权 EA – B 文献的大部分是通过 PCT 制度转化而来，但本地所提交的发明数量也在缓慢增长。

(19) Евразийское патентное ведомство  (11) 003283  (13) B1

(12) ОПИСАНИЕ ИЗОБРЕТЕНИЯ К ЕВРАЗИЙСКОМУ ПАТЕНТУ

(45) Дата публикации
и выдачи патента:  2003.04.24

(21) Номер заявки:  200000849

(22) Дата подачи:  1998.08.26

(51)⁷ C 07C 317/32
C 07D 295/088, 209/48, 307/38
A 61K 31/165, 31/4453
A 61P 3/10, 19/00, 31/18

(54) N-ГИДРОКСИ-2-(АЛКИЛ-, АРИЛ- ИЛИ ГЕТЕРОАРИЛСУЛЬФИНИЛ-, СУЛЬФИНИЛ- ИЛИ СУЛЬФОНИЛ)-3-ЗАМЕЩЕННЫЙ АЛКИЛ-, АРИЛ- ИЛИ ГЕТЕРОАРИЛАМИДЫ В КАЧЕСТВЕ ИНГИБИТОРОВ МАТРИЧНЫХ МЕТАЛЛОПРОТЕИНАЗ

图 7 - 2 欧亚专利局——授权专利

欧亚专利局的文献正逐渐纳入许多多国专利数据库，譬如 INPADOC。此外，欧亚专利局开发了收录 EA－A 与 EA－B 文献所公布的完整说明书的 CD－ROM产品；2010 年发布的新版本兼容 MIMOSA 并且是完全可检索的。欧亚专利局的主网站是 http：//www.eapo.org，其包含其他检索服务与电子信息的详细内容。官方登记簿的网址为 http：//www.eapatis.com/，并且包含大量的欧亚专利局法律状态数据以及有关欧亚专利局成员国的本国馆藏的单独数据库。

有关欧亚专利局的文献综述可以参阅 2005 年 Dzegelenok 的会议报告[8]。Bragarnyk[9]也撰写了一篇简短但有用的论文，包括苏联的本国文献与欧亚专利局的文献，以及其他有用的参考文献列表，Milushev 的论文是关于斯拉夫语信息资源的进一步探讨[10]。

## 非洲——非洲地区工业产权组织（ARIPO）与非洲知识产权组织（OAPI）

非洲有 2 个正在运作的地区专利体系，一个是以法语运作的许多前法国殖民地，另一个则是以英语作为工作语言的许多前英国殖民地。

法语国家组织——非洲知识产权组织（OAPI）的总部设在喀麦隆的雅温得。该组织拥有 16 个成员国并且始建于 1962 年，此时马达加斯加共和国与其他 11 个国家达成《利伯维尔协定》，形成非洲与马达加斯加专利管理局（OAMPI）。随后，马达加斯加共和国（马达加斯加）退出，新增成员国基于 1977 年的《班吉协定》形成新的格局。在撰写本书时成员国包括布基纳法索、贝宁、喀麦隆、中非共和国、乍得、刚果，科特迪瓦、赤道几内亚、加蓬、几内亚、几内亚比绍、马里、毛里塔尼亚、尼日尔、塞内加尔与多哥。吉布提已撤回加入 OAPI 的申请并且正在实行本国的知识产权立法。

1982 年 2 月 8 日《班吉协定》生效，并且该协定与世界其他地方正在运作的任何知识产权条约有所不同。通过与欧洲专利局制度比较，该协定创立有权在专利领域进行授权与诉讼的单一机构。该协定成为对成员国有约束力的立法，而各成员国保留了本国专利局，但是实际上各国专利局成为位于雅温得的 OAPI 总部的分局。OAPI 授权的单一专利具有"OA"的前缀代码并且在所有成员国有效，（最重要的是）该组织采用的是集中式法庭结构，能够使得单个案件在全部管辖范围内确认有效或者判决无效。

与 OAPI 并行的使用英语的组织是非洲地区工业产权组织（ARIPO）。成员国资格是由 1976 年 12 月 9 日的《卢萨卡协定》所确定。在撰写本书时共有 17 个成员国：博茨瓦纳、冈比亚、加纳、肯尼亚、莱索托、利比里亚（2010 年 3 月加入）、马拉维、莫桑比克、纳米比亚（2004 年 4 月加入）、塞拉利昂、索马里、苏丹、斯威士兰、坦桑尼亚、乌干达、赞比亚与津巴布韦。在 ARIPO 的框架内，存在关于专利与工业设计的单独条约（1982 年 12 月 10 日的《哈拉雷协议》，1984 年 4 月 25 日生效）以及关于商标的单独条约（《班珠尔协议》）。除了索马里外，所有 ARIPO 成员国都批准《哈拉雷协议》。

在此制度下，申请人可以向本国专利局提交申请，或者直接向位于哈拉雷的 ARIPO 提交申请。和其他地区专利局一样，单个申请可以在全部指定成员国有效，但 ARIPO 制度不同于 OAPI 与 EPO 之处在于允许申请人指定成员国的数量少于全部成员国的数量。初步形式审查阶段之后，在各国专利局所提交的申请转到哈拉雷进行审查。在实质审查完成之后，申请的副本发送给每个指定国，指定国则有权作出 ARIPO 专利在本国范围内无效的授权前公告。

近年来，《哈拉雷协议》的修订使得《哈拉雷协议》与 PCT 建立了联系。根据该制度，在 PCT 申请中指定"ARIPO"意味着自动指定《哈拉雷协议》与 PCT 的所有成员国。ARIPO 的国家代码是"AP"。

目前两个非洲组织都未以电子文档方式向社会公众提供自身的信息资源。上述两个组织都有各自的网站 ARIPO（http：//www. aripo. org ）与 OAPI（http：//www. oapi. int ），但这两个网站主要致力于各自组织工作的新闻与程序内容。OAPI 网站的主页表明该组织计划以 PDF 格式提供官方公告，外加大量的数据库，包括专利数据库。OAPI 与 ARIPO 的公布文献都包含在 INPADOC 的数据提要中，并且在 ESPACE 系列中有一种基于磁盘产品（现已停止），该产品是在光盘上收录 1966～1992 年的 OAPI 公布文献（参阅第 9 章）。

## 海湾合作委员会（GCC）

海湾阿拉伯国家合作委员会的专利局，成立于1995年，总部设在沙特阿拉伯首都利雅得。该专利局的专利实施细则是在1996年通过并且在1998年通过了相关操作规程。该专利局拥有6个成员国：巴林、科威特、阿曼、卡塔尔、沙特阿拉伯与阿拉伯联合酋长国。1998年10月受理第一件专利申请，2000年公布第一期官方公报。现在大约每6个月公布一期官方公报，其格式为纸件、PDF或HTML。

海湾合作委员会专利局是其成员国本国专利局的地区性替代局，但阿曼与卡塔尔两国在成为成员国之前根本没有专利法。海湾合作委员会专利的原有专利期限是15年，但在2000年对此进行了修改，以便使地区法律与TRIPS保持一致，现在专利期限为自申请日起20年。

每一期的双语（英语与阿拉伯语）公报包括列出"完成处理决定批准授权的申请"的部分。在GCC专利局初期，每个申请给予一个申请号，其格式为GCC/P/YYYY NNN，其中YYYY是公元纪年，N是流水号。公报中对应条目具有所谓的"授权专利决定号"列在INID字段11中，其格式为P/NNNN。看来这些公告等同于授权前异议公布。在随后发布的公报中相同文献的条目修改其格式成为更简单的流水号序列，INPADOC数据库采用此流水号作为公布号，对应于3个月异议期结束时所公布的最终授权号。尽管国别代码"GC"已分配给海湾合作委员会专利局，但是在公报中并未使用——相反，GCC专利局的官方语言名称出现在INID字段19中。公报的样例页面如图7-3所示。

2004年12月，欧洲专利局宣布开始在把全部海湾合作委员会授权专利（文献种类代码GC-A）的完整馆藏加载到INPADOC数据库。现有专利进行回溯性再编号，从2002年授权的GC-0000001-A开始。在撰写本书时，大约授权1500项专利（2011年3月31日第15期公报中最大编号是GC0001479-A）。海湾合作委员会网站网址是http：//www.gccpo.org，从该网站可以下载公报，但似乎到目前为止不提供可检索数据库。从第2期公报起，公报包含著录项目的详细信息，具体为受理申请的名称、摘要与附图。较新一期公报也包括最新授权专利、撤回与驳回申请、失效/过期专利以及各种行政决定与判决的清单。

## 地区专利制度的未来发展

除了本章中所讨论的制度之外，在世界的其他地方也在采取措施建立地区专利制度。地区专利制度通常从地区经济合作协定或者自由贸易区发展而来。我们可以预见未来十年下列地区的发展：

[19] *PATENT OFFICE OF THE COOPERATION COUNCIL FOR THE ARAB STATES OF THE GULF*

مكــتـب بــراءات الاخــتـراع [19]
لجلس التعاون لدول الخليج العربية

**[12] Patent**

| | |
|---|---|
| [11] Number of the Decision to Grant the Patent: P/5162 | |
| [45] Date of the Decision to Grant the Patent: 12/01/2002 | |

| | |
|---|---|
| [21] Application No. GCC/P/1999/290 | [51] Int. Cl.$^{7}$: F21B 47/00 |
| [22] Filing Date: 19/09/1999 | [56] Documents Cited: |
| | - US 4932005 A (BIRDWEEL) 05 June 1990 . |
| [30] Priority: | - GB 2146126 A (NL INDUSTRIES INC.) 11 April 1985. |
| [31] Priority No.　[32] Priority date　[33] State<br>98117831.2　　　　21/09/1998　　　EPO | - US 3700049 A (TIRASPOLSKY et al.) 24 October 1972. |
| [72] Inventor: Douwe Johannes Runia<br>[71] Applicant: SHELL INTERNATIONALE RESEARCH MAATSCHAPPIJ B. V. of Carel van Bylandtlaan 30 , 2596 HR The Hague , The Netherlands.<br>[74] Agent: Suleiman Ibrahim Al-Ammar | |

[54] THROUGH-DRILL STRING CONVEYED LOGGING SYSTEM

[57] **Abstract:** A system for drilling and logging of a wellbore formed in an earth formation is provided. The system comprises a logging tool string and a drill string having a longitudinal channel for circulation of drilling fluid, the drill string including a port providing fluid communication between the channel and the exterior of the drill string, the channel and the port being arranged to allow the logging tool string to pass through the channel and from the channel through the port to a position exterior of the drill string. The system further comprises a removable closure element adapted to selectively close the port, wherein the logging tool string is provided with connecting means for selectively connecting the logging tool string to the closure element.　No. of claims:　10　No. of figures:　4

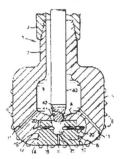

Note: The grant decision shall be finalized, and the patent shall be handed over to the applicant only three months from the date of this gazette, if no objection to this patent has been filed by any individual interested in the patent to the Grievance Committee in the office.

图 7 – 3　海湾合作委员会专利局——公报登载条目

- 安第斯共同体（ANCOM）——4 个成员国（玻利维亚、哥伦比亚、厄瓜多尔和秘鲁）已经形成一个共同的贸易关税同盟。委内瑞拉在 2006 年退出。安第斯共同体遵循卡达加纳协定中有关工业产权的共同条款（决定 344），该共同条款在 1994 年 1 月 1 日生效。南方共同市场（Mercosur）的成员国自 2005 年起已成为安第斯共同体的准成员。智利最初是安第斯共同体的正式成员，现在是准会员并表示希望重新加入，而委内瑞拉加入了南方共同市场，因此自动成为安第斯共同体的准会员。

- 阿拉伯国家联盟——在北非与中东有 22 个成员国，在开罗设有一个可能的总部。

- 东南亚国家联盟（ASEAN）——10 个成员国，在欧洲专利局协助下一直朝着共同的知识产权法规努力。地区合作有可能扩展到"东盟＋2"，包括韩国与中国。

- 南方共同市场——南美洲的第二个"共同市场"（阿根廷、巴西、巴拉圭与乌拉圭），致力于主要版权领域的调查协调，但迄今为止专利领域进展甚微。

- 加勒比共同体（CARICOM）——加勒比海、中美洲与南美洲的十四国集团。

## ▶ 参考文献

1. Efficient access to Russian patent documents. M. Höhne, J. Ludwig, R. Schramm. World Patent Information 22（1），（2000）23 – 33.

2. Indian path towards TRIPS compliance. P. Ganguli. World Patent Information 25（2）（2003），143 – 149.

3. Developments in the patent situation in India. M. Balasubramanian in Proc. PIUG Annual Conference, Crystal City, VA, USA, 21 – 26 May 2005.

4. China's Patent Law. A. Liao in Law Lectures for Practitioners, 1995. Hong Kong: University of Hong Kong Faculty of Law/Hong Kong Law Journal Ltd. , 1995. pp. 204 – 220.

5.（a）Application of the Patent Cooperation Treaty, with effect from July 1, 1997, to the Hong Kong Special Administrative Region. PCT Notification No. 121, 10th June 1997. Available at：（http：//www. wipo. int/treaties/en/notifications/pct/treaty＿ pct＿ 121. html）. ［Accessed on 2011. 07. 08］and（b）Non – Application of the Madrid Agreement, the Madrid Protocol and the PCT to the Macau Special Administrative Region. PCT Notification No. 143, 12th July 2000. Available at：（http：//www. wipo. int/treaties/en/notifications/ pct/treaty ＿ pct ＿ 143. html）. ［Accessed on 2011. 07. 08］.

6. Patent documentation from the Pacific Rim countries. S. Adams. World Patent Information, 17（1），（1995）48 – 61.

7. Eurasian Patent Convention – done at Moscow on September 9, 1994. WIPO Publication No. 222（R/E/F）. Geneva：WIPO, 1995. ISBN 92 – 805 – 0615 – 3.

8. Patent information from the Eurasian Patent Office. P. Dzegelenok in Proc. Annual Confer-

ence of the PIUG, 21 – 26 May 2005, Crystal City, Alexandria, VA, USA.

9. Patent information of the former USSR countries. A. Bragarnyk. World Patent Information, 32（4）,（2010）, 331 – 334.

10. Cyrillic databases of former Soviet Union countries. K. Milushev. World Patent Information, 31（4）,（2009）, 304 – 307.

# 第二部分

# 数据库与检索技术

# 第 **8** 章
## 专利指南与图书馆

▶ **总目录与工具书**

　　鉴于有关专利的大量公布文献面向的读者是法律读者群体，鲜有著作能够提供专利信息资源的全面调查，这让人吃惊。部分原因是汇编作品一旦出版即近过时。尽管如此，早期著作仍有一些作用。Kulp[1]早期尝试发表了电子信息资源清单，欧洲电子信息资源清单则由 Rimmer[2]完成，这两份清单后来被整理成书[3]。Sibley[4]编撰的英国信息管理协会（Aslib）出版物与世界知识产权组织目录[5]作为清单稍显过时但仍然有用，而后者更像是图书馆馆藏清单而不是数据库清单。Kase 的著作[6]针对美国专利商标局参考书阅览室的用户，并且在各国调查报告中评述了馆藏内容。最近 Simmons 等人[7]发表了一份令人高度重视的调查报告，作为 Kirk – Othmer 化工百科全书第 4 版的部分内容，并且该报告的修改版本出现在《在线检索策略手册》[8]一书中。Kirk – Othmer 化工百科全书第 5 版的相关内容在 2006 年完成而且包括 Simmons 评论的更新版本[9]。Armstrong[10]的著作，尽管篇幅很大，但似乎是半自动撰写并且包括许多收录专利周边信息的数据库，上述信息基本上是属于营销与许可领域而不是专利著录项目记录本身。

　　除了上述工具之外，试图把握数据库发展趋势的信息专家需依赖于现有的行业杂志与期刊，譬如《*Online*》《*Database*》《*Searcher*》（US）和《*World patent information*》。英国（PATMG）、美国（PIUG）、意大利（AIDB）、荷兰（WON）、法国与丹麦等国家拥有的独立用户群社群，上述这些用户社群中有部分会出版各种形式的通讯或定期出版物报道本国专利文献与信息服务的发展。

除一次文献之外，关于专利信息检索技术的二次文献与三次文献相对稀少。然而，如果能够找到早期的书，仍然可以提供有助于技能提升的有用内容。正如上文所述，本书第一版就是受欢迎的必备书[11]，Liebesny 的著作也被视为经典受到广泛关注[12]。值得一提的还有 Newby[13]、Finlay[14] 与 Eisenschitz[15] 的著作，Finlay[14] 的著作侧重于阅读非英文文献扉页的语言技巧。多年来，英国国家图书馆的专利部门拥有众多业务精湛的员工，他们撰写了大量入门指南[16,17]，而且前文所述[3] 的 Rimmer 著作重点探讨了英国国家图书馆馆藏所收录的国家。类似的奠基性著作已经在德国存在多年[18]，但似乎已被 CD - ROM 版本所取代。令人遗憾的是，CD - ROM 版本现已停止出版[19]。最后，读者会发现浏览专利信息用户组公司（PIUG）网站维基部分的开放访问内容非常有用，其网址为 http：//wiki. piug. org/display/PIUG/Patent + Resources。

除了上述介绍专利文献本身的著作外，还有大量有用的专利信息资源目录。下面推荐两个专利信息资源目录：一是基于澳大利亚的 IPMenu 网站，尤其是国家子部分，其网址为 http：//www. ipmenu. com/country. htm，该部分提供了标准样式的国别清单，包括国家专利局网站链接以及可能有的检索网站的链接。二是美国兰腾知识产权（Landon IP）公司的基于维基的新站点 Intellogist，其网址为 http：//www. intellogist. com 。该网站包含可点击地图，对于一站式识别各国网站、各国登记簿以及收录特定国家的商业检索工具非常有用。

2009 年之前英国国家图书馆网站很重视网络服务，包括众多免费可用服务的全面评价清单。上述内容都包含在网页 http：//www. bl. uk/collections/patents/keylinks. html 与 http：//www. bl. uk/collections/patents/othlinks. html。令人遗憾的是，英国国家图书馆网站在重新设计时，大部分链接被弃用，但可以从互联网存档站点获取。

## ▶ 英国专利图书馆

英国多年来拥有一个专利馆藏资源令人瞩目的图书馆网络，过去作为专利信息网络（PIN）图书馆进行运作。最近，该网络图书馆已加入更大规模的欧洲网络 PATLIB 并且作为 PATLIB UK 进行运作。这些图书馆所能提供的服务和各图书馆的专家人员千差万别。可以从欧洲专利局网站获取上述每个图书馆的联系方式，其网址为 http：//www. epo. org/searching/patlib/directory. html。在撰写本书时，英国的图书馆中心分别位于阿伯丁、贝尔法斯特、伯明翰、布里斯托尔、格拉斯哥、利兹、利物浦、伦敦、曼彻斯特、泰恩河畔纽卡斯尔、普利茅斯、朴次茅斯、谢菲尔德和斯旺西（最新成员，2002 年加入，大约在同一时期考文垂大学图书馆从网络退出）。

## ▶ 美国专利图书馆

美国对应的图书馆网络是以专利与商标储藏图书馆（PTDL）项目名义进行运行。该项目由美国专利商标局全力支持，项目详情可以在美国专利商标局网站中找到，包括网络所在州的完整列表，其网址为 http：//www. uspto. gov/products/library/ptdl/index. jsp 。每个州至少有一个图书馆，人口更加稠密的州达到 6 个；整个项目的图书馆总数超过 120 个。和 PATLIB UK 一样，这些图书馆在各种环境中运行——有些图书馆以大学为基础，其他图书馆属于服务城市的通用或公共图书馆的一部分。部分较大的图书馆被给予"伙伴关系"地位，这意味着其可以访问更大规模的信息资源与检索工具，并且成为专利信息的地区节点。部分较大的图书馆是 WEST 著录项目系统的用户，该系统是基于网页浏览器的检索工具。项目中的全部图书馆都保有至少 20 年美国专利的核心馆藏，外加上供发明人使用的补充事实表与帮助资料以及美国专利商标局所支持的专利代理人与专利律师目录。专利与商标储藏图书馆的访问者可自行检索美国专利商标局自身 CASSIS 服务的一系列光盘（CD、DVD）产品。专利与商标储藏图书馆的图书馆员不主动为访问者提供检索，但可以帮助指导访问者自行检索。

## ▶ 德国专利图书馆

和英国一样，用于专利传播的德国图书馆网络是在欧洲专利局的 PATLIB 项目之前建立的，为产业使用专利信息提供了联系信息。上述图书馆非正式地被称为 PIZ（Patentinformationszentren）网络并且其管理已正式并入德国专利信息中心（Arbeitsgemeinschaft Deutscher Patentinformationszentren E. V. ）。这些图书馆中心通常以大学或当地商会作为基础。德国图书馆网络专有网址是 http：//www. piznet. de，该网站列出了当前网络中 24 家图书馆的联系信息并且很好地汇集了德国潜在专利信息用户可用的额外基本帮助信息。德国境外最著名的图书馆中心之一是位于伊尔梅瑙的技术大学，提供基于网页的 PATON 检索服务，该检索服务包括大量商业化全文文本。伊尔梅瑙图书馆中心网站的网址为 http：//www. paton. tu – ilmenau. de。几个图书馆中心都为产业或检索人员组织定期课程。

## ▶ 欧洲 PATLIB 网络

欧洲专利局通过维也纳分局始终作为其成员国本国专利图书馆发展的强有力支持者。近年来，欧洲专利局已赞助所谓的 PATLIB 网络图书馆的年度会议，推动人员相互见面、交流思想以及寻求支持。每个成员国至少有一个专利资源馆藏图书馆，并且能够访问欧洲专利局的光盘（CD‑ROM）产品来协助专利信息的使用。

欧洲 PATLIB 网络的成员国名单可以在欧洲专利局的主网站中找到，其网址为 http：//www. epo. org/searching/patlib. html。到 2011 年为止，在网络中有超过 320 家图书馆，并且在网站上包括一个可检索的目录。更多的成员国有望加入网络，原因在于欧洲专利局的新成员国开始在自身体系内组建图书馆，但现今仍缺少大部分巴尔干半岛国家。该网络希望各成员国图书馆将在未来变得更加积极主动（引用自其网站）：

"未来将会看到 PATLIB 中心正抛弃其以前'专利图书馆'角色转变为专利与知识产权领域的高质量信息的第一手提供者，以及向当地政府机构、一般公众、企业与学术界提供信息的推动者。"

## ▶ 日本专利图书馆

多年来，日本特许厅通过半官方机构国家工业产权信息中心（NCIPI）传播其信息产品。该组织向日本国际贸易与工业部（MITI）的地区局提供公共文档数据的在线访问服务以及向地方图书馆提供光盘（CD‑ROM）产品。将电子数据提供给日本专利信息组织，其生产包括同名著录项目文档在内的各种各样的产品，并且安装在各个在线主机上以及 PATOLIS 在线系统中。

到了 20 世纪 90 年代后期，日本特许厅试图利用互联网来创建直接访问数据的途径，其形式是以安装在日本特许厅主网站的工业产权数字图书馆（IP-DL）。重新命名的国家工业产权信息与培训中心（INPIT）代表日本特许厅被赋予管理工业产权数字图书馆的职责，现在可以通过工业产权数字图书馆自身网站（http：//www. inpit. go. jp/english/）以及日本特许厅主网站进行访问。

直接连接到国家工业产权信息与培训中心的网络可以提供对日本各地每个县 59 个知识产权中心的访问。东京、神奈川、广岛与福冈等人口较多的辖区设有多个中心。日本特许厅网站提供了知识产权中心的名单（日语），其网址为 http：//www. jpo. go. jp/torikumi/chiteki/chiran. htm。这些中心向中小型企业厅提供专利信息事务的免费援助，尤其是文献传递。一些较大的中心也设有顾问，就专利技术转让、日本特许厅工业产权数字图书馆的检索以及专利申请与检索等其他事务提供意见。

2001 年，日本专利信息组织一分为二；一个是使用原有名称的非营利性组织，负责以边际成本向第三方提供日本官方数据（包括公报与文档夹数据）；新的商业化 PATOLIS 公司继续开发付费数据库并且营销 PATOLIS – e 网页检索系统。在过去的几年中，PATOLIS 公司全新的商业运营自由与学术界产生了更多的联系，基于动态机器翻译开发在日语与英语两者之间先进的多语言检索系统。

## ▶ 中国专利图书馆

考虑到中国幅员辽阔的情况，毫不奇怪，中国始终重视建立"地方知识产权局"网络。这些地方知识产权局在公众的专利信息传播与利用方面发挥着重要作用。在 2008 ~ 2009 年，中国国家知识产权局在省级与市级层面帮助建立了 47 家知识产权局（IPO），为专利信息服务构建一个更好的基础。正如其他图书馆网络一样，并非所有地方的知识产权局都得到充分发展。我们很难找到有关地方知识产权局网络的英语公开宣传，而且似乎尚未出现一个可用的完整名单。然而，在中国国家知识产权局网站中有一个中文链接页面，其网址为 http：//www. sipo. gov. cn/dfzzlb/，或者更多内容可以通过点击主页上的中国互动地图获取[20]。与中国国家知识产权局工作同步进行的是，中国科学院（CAS）正在中国范围内建设知识产权（IP）中心网络，如文奕等人所述[21]。

## ▶ 参考文献

1. Patent databases；a survey of what is available from Dialog, Questel, SDC, Pergamoand INPADOC. C. S. Kulp. Database, 7（3），（August 1984），56 – 72.

2. Patent Information and Documentation in Western Europe – an inventory of services available to the public.（ed.）Brenda Rimmer. 3rd. edn. Munich：KG Saur, 1988 ISBN 3 – 598 – 10744 – 7.

3. International Guide to Official Industrial Property Publications. B. M. Rimmer；S. va Dulken（3rd edn.）. London：British Library, 1992. ISBN 0 – 7123 – 0791 – 5.

4. Online patents, trade marks and service marks databases. J. F. Sibley. London：Aslib 1992. ISBN 0 – 85142 – 289 – 6.

5. World Directory of Sources of Patent Information. WIPO Publication No. 209（E）. Gene-

va: WIPO, 1993. ISBN 92 – 805 – 0109 – 7.

6. Foreign patents – a guide to official patent literature. F. J. Kase. Dobbs Ferry, NY Oceana Publications Inc. , 1972. ISBN 0 – 379 – 00009 – 1.

7. Patents, Literature. E. S. Simmons; S. M. Kaback in Kirk – Othmer Encyclopaedia of Chemical Technology, 4th edition. pp. 102 – 156. New York: Wiley, 1996.

8. Patents E. S. Simmons. Chapter 3, pp. 23 – 140 in Manual of Online Search Strategies volume II: Business, Law, News and Patents. (eds.) C. J. Armstrong; A. Large. Alder shot: Gower Press, 2001. ISBN 0 – 566 – 08304 – 3.

9. Patents, Literature. E. S. Simmons; S. M. Kaback in Kirk – Othmer Encyclopaedia o Chemical Technology, 5th edition. , Volume 18 pp. 197 – 251. Hoboken, NJ: Wiley Interscience, 2006. ISBN 978 – 0471 – 485056.

10. World Databases in Patents. (ed.) C. J. Armstrong. London: Bowker – Saur, 1995. ISBN 1 – 8573 – 9106 – 3.

11. Information Sources in Patents. (ed.) C. P. Auger. London: Bowker – Saur, 1992. ISBN 0 – 86291 – 906 – 1.

12. Mainly on patents; the use of industrial property and its literature. F. Liebesny (ed.) London: Butterworths, 1972. ISBN 0 – 408 – 70368 – 7.

13. How to find out about patents. F. Newby. Oxford: Pergamon Press, 1967.

14. Guide to foreign – language printed patents and applications. I. F. Finlay. London: Aslib, 1969. ISBN 0 – 85142 – 001 – X.

15. Patents, trade marks and designs in information work. T. S. Eisenschitz. London: Croom Helm, 1987. ISBN 0 – 70990 – 958 – 6.

16. Introduction to patent information. S. Ashpitel; D. Newton; S. van Dulken (ed). (4th edition). London: British Library, 2002. ISBN 0 – 7123 – 0862 – 8.

17. How to find information: patents on the Internet. D. Newton. London: British Library, 2000. ISBN 0 – 7123 – 0864 – 4.

18. Grundlagen der Patentdokumentation: die Patentbeschreibung, Schutzrecht und Informationsquelle. A. Wittman; R. Schiffels. Munich: Oldenburg Verlag, 1976. ISBN 3 – 4862 – 0521 – 8.

19. Das Handbuch der Patentrecherche. A. J. Wurzer (ed.) Munich: NATIF® GmbH, 2002. ISBN 3 – 00 – 008724 – 9.

20. Personal communication from International Affairs Manager at the IPPH division of SIPO, May 2010.

21. The structure and construction of the Intellectual Property Network of the Chinese Academy of Sciences (CAS). Wen. Y. ; Fang S. ; Zhang D. World Patent Information 33 (1), (2011), 81 – 84.

# 第 *9* 章
# 国家与国际专利信息源

本书第 1 部分的相关章节已经介绍了"八国集团"成员国与"金砖四国"的专利文献。然而,"八国集团"之外的其他重要的工业化国家,譬如其余的 20 国集团成员国(包括阿根廷、澳大利亚、印度尼西亚、墨西哥、沙特阿拉伯、南非和土耳其)也有本国的专利信息资源。通常,检索这些国家的专利文献是通过专用的本国专利信息资源(如各国国家专利局)或者通过多国专利数据库的一部分。这两种类型的信息资源将在本章中详细介绍。

直至最近几年,部分专利局着手提供足量的数字化过档信息资源来吸引商业信息提供商。世界知识产权组织等机构已经协助较小规模专利局进行信息资源的数字化,但大部分工作是由商业机构完成,尤其是 Univentio。至少有两个提供商的主机(TotalPatent 与 Questel)大幅增加了各国全文文本资源的加载。

下面试图将多种不同的信息资源纳入文中,并且根据馆藏介质而不是国别来列出信息资源。希望查找特定国家信息资源的用户可以参阅第 8 章中所介绍的指南与工具书。

即使要简单了解各国专利图书馆的馆藏资源,也应该清楚在 21 世纪初期仍产生各种不同介质的专利信息资源。每种介质都有其优势与劣势,这些内容值得现有提供商了解。每种介质的部分主要工具的简要概述如下。

## ▶ 纸质资源

令人惊奇的是,私营机构与公共机构两者的部分专利信息产品仍然保留了纸质形式。一般而言,这包括图书馆所编制的信息(因此为非官方产品),或者出于最新通报的特定目的所产生的信息,因此具有时限要求。前者的实例是英国专利申请与再转让的卡片索引以及英国申请处理阶段的登记簿,这两者都由位于伦敦的英国国家图书馆维护。后者的实例是 Thomson Reuters 集团旗下企业的定制公告（定制文档）与纸质最新专利公报。在美国，部分支持文献仍然最好在华盛顿哥伦比亚特区的公共阅览室查阅——譬如，该阅览室是保存一系列《分类顺序》纸质文献为数不多的地方，《分类顺序》作为美国专利商标局分类体系发展的查阅索引。包括美国专利商标局公共检索室在内的主要图书馆也是可以查阅 1970 年之前纸质发明人索引的地方。

显然，随着时间的推移，越来越多的专利信息进行了数字化。然而，在电子化产品的浪潮中，部分必要的纸质服务面临着被废弃且未开发对应有效电子服务的风险。检索人员通过专利信息用户组这一良好机制可以联络（如果必要，可以进行游说）各国图书馆与专利局保留这些产品继续提供有用信息。

## ▶ 光盘（CD－ROM、DVD）

三方局（欧洲专利局、美国专利商标局、日本特许厅）自 20 世纪 90 年代初期起在开发用于专利信息传播的光盘中发挥了关键作用。在大多数信息提供者仅使用 CD－ROM 存储著录项目信息的时候，欧洲专利局开发了基于 DOS 的"Patsoft"软件来发送未经审查的专利申请的完整文本的图像。这些图像是经修正的 TIFF 格式文档，1 周所产生的文献量（1500～2000 件文献）至少要占满 1 张 CD－ROM。产品系列根据法语"space"命名为"ESPACE®"，原因在于光盘产品设计用来节省纸质产品所占据的存储空间。尽管许多基于光盘的产品现在可以通过互联网作为基于浏览器的数据库进行使用，但部分用户仍然偏好内部存储数据的安全性，因此部分主要产品仍提供光盘介质。

在 20 世纪 90 年代中期，基于 Windows 的更为灵活的 MIMOSA（MIxed MOde Software）产品取代了 Patsoft 软件。该应用程序成为专利信息领域 CD－ROM 与 DVD－ROM 制作的事实标准，多国专利局以及欧洲专利局在自身的光盘产品中使用了此应用程序。MIMOSA 的主要发展在于引入所谓的混合模式检索，能够存储文本用于检索并且分别保存图像。文献的文字部分与图像部分可以动态重组进行浏览。出于打印目的，对应的 PDF 格式文档也存储于相同的光盘。

ESPACE 产品系列不断发展，其鼎盛时期包括单国与多国产品，再加上部分目录型数据库。部分产品是基于文本的扉页数据的排序规则，而其他产品则保留了 ESPACE 产品系列的原有功能，作为全部图表在内完整说明书的摹真格式的发行介质。部分 ESPACE 光盘包含 2000 年以来专利申请或授权专利的可检索全文文本。表 9－1 列出了在撰写本书时欧洲专利局的有效光盘产品，包括经选择的 ESPACE 系列产品——值得注意的是，当一项产品专门用来收录本书他处所介绍的某一主要机构文献时，此产品也列于收录该机构数据库的章节部分。通过使用许多国家专利局（见表 9-2）的数据已经制作出其他 MIMOSA 兼容测试光盘，但部分产品由于数据提供障碍尚未进一步开发。其他部分专利局与商业出版商已经开发与 MIMOSA 无法兼容的光盘产品（见表 9-3）——部分最新开发产品已完全摒弃单独应用程序，而直接在标准浏览器内无须其他软件进行操作。在部分情形下，整个产品已进一步开发为使用相同格式的远程网站检索服务。譬如，匈牙利 PIPACS 光盘数据集成为匈牙利知识产权局（HIPO）新近推出 e-search 数据库的基础。

　　CD-ROM 仍是发行法律文本、专利许可目录等其他专利相关信息的主流介质。然而，许多产品已逐步迁移到受控访问的互联网应用程序，譬如 Katzarov 公司发布的工业产权手册，该手册以前可以在 CD 光盘上使用。

　　光盘公布专利信息的最大合作行动之一是 GlobalPat 服务。该项服务起源于欧洲专利局的扉页数据库（FPDB），最初是与美国专利商标局合作，后来又与世界知识产权组织合作。扉页数据库是收录大量世界各国专利文献的英语数据库。收录时间范围从 20 世纪 70 年代（每个国家收录范围不尽相同）直至 21 世纪初期，包括美国、PCT、欧洲专利局、英国、德国、法国与瑞士等国家或地区专利机构的文献。就其收录范围而言，扉页数据库收录了 PCT 检索单位所规定的最低文献量。扉页数据库的内容表现形式为模拟扉页，提供标题与摘要在内的基本著录项目以及部分附图。扉页数据库不提供全文文本，原因在于该检索数据库试图提供基本文献检索机制而不是基于相关性的全面筛查。三方局（美国专利商标局、欧洲专利局与日本特许厅）共同资助此项目以及非英语摘要的翻译。GlobalPat 按照基于 IPC 69 个技术组所构成的主题进行细分。这使得检索部门可以在其感兴趣的有限主题领域内订购所需要的部分文档而不是全部技术领域。全部主题领域的过档文献占用 144 张光盘，但由于互联网产品的出现，光盘产品的生产变得无利可图。2003 年光盘产品发行结束后就宣告停产。

**表 9-1　欧洲专利局光盘产品**

| 产品名称 | 内容 | 格式 |
|---|---|---|
| 欧洲专利局官方公报 | 自 1978 年起欧洲专利局官方公报内容 | 可检索的 PDF |
| ESPACE-ACCESS-EPB | 自 1980 年起 EP-B | EP-B1、EP-B2、EP-B8、EP-B9 完整的著录项目数据与第一权利要求 |

续表

| 产品名称 | 内容 | 格式 |
|---|---|---|
| ESPACE – AT | 自 1990 年起 AT – B、AT – U | 著录项目数据、完整说明书图像 |
| ESPACE – BENE-LUX | 自 1991 年起 BE – A、NL – A 与 NL – C、LU – A | 著录项目数据、完整的说明书图像 |
| ESPACE – BULLE-TIN | EP – A、EP – B | 著录项目数据与法律状态 |
| ESPACE – DK | 自 1990 年起 DK – B | 著录项目数据、完整说明书图像 |
| ESPACE – EP | EP – A、EP – B（自 2005 年起——此前为单独光盘） | 组合的著录项目数据、摘要、全文文本、权利要求与图像 |
| ESPACE – ES | 自 1990 年起 ES – A1、ES – A2、ES – A6、ES – T1、ES – T2 | 著录项目数据、完整说明书图像 |
| ESPACE – FI | 自 1976 年起 FI – C（旧法）、FI – B（新法） | 著录项目数据、完整说明书图像 |
| ESPACE – Legal | 欧洲专利局上诉委员会的决定、审查指南、条约与官方表格 | 著录项目数据；部分可检索与可编辑的 PDF |
| ESPACE – SI | SI – B | 著录项目数据、部分英文摘要、图像 |

**表 9 – 2　测试光盘/停刊系列**

| 名称 | 收录国家 |
|---|---|
| ESPACE – AU | 澳大利亚 |
| ESPACE – BR | 巴西 |
| ESPACE – CA | 加拿大 |
| ESPACE – CIS | 独联体（苏联缺少波罗的海诸国） |
| ESPACE – CL | 智利 |
| ESPACE – DOPALES | 中南美洲 |
| ESPACE – GR | 希腊 |
| ESPACE – IE | 爱尔兰 |
| ESPACE – Malaysia | 马来西亚 |
| ESPACE – MC | 摩纳哥 |
| ESPACE – MX | 墨西哥 |
| ESPACE – Philippines | 菲律宾 |
| ESPACE – Thailand | 泰国 |
| ESPACE – Vietnam | 越南 |

| 名称 | 收录国家 |
|------|---------|
| ESPACE – ASEANPAT | 文莱、印度尼西亚、马来西亚、菲律宾、新加坡、泰国、越南 |
| ESPACE – First | EP – A1、EP – A2、EP – A3、EP – A8、EP – A9；WO – A1、WO – A2，自 1978 年起修正公布 |
| ESPACE – ACCESS – EPC | 欧洲专利局成员国的各国文献（自 1978 年起） |
| ESPACE – World | WO – A1、WO – A2，自 1978 年起修正公布 |
| ESPACE – CH | 自 1990 年起 CH – A3、CH – A5、CH – B5 |
| ESPACE – IT | 自 1993～1995 年 IT – A1、IT – U1 |
| ESPACE – OAPI | 自 1966～1992 年 OAPI 专利 |
| ESPACE – PT | 自 1980 年起 PT – A、PT – U、PT – T |
| GlobalPat | 自 1971 年起美国、WO、欧洲、英国、德国、法国与瑞士 |

**表 9 – 3　非欧洲专利局光盘产品的精选**

| 产品 | 收录范围 | 厂商/经销商 |
|------|---------|-----------|
| DEPAROM | DE – A、DE – C、DE – U、DE – T | Bundesdruckerei，德国 |
| COSMOS/BREV（＊） | 法国 | INPI，法国 |
| ESPACE – PRECES（＊） | 保加利亚、捷克、匈牙利、波兰、罗马尼亚、斯洛伐克 | 匈牙利知识产权局 |
| ESPACE – SI | SI – B | 斯洛文尼亚知识产权局 |
| ESPACE – UK | 自 1976 年起 GB – A | 英国知识产权局 |
| Patent Abstracts of Japan | 自 1976 年起 JP – A 英文摘要 | 日本专利信息组织、欧洲专利局 |
| US PatentImages（＊） | 美国专利摹真图像 | MicroPatent |
| EAPO | EA – A、EA – B（组合系列） | 欧亚专利局，莫斯科 |
| Korean Patent Abstracts | KR – A | 韩国知识产权局 |
| PIPACS（＊） | HU – A、HU – B、HU – U | 匈牙利知识产权局 |
| PCT Gazette（＊） | 自 1997 年起 WO 扉页数据 | Bundesdruckerei，德国 |
| Deutsches Patentblatt | 德国国家专利公报；每周 | Bundesdruckerei，德国 |

续表

| 产品 | 收录范围 | 厂商/经销商 |
|---|---|---|
| USAPAT | 美国授权专利摹真图像（现法 US – B、旧法 US – A） | 美国专利商标局 |
| USAAPP | 美国公布申请摹真图像（US – A） | 美国专利商标局 |
| Patents Bib | 自 1969 年起至今的著录项目信息 | 美国专利商标局 |
| Patents Class | 自 1790 年起至今包括实用专利在内的全部美国专利类型的现行分类信息 | 美国专利商标局 |
| Patents & Trademarks Assign | 美国专利与商标的转让契据 | 美国专利商标局 |
| Patents Assist | 各种支持材料，包括律师与代理人，US 专利分类索引，IPC – USPC 对照表，分类手册以及专利审查程序手册 | 美国专利商标局 |

（ ＊ ）停刊产品。

## ▶ 通过 MIMOSA 集成的光盘——互联网产品

在日新月异的发展环境下，对于任何光盘产品的批评就是信息提供的更新速度过慢。这可能以补充数据或者最新数据形式出现。随着 MIMOSA 的发展，欧洲专利局首创解决此问题的有效方法。

在 MIMOSA 检索后可以多种形式浏览记录。图 9 – 1 所示的一种格式，表明在 ESPACE – ACCESS 中欧洲专利的著录项目数据显示的扉页样式。公布号与 IPC 等若干字段格式化为"热链接"（见图 9 – 2、图 9 – 3），这意味着用户通过点击 DVD 光盘检索记录可以检索到定位在互联网 ESPACENET 服务器上完整文献的摹真图像，或者查找在世界知识产权组织服务器上的 IPC 定义。当然，这要求用户具有有效的网络可用连接，也表明可以通过在线文件传递服务的存储能力来完善强大、便捷的离线检索方式。

ESPACE – Bulletin 或 ESPACE – ACCESS 等服务一般通过更新光盘实现月更新。然而，这并不意味着订阅用户等待 1 个月才能获取最新数据。对于上述 2 种产品而言，光盘产品订购用户被额外提供了一个账户以在光盘发行期间检索临时数据集。这些下载数据集可以安装在用户的硬盘上，并且以光盘完全相同的方式通过 MIMOSA 进行检索。一旦新信息以 DVD 形式寄达，那么更新文档就可以丢弃。从用户的角度来看，这种服务看起来完全像是最新的光盘产品。

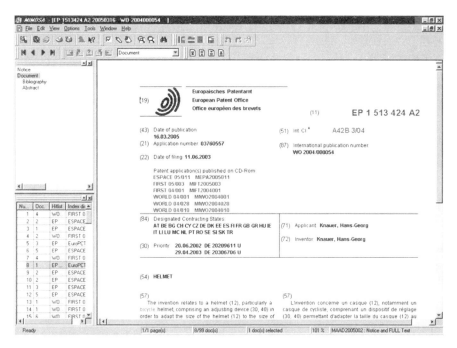

图 9 - 1　MIMOSA 应用程序检索 ESPACE – ACCESS 光盘

图 9 - 2　Espacenet 的热链接　　图 9 - 3　世界知识产权组织分类站点的热链接

最初开发用于光盘产品的 MIMOSA 检索软件与定位于远程服务器的更大数据库的两者结合在欧洲专利局全球专利索引的生产中实现了合乎逻辑的发展，其中欧洲专利局全球专利索引会在本章后续内容中进行讨论。

## ▶ 商业电子数据库

迄今为止，多国领域最大的数据库是商业化产品。许多产品已建立多年并且成为专业化专利信息产业的支柱。这些产品逐步通过基于浏览器的检索工具在内的各种方式进行发布。下文讨论旨在提供产品内容的简述，而不是产品的发布方式，原因是对于检索人员而言，产品内容最终决定数据库是否成为可用工具。

# 德温特世界专利索引（DWPI）（Thomson – Reuters）

专利检索界众所周知的著录项目文档简称为"德温特"，大概是现存最早的多国电子专利数据库。最早的产品是自 1948 年起由 Monty Hyams 先生手动所编写的每周通报《英国化学专利快报》。在 19 世纪 50 年代期间逐步发展为德温特出版公司。该公司后来成为著名的德温特信息公司并且被 Thomson 集团（现 Thomson Reuters）所收购。

DWPI 文档安装在许多商业主机系统中，包括 Dialog、Questel、STN International、Delphion 以及 Westlaw。

最早的德温特产品是用于专利最新题录的纸质通报。最初，Hyams 先生及其同事定期从英国前往比利时，利用比利时专利有效的快速公布制度。他们很早便意识到公布的专利标题不适宜快速浏览相关性，因此着手创建特殊结构改写标题，这种做法仍然在现行著录项目数据库中使用。随着技术的进步，最新题录累积成为追溯检索文档变得可行，这就是最初在 1976 年公开发布的 ORBIT 服务。

早期德温特产品的主题范围仅局限于药物专利领域所谓的 Farmdoc❶ 服务，收录时间始于 1963 年。2 年后，增加了农用化学品（Agdoc），随后在 1966 年增加了聚合物（Plasdoc）。1970 年，收录范围已扩大到一般化学（如 Chemdoc 服务）和专业化学的剩余领域。组合产品最初被称为"主要专利索引"，后来称作"化学专利索引"（CPI）。为方便订购用户，产品内容细分为若干标识字母的部分。前三个组成部分成为 A 部、B 部与 C 部，而剩余内容按照 D 部至 M 部进行划分（见表 9 - 4）。这种分类形成德温特分类体系的基础，或者德温特部，这仍作为数据库记录索引使用至今。

**表 9 - 4　化学专利索引（CPI）部**

| 德温特分类（部） | 定义 | 最早收录年份 |
|---|---|---|
| A | 聚合物与塑料 | 1966 |
| B | 药品 | 1963 |
| C | 农用化学品 | 1965 |
| D | 食物、洗涤剂、水处理以及生物技术 | 1970 |
| E | 一般化学品 | 1970 |
| F | 纺织、造纸 | 1970 |

---

❶ 流行说法是在意大利决定新药品服务的名称，结果名称采用了意大利语形式。

续表

| 德温特分类（部） | 定义 | 最早收录年份 |
|:---:|:---|:---:|
| G | 印刷、涂料、照相 | 1970 |
| H | 石油 | 1970 |
| J | 化学工程 | 1970 |
| K | 核子能、爆破、防护 | 1970 |
| L | 耐火材料、陶瓷、水泥、电化学（无机）有机物 | 1970 |
| M | 合金 | 1970 |

在 1963～1970 年也增加了其他国家，并且在随后数年内逐步增加，直至现在数据库已收录约 50 个发布机构。

到 1974 年，机械与电子技术的相应摘要服务需求分别导致 GMPI（"一般与机械专利索引"——后重设为"工程专利索引"，EngPI）与 EPI（"电子专利索引"）的创建。这些服务收录与 CPI 大体一致的国家，非化学领域直到 1995 年之后才收录日本。其他两个主题领域同样细分为德温特分类，如表 9－5 所示。

**表 9－5　WPI 的非化学部**

| 德温特分类（部） | 定义 | 最早收录年份 |
|:---:|:---|:---:|
| P | 一般（工程） | 1974 |
| Q | 机械（工程） | 1974 |
| R | （电子）（＊） | 1974～1979 |
| S | 仪器仪表、测量与测试 | 1980 |
| T | 计算与控制 | 1980 |
| U | 半导体与电子电路 | 1980 |
| V | 电子元器件 | 1980 |
| W | 通信 | 1980 |
| X | 电力工程 | 1980 |

（＊）最初用于全部 EPI 专利；分类随后扩展到 S－X 部，并且数据库记录回溯性重建索引。

CPI/EPI/GMPI 的组合数据库作为德温特世界专利索引或 DWPI 推向市场。DWPI 数据库的独特之处从其产生之日起就非常清晰：

- 英语重写全部记录的信息性标题与摘要，而无须考虑其公布的原始语言；

- 基于逻辑主题划分分部，分部可以单独购买，这对最新题录或者全文文本提供非常有用；

● 两类增强型深度标引体系（手工代码与化学片段/聚合物代码）来提升检索（也包括自 2008 年起的美国专利分类与欧洲专利分类）；

● 公布号与申请号的标准化格式；

● 标准化专利权人名称，通过标准专利权人代码体系进行补充，专利权人代码体系合并部分子机构并且取代企业名称变化；

● 字段原始数据的错误检查与标准化；

● 专利族体系数据库规则的开发，明确区分新发明的首次出现（基本）与其他国家的后续对应申请（等同）。这能够使得德温特可以重点标引每个专利族的单一示例。

最初德温特编辑与数据库生产系统是按照逻辑阶段进行构建，产生了众多产品（纸质、缩微平片与缩微胶片、CD－ROM 与电子格式）。近年来，许多产品已被电子产品所替代，但遗留下来的产品仍然存在。因此了解该系统的发展历程非常有用。

根据主题是否被数据库收录（如前所述，仅收录日本化学领域专利，因此多年来根本不收录日本工程领域专利）以及公布国家是所谓的"主要"或"次要"（或者哪一个国家更晚公布），把进入数据库生产系统的专利引导到特定编辑组。主题组反映德温特分类。如果合适的情形下，可以将多个分类分配给一件专利，但"主"分类是用来确定摘要刊登在印刷型通报的位置。

在简短摘要与新标题编写完成后，就可以根据德温特分类产生印刷型快报摘要。主要国家的全部基本专利都具有经手工代码增强的数据库记录。在线摘要字段包含了快报摘要，在线文档的全部用户都可以使用。在快报摘要发布后，编写摘要的增强版本并且根据用户定购德温特内容范围向预付费用户发布。这些所谓的文献型摘要也被制成了纸质公告，随后制成缩微胶片以及 CD－ROM 的扫描图像（CD－ROM 的文献型文摘公报或 DAJ），再后来根据德温特部提供专利全文的纸质副本以及缩微胶片副本。文献型摘要和全文文本两者都未被加载到数据库中。近年来，在线可以获取文献型文摘公报的新形式（现在称为增强型摘要），但仍然仅以单独受控访问数据库的形式向订阅用户提供。同样，数据库也仅向订阅用户提供化学手工代码以及片段码或聚合物代码等索引部分的访问，这些索引涵盖了 A 部、B 部、C 部或 E 部所发行的公布文献。

作为企业级订阅用户的一个主要好处是公用入藏号系统的使用，允许用户通过自建索引实施检索，检索用于初步相关性筛选的快报型摘要，然后在一个单独步骤中查找到用于详细研究的对应文献型摘要和/或完整专利文本。随着从检索数据库内部指向具有完整文献的第三方数据库的动态链接的出现，该系统的大部分价值已经丧失，但产品仍在生产并且保留部分行业界的用户社群。

德温特印刷型产品在全部技术领域中通常包含单独的剪切图像以帮助理解文本摘要。直到 20 世纪 90 年代初，这些图像对于可用带宽而言仍然太大而无法处理，工程领域的第一批图像加载可以追溯到 1988 年，随后化学专利的图像可追溯到 1992 年。

在现今 DWPI 文档的纯电子环境中，主要国家与次要国家之间的差异已变得不如以前重要。然而，对于部分检索而言有可能影响查全率，因此简要的说明是很有帮助的。

基本上，主要国家的公布文献都进行了完整的索引处理，并且对应的数据库记录将包括适合于相关主题领域的任何深度索引。如果该公布文献是基本文献，那么接下来数据库专利族记录自其创建起就进行完全索引，并且后续等同专利进行检索时如同已经深度索引，原因是相同的索引"池"应用到了整个专利族。

在少数情形下，一件新发明的首次出现是在次要国家，并且补充索引并没有及时创建。此时仅能通过有限的检索字段来检索该文献。当（或如果）专利族的后续成员从主要国家出现，完全索引则增加到记录中。后续成员进行完全索引，并且对应字段填入更新的专利族记录中。自此开始，便可以使用完整的检索工具对次要国家的基本公布文献进行检索。在次要国家基本记录的局部索引创建与通过主要国家等同文献的完全索引补充这两者之间的时间间隔大约仅有几个星期，所以实际上，次要国家公布文献似乎已经从创建伊始就进行了完全索引，并且在检索中并未丢失任何文献。

在一件新发明仅出现在次要国家并且任何主要国家等同文献不再公布的情形下（相对罕见），会对检索产生更实质性的影响。在上述情况下，相比如果这件发明已在主要国家出现，其数据库记录将进行不完全索引。

如表 9-6 所示，在全部国家收录范围列表中包括了主要国家或次要国家的现状以供参考。该表也可以用来表示在本章他处所讨论的其他多国文档。然而，要记住该表仅表明各国文档所含特定文献种类的最早收录年份，并且一国各文献种类的收录范围可能有所不同。例如，WPI 收录自 1963 年起的 AU－A 文献，但直至 1993 年才收录 AU－B 文献。另外，起始年代表示不同类型收录文献的最早年份；例如，TotalPatent 收录自 1898 年起的法国著录项目数据，而全文文本的收录起始年份相对较晚，因此表 9-6 所示年份都是相对较早的年份。

**表9-6　精选的多国数据库收录国家（地区）范围**

单位：年

| 国家（地区）代码 | 国家（地区）名称 | INPADOC | CAS | WPI | Thomson Innovation（†） | WIPS | PlusPat/FamPat | Minesoft/RWS PatBase | TotalPatent | Espacenet Worldwide |
|---|---|---|---|---|---|---|---|---|---|---|
| AP | 非洲地区工业产权组织 | 1984 | 2000 | | | 1984 | 1971 | 1984 | 1984 | 1985 |
| AR | 阿根廷 | 1973 | 1959 | 1974~1976 | 1974~1976 | 1973 | 1965 | 1973 | 1973 | 1973 |
| AT | 奥地利 | 1900 | 1907 | 1975 | 1975 | 1900 | 1899 | 1899 | 1899 | 1899 |
| AU | 澳大利亚 | 1922 | 1927 | 1963~1969，1982+ | 1963~1969，1982+ | 1922 | 1922 | 1973 | 1922 | 1941 |
| BA | 波黑 | 1998 | | | | 1998 | 1998 | 1998 | 1998 | 1998 |
| BD | 孟加拉共和国 | | | | | | | | | |
| BE | 比利时 | 1926 | 1928 | 1963 | 1963 | 1926 | 1875 | 1926 | 1875 | 1923 |
| BG | 保加利亚 | 1973 | 2000 | | | 1973 | 1973 | 1973 | 1980 | 1973 |
| BN | 文莱 | | | | | | | | 1980 | |
| BO | 玻利维亚 | | | | | | | | 1991 | |
| BR | 巴西 | 1973 | 1957 | 1975 | 1975 | 1973 | 1973 | 1973 | 1974 | 1974 |
| BY | 白俄罗斯 | 1997 | | | | 1997 | 2003 | | | |
| CA | 加拿大 | 1874 | 1910 | 1963 | 1963 | 1874 | 1874 | 1970 | 1874 | 1940 |
| CH | 瑞士 | 1888 | 1910 | 1963 | 1963 | 1888 | 1886 | 1888 | 1888 | 1888 |
| CL | 智利 | 2005 | 1919 | | | 2005 | 2005 | | 1991 | |
| CN | 中国 | 1985 | 1985 | 1985 | 1985 | 1985 | 1985 | 1985 | 1985 | 1985 |
| CO | 哥伦比亚 | 1995 | | | | 1995 | 1995 | | 1991 | |
| CR | 哥斯达黎加 | 2007 | 2007 | | | 2007 | 2007 | | 1991 | |
| CS | 捷克斯洛伐克 | 1973 | 1955 | 1975 | 1975 | 1973 | 1964 | 1973 | 1973 | 1973 |
| CU | 古巴 | 1974 | | | | 1974 | 1968 | 1974 | 1974 | 1974 |
| CY | 塞浦路斯 | 1975 | | | | 1975 | 1921 | 1975 | 1975 | 1921 |
| CZ | 捷克共和国 | 1993 | 1993 | 1993 | 1993 | 1993 | 1993 | 1993 | 1993 | 1993 |
| DD | 德意志民主共和国 | 1952 | 1954 | 1963 | 1963 | 1952 | 1952 | 1951 | 1951 | 1952 |
| DE | 德国 | 1852 | 1877 | 1963 | 1963 | 1852 | 1852 | 1877 | 1877 | 1877 |

| 国家<br>(地区)<br>代码 | 国家<br>(地区)<br>名称 | INPADOC | CAS | WPI | Thomson<br>Innovation<br>(†) | WIPS | PlusPat/<br>FamPat | Minesoft/<br>RWS<br>PatBase | TotalPatent | Espacenet<br>Worldwide |
|---|---|---|---|---|---|---|---|---|---|---|
| DK | 丹麦 | 1968 | 1909 | 1974 | 1974 | 1968 | 1895 | 1895 | 1895 | 1895 |
| DO | 多米尼加 | 2001 | | | | 2001 | 2007 | | 1991 | |
| DZ | 阿尔及利亚 | 2002 | | | | 2002 | 2000 | | | |
| EA | 欧亚专利局 | 1996 | | | | 1996 | 1996 | 1996 | 1996 | 1996 |
| EC | 厄瓜多尔 | 1990 | | | | 1990 | 1990 | | 1991 | |
| EE | 爱沙尼亚 | 1994 | 2000 | | | 1994 | 1994 | 1995 | 1995 | 1995 |
| EG | 埃及 | 1976 | 2000 | | | 1976 | 1976 | 1976 | 1976 | 1976 |
| EP | 欧洲专利局 | 1978 | 1978 | 1978 | 1978 | 1978 | 1978 | 1978 | 1978 | 1978 |
| ES | 西班牙 | 1968 | 1946 | 1983 | 1983 | 1968 | 1919 | 1968 | 1827 | 1968 |
| FI | 芬兰 | 1968 | 1960 | 1974 | 1974 | 1968 | 1842 | 1968 | 1842 | 1933 |
| FR | 法国 | 1902 | 1900 | 1963 | 1963 | 1902 | 1898 | 1791 | 1898 | 1900 |
| GB | 英国 | 1916 | 1901 | 1963 | 1916 | 1916 | 1840 | 1894 | 1840 | 1859 |
| GC | 海湾合作委<br>员会 | 2002 | 2002 | 2002 | 2002 | 2002 | 2002 | | | |
| GR | 希腊 | 1977 | 2000 | | | 1977 | 1920 | 1977 | 1977 | 1977 |
| GT | 危地马拉 | 1966 | | | | 1966 | 1966 | | 1991 | |
| HK | 中国香港 | 1976 | 2000 | 2011 | 2011 | 1976 | 1976 | 1976 | 1976 | 1976 |
| HN | 洪都拉斯 | 2005 | | | | 2005 | | | 1991 | |
| HR | 克罗地亚 | 1994 | 2000 | | | 1994 | 1994 | 1994 | 1994 | 1994 |
| HU | 匈牙利 | 1973 | 1929 | 1975 | 1975 | 1973 | 1971 | 1973 | 1973 | 1973 |
| ID | 印度尼西亚 | 1996 | | | | 1996 | 1988 | 1996 | 1996 | 1988 |
| IE | 爱尔兰 | 1973 | 2002 | 1963 ~<br>1969,<br>1995 + | 1963 ~<br>1969,<br>1995 + | 1973 | 1945 | 1973 | 1930 | 1948 |
| IL | 以色列 | 1968 | 1958 | 1975 | 1975 | 1968 | 1968 | 1968 | 1968 | 1968 |
| IN | 印度 | 1975 | 1948 | 2004 | 2000 | 1975 | 1968 | 1975 | 1912 | 1998 |
| IS | 冰岛 | 1993 | | | | 1993 | 1912 | | | |
| IT | 意大利 | 1973 | 1913 | 1966 ~<br>1968,<br>1977 + | 1966 ~<br>1968,<br>1977 + | 1973 | 1927 | 1973 | 1927 | 1933 |

| 国家<br>（地区）<br>代码 | 国家<br>（地区）<br>名称 | INPADOC | CAS | WPI | Thomson<br>Innovation<br>（†） | WIPS | PlusPat/<br>FamPat | Minesoft/<br>RWS<br>PatBase | TotalPatent | Espacenet<br>Worldwide |
|---|---|---|---|---|---|---|---|---|---|---|
| JP | 日本 | 1973 | 1916 | 1963 | 1963 | 1973 | 1931 | 1973 | 1945 | 1928 |
| KE | 肯尼亚 | 1975 | | | | 1975 | 1975 | 1975 | 1975 | 1975 |
| KR | 韩国 | 1978 | 1996 | 1986 | 1986 | 1978 | 1978 | 1978 | 1978 | 1978 |
| KZ | 哈萨克斯坦 | 2004 | | | | 2004 | 2004 | | | |
| LT | 立陶宛 | 1992 | 1994 | | | 1992 | 1994 | 1994 | 1992 | 1994 |
| LU | 卢森堡 | 1945 | 2001 | 1984 | 1984 | 1945 | 1945 | 1945 | 1945 | 1945 |
| LV | 拉脱维亚 | 1994 | 1994 | | | 1994 | 1994 | 1994 | 1994 | 1993 |
| MA | 摩洛哥 | 1993 | | | | 1993 | 1977 | 1993 | 1993 | |
| MC | 摩纳哥 | 1975 | 2000 | | | 1975 | 1957 | 1975 | 1957 | 1957 |
| MD | 摩尔多瓦 | 1994 | 2000 | | | 1994 | 1994 | 1994 | 1994 | 1994 |
| MN | 蒙古国 | 1972 | | | | 1972 | 1972 | 1972 | 1972 | 1972 |
| MT | 马耳他 | 1967 | | | | 1967 | 1968 | 1967 | 1967 | 1967 |
| MW | 马拉维 | 1973 | | | | 1973 | 1973 | 1973 | 1973 | 1973 |
| MX | 墨西哥 | 1980 | 1956 | 1997 | 1997 | 1980 | 1980 | 1980 | 1970 | 1980 |
| MY | 马来西亚 | 1953 | | 2010 | 2010 | 1953 | 1953 | 1953 | 1953 | 1953 |
| NI | 尼加拉瓜 | 2003 | | | | 2003 | 2003 | | 1991 | |
| NL | 荷兰 | 1924 | 1912 | 1963 | 1963 | 1924 | 1913 | 1912 | 1856 | 1914 |
| NO | 挪威 | 1923 | 1907 | 1974 | 1974 | 1923 | 1909 | 1968 | 1968 | 1936 |
| NZ | 新西兰 | 1978 | 2000 | 1992 | 1992 | 1978 | 1978 | 1978 | 1978 | 1978 |
| OA | 非洲知识产权组织 | 1992 | | | | 1992 | 1966 | 1992 | 1992 | 1960 |
| PA | 巴拿马 | 1996 | | | | 1996 | 1996 | | 1991 | |
| PE | 秘鲁 | 1992 | | | | 1992 | 1992 | | 1991 | |
| PH | 菲律宾 | 1975 | 2001 | 1992 | 1992 | 1975 | 1981 | 1975 | 1975 | 1975 |
| PL | 波兰 | 1973 | 1957 | 2011 | 2011 | 1973 | 1973 | 1973 | 1973 | 1962 |
| PT | 葡萄牙 | 1976 | 2000 | 1974 | 1974 | 1976 | 1976 | 1976 | 1971 | 1971 |
| PY | 巴拉圭 | | | | | | | | 1991 | |
| RO | 罗马尼亚 | 1973 | 1962 | 1975 | 1975 | 1973 | 1907 | 1973 | 1973 | 1970 |
| RS | 塞尔维亚 | 2006 | | | | 2006 | 2006 | | | |
| RU | 俄罗斯 | 1993 | 1908 | 1993 | 1993 | 1993 | 1993 | 1993 | 1993 | 1993 |

| 国家<br>（地区）<br>代码 | 国家<br>（地区）<br>名称 | INPADOC | CAS | WPI | Thomson<br>Innovation<br>（†） | WIPS | PlusPat/<br>FamPat | Minesoft/<br>RWS<br>PatBase | TotalPatent | Espacenet<br>Worldwide |
|---|---|---|---|---|---|---|---|---|---|---|
| SE | **瑞典** | 1891 | 1908 | 1974 | 1974 | 1891 | 1890 | 1968 | 1888 | 1904 |
| SG | **新加坡** | 1983 | 2000 | 1995 | 1995 | 1983 | 1983 | 1983 | 1983 | 1989 |
| SI | 斯洛文尼亚 | 1992 | 2000 | | | 1992 | 1992 | 1996 | 1996 | 1992 |
| SK | 斯洛伐克 | 1993 | 1994 | 1993 | 1993 | 1993 | 1993 | 1993 | 1993 | 1993 |
| SM | 圣马力诺 | 2000 | | | | 2000 | 2000 | | | |
| SU | **苏联** | 1972 | 1940 | 1963 | 1963 | 1972 | 1928 | 1972 | 1919 | 1940 |
| SV | 萨尔瓦多 | 2000 | | | | 2000 | 1970 | | 1991 | |
| TH | 泰国 | | | 2010 | 2010 | | | | 1991 | 至今 |
| TJ | 塔吉克斯坦 | 1998 | | | | 1998 | 1998 | 1998 | 1998 | 1998 |
| TR | 土耳其 | 1973 | 2000 | | | 1973 | 1973 | 1973 | 1973 | 1973 |
| TT | 特立尼达和多<br>巴哥 | | | | | | | | | |
| TW | **中国台湾** | 2000 | 1958 | 1993 | 1993 | 2000 | 1991 | 2000 | 2000 | 1983 |
| UA | 乌克兰 | 1999 | | | | 1999 | 1987 | 1999 | | |
| US | **美国** | 1836 | 1828 | 1963 | 1836 | 1836 | 1839 | 1836 | 1790 | 1836 |
| UY | 乌拉圭 | 2007 | | | | 2007 | 2000 | | 1991 | |
| UZ | 乌兹别克斯坦 | 1997 | | | | 1997 | 1997 | | | 1997 |
| VE | 委内瑞拉 | | | | | | | | 1991 | |
| VN | 越南 | 1984 | | 2010 | 2010 | 1984 | 1984 | 1984 | 1984 | 1984 |
| WO | **世界知识产权<br>组织** | 1978 | 1978 | 1978 | 1978 | 1978 | 1978 | 1978 | 1978 | 1978 |
| YU | 南斯拉夫 | 1973 | | | | 1973 | 1973 | 1973 | 1973 | 1973 |
| YU | 塞尔维亚和黑山 | 1996 | | | | 1996 | 1996 | | | |
| ZA | **南非** | 1971 | 1939 | 1963 | 1963 | 1971 | 1968 | 1971 | 1971 | 1971 |
| ZM | 赞比亚 | 1968 | | | | 1968 | 1968 | 1968 | 1968 | 1968 |
| ZW | 津巴布韦 | 1980 | | | | 1980 | 1980 | 1980 | 1980 | 1980 |

注意：

黑体印刷的国家（地区）名称表示自 DWPI 文档收录起进行"主要国家"索引处理。

斜体印刷的国家（地区）名称表示自 DWPI 文档收录起进行"次要国家"索引处理，但后来提升为"主要国家"状态，因此现在已进行索引。

在 WPI 列中所示的全部其他国家在 DWPI 文档中按照"次要国家"处理。

（†）DWPI 与 Thomson Innovation 两者之间收录范围的差异是在于 Thomson Innovation 的补充全文文本文档。收录的起始年份是平台服务收录该国任何信息、著录项目或全文文本的最早年份。

如前所述，WPI 索引系统的全部功能仅向订阅用户提供。这表明索引系统的开发需要投入大量时间并且其维护与维持费用巨大。索引系统仅在化学领域可用并且有三个组成部分。

1. 一系列约 7500 个层级分组的索引项所构成的 CPI 手工代码通过系统化符号进行表示。索引项表自 1963 年首次创建起已历经多次修订，这包括近年来的数次修订。看来未来索引项表会更加频繁地修改，大约每年一次，这将有助于保证索引项反映出最新技术。符号设计可进行截断，允许检索人员扩大或缩小其检索领域。尽管手工代码很少单独用来限定全面的检索，但是在排除无用主题或者精炼过多检索结果方面极具价值。化学领域的每条数据库记录都至少具有 1 个手工代码；索引范围是每条记录有 1~8 个代码。电子领域（EPI）对应手工代码向全部用户开放，但代码是以非常类似的方式进行结构化。EPI 手工代码系统包含大约 9500 个代码。2012 年德温特分类 Q3 部引入少量手工代码，涵盖包装机械领域，但大部分的机械领域仍无手工编码。手工代码的层次结构实例如表 9 - 7 所示。

表 9 - 7　CPI 手工代码层级实例

| 手工代码 | 定　义 | 引入年份 |
|---|---|---|
| K | 核子能、爆破、防护 | 1970 |
| K07 | 保健物理 | 1970 |
| K07 - A | 防护措施、监控、屏蔽、服装等 | 1970 |
| K07 - A01 | 个人剂量器 | 1972 |
| K07 - A02 | 屏蔽 | 1994 |
| K07 - A02A | 运输/储存容器 | 1994 |
| K07 - A02B | 辐射避难所 | 1994 |
| K07 - A03 | 消除污染 | 1986 |

2. 约 2200 个字母数字代码所组成的化学片段码。每个代码表示小块化学显著片段，譬如特定的元素或官能团。如果化学专利公开了一种单一化合物，适用于该化合物的全部对应片段码可以附加到数据库记录。对于通用式（"马库什"）披露而言，生成化学片段索引对应该披露所包含的化合物范围；譬如，如果披露宽范围的酯，那么将添加"酯"的代码。通过把各个代码连接在一起，检索人员能够检索到具体披露或简要披露的目标检索化合物的全部记录。化学片段码系统使用过于复杂难以充分发挥其潜力，但仍是实施真正通用专利性检索的为数不多的方法之一。Marpat 与 MMS（本章下文继续讨论）等基于形状的竞争性系统实施了不同的检索模式，但现在最早仅能检索到 1978

年，而德温特片段码在部分学科领域可以检索到 1963 年，表 9 - 8 显示了化学片段的实例代码。

表 9 - 8　化学片段代码层级实例

| 序列 | 代码 | 定义 |
|---|---|---|
| A2 | | 碱土 |
| | A200 | 通用（存在但未完整定义） |
| | A204 | 铍 |
| | A212 | 镁 |
| | A220 | 钙 |
| | A238 | 锶 |
| | A256 | 钡 |
| D6 | | 仅 1 - N；2 个环（含有 2 个环与仅 1 个氮原子作为杂原子的杂环系统） |
| | D601 | 吲哚（不包括 D602） |
| | D602 | 二（或聚）羟基吲 |
| | D611 | 异吲哚（包括 1，2 - 二氢吲哚） |
| | D612 | 异吲哚（不包括 D611） |
| | D621 | 喹啉（不包括 D622） |
| | D622 | 二（或聚）氢喹啉 |
| | D631 | 异喹啉（不包括 D632） |
| | D632 | 二（或聚）氢异喹啉 |
| | D640 | 苯并氮杂 |
| | D650 | 苯并吖辛因 |
| | D660 | 氮茚和喹嗪 |
| | D670 | 托烷 |
| | D680 | 奎宁环 |
| | D690 | 其他 1 - N，两环系统，上述未指定 |
| | D699 | 来自 D6 代码的多环系统 |

3. 聚合物代码（Plasdoc）系统是在 1966 年引入的，此后历经数次修订。该系统以与化学片段码基本相同的方式进行运作，但聚合物代码不索引小块有机分子或无机分子，而是特征化聚合物材料的单体与重复结构单元。附加代码能够索引聚合物的功能与制备方法。如同化学片段码一样，需要大量的技巧方能最有效地使用聚合物代码系统。近年来，开发部分软件工具用以协助初学者制订使用聚合物代码的合适检索策略。

## 专利引证索引（PCI）（Thomson－Reuters）

PCI 是 WPI 的关联产品。PCI 使用相同的专利族结构把发明归并为更大型的记录，但该文档的重点是在引文检索中便于检索报告的使用。PCI 可以在 STN International 与 Dialog 中使用，并且作为网络版德温特创新索引（DII）的组成部分。

PCI 背后的假定是专利申请官方检索报告的引证项（或就美国授权专利而言，"被引的参考文献"列表）可以视为传统期刊论文或综述的参考文献进行相同处理。专利领域的挑战在于要认识到专利族分组可能同时影响施引专利与被引专利。就施引专利而言，很有可能等同专利族成员同时引证相同专利；跟踪引文链接可能表明一篇新文献共引现有技术，但事实上新文献只不过是现有专利的等同文献。就被引专利而言，很有可能（确实可能）不同国家的两位审查员都试图引证相同发明，他们将会通过引证本国专利族成员来做到这一点。从表面来看，两份检索报告都不具有共同引证项，但实际上并非如此。如果施引专利与被引专利都各自归并成为专利族，那么可以解决上述两个问题。PCI 使用与 WPI 相同的专利族结构可以实现这一点。

最初 PCI 在 1994～1997 年使用奥地利、澳大利亚、比利时、加拿大、欧洲专利局、法国、德国、日本、荷兰、新西兰、PCT 国际申请、南非、瑞典、瑞士、英国以及美国等 16 个国家或地区所积累的检索报告。这些检索报告编辑成 WPI 记录的标准专利族结构，可以检索到共引现有检索报告中 1 项文献，而无须考虑这些文献是引证相同专利族成员还是不同专利族成员。

PCI 同时包括审查员引文（正式的检索报告）与申请人引文（正文中的补充参考文献，申请人提供但并未出现在正式检索报告中）。事实证明提取申请人引文费时费力，因此很快再推出的 PCI 仅包括审查员引文记录并且将收录国家范围减少到 6 个国家或地区：欧洲专利局、德国、日本、PCT 国际申请、英国与美国。PCI 收录国家范围直至 2008 年才扩大了 4 个国家（比利时、法国、荷兰与西班牙），使其收录国家总数达到 10 个。

PCI 是以专利族方式系统化整理检索报告的唯一数据库。一旦检索人员使用引文检索技巧查找到问题与缺陷，那么可以证明 PCI 是具有价值的补充数据源。PCI 的主要用途可能是在专利性检索过程中，可以用来检索引用相同内容的早期文献（早于大部分著录项目文档的起始日期）或现行文献。

## PlusPat、FamPat（Questel）

PlusPat 文档源自欧洲专利局内部检索文档 EPODOC。EPODOC 采用更适应专利局检索审查员需要的严格专利族结构而产生更小规模的专利族。收录国家数量最初约 20 个，但随着 20 世纪 90 年代初欧洲专利局收购 INPADOC，IN-PADOC 专利族文档与 EPODOC 文档逐步合并，有效扩大了 EPODOC 的收录范围，达到约 70 个国家。EPODOC 的主要优势是：

- 包括 INPADOC 未收录的部分文献类型（譬如早期日本法所规定的 JP－C 证书）；

- 扩大部分国家的收录时间范围，譬如，英国专利自 1909 年起以及德国专利自 1877 年起；

- 大部分文档具有欧洲专利分类。

EPODOC 中命名为 EDOC 的文档已加载在 Questel 系统中很多年。在 20 世纪 90 年代末，EPODOC 文档重新加载为 PlusPat。PlusPat 只通过 Questel 系统提供使用。PlusPat 的发展包括补充更多的英语摘要、更多分类体系（包括用于美国记录的最新 US 分类）、具有相关性标识的检索报告以及剪切图像。PlustPat 文档现在约有 50 万条记录并且每周更新。尽管 PlusPat 不具有 WPI 所提供的详细专有索引，但摘要与多个分类体系的组合使 PlusPat 成为跨多个技术领域的强大检索工具。

PlusPat 的主要缺陷在于记录结构。记录可能包括单一公布阶段（如果其能公布全部内容），或者可能包括同一申请所对应的多个公布阶段（譬如现在的 US－A 与 US－B 或 EP－A 与 EP－B 将被组合在一起）。对于国际专利族而言，需要使用 Questel 命令动态创建专利族。既然部分专利族成员包含专利族其他成员不具备的字段，那么在会话过程中需要重复运行该命令。譬如，使用欧洲专利分类号（约 50% 的文档存在）结合标题词或短语进行检索可能产生零结果，但在一个专利族成员使用分类号并且专利族其他成员使用标题词的情形下，包含欧洲专利分类检索步骤的检索可以检索到专利族结构，并且补充了相同的标题词或短语则很可能命中结果。

PlusPat 检索程序的缺陷通过 FamPat 文档的发布进行解决。单一著录项目数据源与 PlusPat 相同，但记录现在已被归并为国际专利族。专利族选择的规则是 PlusPat 所独有的，通常会比 EPODOC 严格算法产生更多的专利族成员，但少于 INPADOC 系统。FamPat 专利族的独特之处在于其可以追溯性重新构造，消除 WPI 中有时出现的交叉引用专利族记录的现象。结果是引入补充专利族成员，如非公约申请、美国临时申请所派生的多个美国申请（通常无法以可自动采集的格式进行引用）以及同源申请。

基于 PlusPat 的 Questel 产品所收录国家的详细范围如表 9－6 所示。

## API Encompass 和 WPAM （Questel）

任何从事专利检索稍长一段时间的检索人员都将会发现，大部分专利数据库具有部分独有特性使其或多或少适合特定检索类型。他们经常提到的问题是能否创建"超级数据库"，这不仅包括著录项目数据的整合（年份、国家），还包括多家数据库厂商所提供的增值索引的整合。创建此类"超级数据库"或者至少"超记录"的著名支持者是 Stuart Kaback ，其至少早在 1983 年[1] 就表达了类似观点。WPAM 数据库是这种合作的不可多得的例子。WPAM 数据库已成功把 WPI 文档索引与美国石油学会（API）所创建的专门针对石油天然气行业的索引相结合。

多年来，美国石油学会根据许可获取了特定主题领域的德温特数据，并且给这些记录增加基于文本的强大受控索引系统。增强型记录作为 APIPAT 文档进行发布。APIPAT 的收录严重依赖 WPI 文档，但也有部分补充数据源——包括印度与波兰（利用 CAS 记录）的收录，也可能包括其他文档未收录的委内瑞拉等重要石油生产国的部分有限内容。

API 的集中式摘要与索引服务在 20 世纪 90 年代初期作为 API 的 EnCompass 进行了剥离，EnCompass 被里德爱思维尔出版集团的子公司——美国工程信息公司所收购，现在称为 Engineering Village （http：//www. ei. org）。新公司已经促进了数据库网络化的应用，但原有形式仍然可以在商业主机上使用。在收购之前，Questel 已经创建了 WPI/API 合并文档，保留了双方提供商的订阅用户访问限制。

WPAM 数据库的特有优势是在石油天然气行业的专利性检索，但索引系统使其在更广泛的一般过程化学与化学工程领域非常有用，而不仅局限于小规模碳分子。如上文所述，WPAM 数据库收录国家范围实质上与 WPI 相同，但其最早的内容可追溯到 1964 年，因此要早于德温特在 1970 年才开始的产业领域收录。产业领域的进一步详细分类可参阅 Simmons[2] 。

## INPADOC PFS 与开放专利服务 （EPO）

INPADOC 文档族作为国际专利文献中心（INPADOC）的产品在 20 世纪 70 年代初期开始出现，根据世界知识产权组织与奥地利共和国两者之间的协定建立了国际专利文献中心，其位于维也纳。同 DWPI 重点创建用于专利性与其他主题检索的高质量回溯性文档相比，INPADOC 的首要目标是建立全面的专利族数据库。每条记录相对简短（仅主要著录项目数据）但收录国家范围已快速超过 WPI。目前，INPADOC 的收录范围超过 90 个国家（地区），相比而言，德温特 WPI 收录范围约 50 个国家（地区）。

最初 INPADOC 系列产品分布在缩微胶片，或者通过直接网络访问维也纳计算机中心进行使用。随后，INPADOC 系列产品可以在 Dialog、STN international、Questel、Lexis – Nexis、Micropatent 以及 Patolis 等一系列商业主机上使用。

INPADOC 产品通常分为不同的"模块"或"服务"，并且部分产品名称如下：

- PFS 专利同族服务；
- PCS 专利分类服务；
- PAS 专利申请人服务（IPC 排序）；
- PAP 专利申请人服务（优先权排序）；
- PIS 专利发明人服务；
- PRS 专利登记服务。

就著录项目数据而言，在上述产品中 PFS 是商业产品的主要信息源。PRS 与法律状态信息有关，在第 14 章将进行更为详细的介绍。INPADOC 在 STN 与 Dialog 的实现是把著录项目数据（PFS）与法律状态数据（PRS）保存在相同文档中，而 Questel 版本把法律状态服务作为单独的检索文档（称为 LGST），但 LGST 的显示需要从 PlusPat 文档内部调用特殊的 Print 命令。

既然 PFS 的编撰过程中收录了少量增值数据，那么有可能收录信息非常迅速。INPADOC 直接从各国专利局接收数据，或者在无法提供电子数据的情形下通过键盘输入纸质公报数据。PFS 收录了全部主题领域，其可以提供每个国家完整专利公布物的电子记录。在部分国家中（如德国、奥地利和日本），IN-PADOC 扩展收录了其他著录项目文档，包括实用新型与短期专利。

1991 年 INPADOC 合并纳入欧洲专利局，成为欧洲专利局的维也纳分局，致力于专利信息产品与服务。现在 INPADOC 数据库的主要优势是国家收录范围与全面专利族算法，使检索人员在单一现有申请的基础上迅速掌握发明的全面整体状况。该数据库每周更新，尽管正式公布日期与数据库实际收录日期之间的时滞从零到数周不等，但这要取决于提供数据的专利局。大部分主要国家最多在 4~6 周内把自身的著录项目数据增补到数据库中，也有许多国家的著录项目数据可以数天内就在数据库中使用。

INPADOC 典型的著录项目记录包括标题、发明人、申请人、申请数据与优先数据、分类（通常是 IPC）以及申请人摘要（有时）等基本数据。在记录输入文档前再进行摘编或索引。

表 9－6 所示文档收录国家与年份的基本范围。对于更详细的收录范围表，用户可以参阅欧洲专利局网站，网址为 http：//www. epo. org/searching/essentials/data/tables. html，该网站包括内容详细的手册、编号规定与文献种类代码、常见问题解答以及付费表格下载。定期简讯《专利信息资讯》对获取有关其他国家数据或数据库变化的资讯非常有用。

在 INPADOC 并入欧洲专利局之后，开展了把现有欧洲专利局多国检索文档 DOCDB 的著录项目数据与 INPADOC 的数据内容进行合并的项目。合并产生的数据集合成为欧洲专利局新的 XML 服务——开放专利服务（OPS）的核心数据。开放专利服务的详细内容可以参阅网址 http：//www. epo. org/searching/free/ops. html。欧洲专利局提供了 XML 格式的数据库，而不是提供具有自身命令语言的全功能检索系统。每个用户——无论是个人企业还是或商业信息提供商——能够创建自身的界面与命令系统来访问相同的数据，并且根据其客户特定使用形式与结构提供数据，包括配置系统过滤不适合用户的记录或字段。这也意味着今后将有许多不同服务提供访问"开放专利服务数据"，但不是所有服务将显示相同级别的数据内容，这将主要由接口设计所控制。开放专利服务的更多信息可以在 EPIDOS 新闻[3]的一篇文章中找到。围绕开放专利服务数据所开发的检索服务实例是 INCOM IPS 公司的 GetPat@ Web 产品，网址为 http：//www. incom－ips. de/getpat－at－web－index. html。Minesoft 的 PatBase 服务利用了开放专利服务数据，物理下载开放专利服务数据直接导入更大规模的检索工具，而不是简单创建接口。这两种使用开放专利服务数据的形式在未来几年内很可能体现在一系列新产品中。

### Pharm（Questel）

Pharm 文档（原名 Pharmsearch）收录了多国专利文献，但局限于药物这一特定技术领域。文档生产商是法国国家工业产权局。和 PlusPat 一样，Pharm 仅在 Questel 主机系统上可用。Pharm 收录了德国、欧洲专利局、法国（包括关闭的 1961 ~ 1978 年的 BSM 系列）、英国、美国的药物专利与专利申请以及 PCT 国家专利申请的著录项目数据。

原有 Pharmsearch 文档与通用化学结构数据库 MPharm 协同使用。MPharm 文档具有 20 世纪 80 年代中期以来上述国家或地区化学结构的索引记录，Pharm 文档具有对应的著录项目记录。然而，在 20 世纪 90 年代初期，MPharm 文档并入对应的德温特文档 WPIM 形成 MMS（合并的 Markush 服务），本节后续将进一步详细讨论。

应当注意，既然对结构文件进行合并，那么著录项目文档已无须索引到原始 Pharm 文档相同的深度。从创建伊始直至 MMS 合并，Pharm 文档包括增值索引字段，其能够基于治疗应用、萃取、生物或化学处理、制剂、治疗效果与毒性等特性进行主题检索。合并不久之后，这些字段被添加到现行记录与早期记录中，但在 2000 年左右停止。这意味着仅中间一段时间以及部分较早与较新记录可以进行检索（表 9-9 列出了大致内容）。令人遗憾的是，这意味着增值关键词无法用作系统化检索工具。

**表 9-9　Pharm 的收录国家范围**

| 公布机构 | 仅著录项目与摘要 | 完全索引的范围包括补充关键词 |
| --- | --- | --- |
| DE | 1980~1992 年，2000 年至今 | 1992~2000 年 |
| EP | 1978~1985 年，2000 年至今 | 1985~2000 年 |
| FR | 1978~1985 年，2000 年至今 | 1985~2000 年 |
| FR-M | 1961~1978 年 | 1961~1978 年 |
| GB | 1980~1992 年，2000 年至今 | 1992~2000 年 |
| US | 1978~1985 年，2000 年至今 | 1985~2000 年 |
| WO | 1978~1991 年，2000 年至今 | 1991~2000 年 |

Pharm 的主要价值仍然是作为相应结构记录的链接。MMS 文档的专利性检索可以通过子结构创建候选结果列表，候选结果指向相应著录项目记录用于相关性的进一步处理或筛选。

## 其他 Thomson-Reuters 的产品

过去 10 年间，Thomson 公司已经并购了一系列其他专利信息提供商，这些专利信息提供商专门从事快报服务或者累积数据库。部分产品系列的集成过程还未完成，并且这一过程是由产品的前用户及其规模效应所决定的。目前很难获取部分产品系列内容或发展前景的明确信息。

随着 Current Drugs 公司被并购，Thomson 公司收购了该公司的旗舰产品研发药物数据库（IDdb）。IDdb 不仅收录专利信息，也收录公司简介与药物研究报告、技术会议报告、新闻以及期刊文献。在专利方面，内容来自公报的专利速递部分，收录了 WO、欧洲、美国、日本与英国药物领域的专利。IDdb 现已进一步发展成为 Thomson Retuers Pharma，其包括新闻动态信息、临床试验报告以及金融信息在内的其他非专利文献。Current Drugs 公司仍在销售的次要产品是 Agro 专利速递，其提供了农药与生物技术领域的最新通报。

第二家易于混淆的并购企业名称是 Current Patents 公司，其产品是专用于药物产业的最新专利公报。每周最新公布文献的知情评论成为 DOLPHIN（the

Database Of alL PHarmaceutical INventions）增值专利内容的基础。公报的收录范围主要局限于 WO、欧洲、英国与美国，如果一些国家是新发明的首个公布国，也可能被收录。DOLPHIN 本身基于 INPADOC 数据，收录了约 90 个国家并且包括著录项目数据与法律状态信息。

## IMS Patent Focus（IMS Health）

Patent Focus 数据库是位于伦敦的 IMS Health 集团子公司 IMS World Publications 所生产。该数据库驻留在 DataStar、Dialog 与 STN。数据库的结构化方式不同于大部分多国专利数据库，原因在于每条记录专指单一药物化合物，包括化学结构、同义词以及 CAS 登记号。从本质来说，这形成了上市药物目录。每条记录通过专利收录信息进行补充，包括保护药物及其配方与工艺的专利著录项目数据。每条记录还包括专利延长与预期届满日的数据。据传有关 Patent Focus 收录国家范围的信息难以确定；公众宣传声称"全球"收录，轶事证据表明不同国家信息的数量与质量差异极大。

Patent Focus 数据库的格式非常不适合专利性检索，但该数据库是证实有关问题的理想信息源，譬如一家特定药物公司治疗组合的规模与形式，或者评估既定现有产品专利失效并且开放仿制药竞争的时间。

## GENESEQ（DGENE）

GENESEQ 是在专利中所披露的核酸与氨基酸序列的可检索数据库。GENESEQ 是由 Thomson Reuters 集团所提供，利用与 DWPI 文档相同的基本收录范围。GENESEQ 提供运用各种商业算法直接检索序列的途径来协助确定专利性问题。

GENESEQ 可以在 STN International 系统中使用。产业检索人员使用专门软件程序 STN Express 来协助进行检索策略构建与结果浏览。一旦通过结构检索到记录，那么直接浏览相应的德温特专利族数据或者把相应的德温特专利族数据导入关联 WPI 文档中用于进一步检索。

GENESEQ 的收录范围与 WPI 文档（约 50 个国家）相同，并且 GENESEQ 声称超过一半的序列数据不会出现在任何其他公用序列数据库中。

有关基因序列信息源的进一步评论可以参阅第 16 章。

## Chemical Abstracts/Marpat（CAS）

化学文摘服务（CAS）是美国化学学会的一个组成部分，并且自 1907 年起负责出版二次文献《化学文摘》。CAS 现在以电子数据库形式通过对期刊、报告、会议文献、论文以及专利文献进行摘编与索引来提供全世界化学文献的访问。尽管初期期刊是 CAS 的主要收录对象并且也收录部分专利文献，但现在每年超过一半的摘要源自专利文献。

CAS 的收录基于期刊社的编辑决定并且发展独立于 WPI 等其他主要著录项目文档。然而，在 1975~1995 年，INPADOC 提供主要数据源，CAS 则不会收录 INPADOC 文档所未收录的国家。近年来，CAS 已独立决定收录内容，因此收录范围与 INPADOC 的收录范围有所不同。更详细内容可以参阅网站 http：//www. cas. org/expertise/cascontent/caplus/patcoverage/patyear. html 以及早期的印刷版本[4]。

和 Thomson 许多专业产品一样，CAS 文档并没有完整收录每个国家的全部专利文献。根据国际专利分类与/或美国专利分类的一系列组定义选择了化学领域的子集。部分组定义为"核心"，就是说具有列表中分类的全部专利将被摘编与索引；其他组是"非核心"，这意味着如果文献分析人员认为专利有足够的化学内容确保收录，专利将被筛选并且选择收录。

CAS 文档的收录国家范围列表参阅表 9 – 6。除了完全不收录通用发明与机械发明的警示之外，实际收录内容基于所谓的"国家"标准有进一步限制。这种选择政策通常适用于部分东欧国家，规定公布国本国企业或居民的专利才被收录在文档中。这是专利族选择的形式，原因是往往可以排除国外申请人依据《巴黎公约》所提请的大量申请，并且要求索引集中于本地发明人与发明企业的专利。

CAS 著录项目文档存在许多不同电子版本。包括摘要与专利族数据在内的最完整版本装载在 STN International 主机中。最完整版本收录数据可追溯到 1907 年甚至收录 21 世纪初期的文章。最完整版本也提供了增强型分类信息。Dialog 中加载的相应文档收录时间范围仅为 1967 年至今，并且未收录摘要与专利族数据。

许多专利检索人员将通过相应 Registry 文档访问 CAS 著录项目文档，Registry 文档是每条记录所公开的特殊化学结构的数据库，这仅能通过 STN International 主机进行使用。来自任何信息源的任一公开化合物在输入时需通过主数据库的核查。如果化合物在输入之前未知，那么创建结构识别记录并且唯一标识符以 CAS 登记号® 的形式分配给化合物。登记号具有特征格式 NNNNNNN – NN – N，可用作结构数据库指向相应著录项目记录的交叉键。CAS Registry 文档登记了超过 6000 万种单一化合物。基于结构或子结构使用特殊命令语言以连接表形式创建查询式进行这些化合物的检索。查询连接表与数据库连接表的计算机匹配产生了匹配化合物登记号格式的结果集。这些登记号可以链接到公开化合物的原始论文。子结构查询功能结合著录项目文档广泛的收录国家范围使得 STN 中的 CAS Registry 文档成为检索人员进行化学专利性检索的首选信息源。

原有 Registry 文档的缺点是如果相应论文有证据表明事实上已制成或分离出该化合物——证据通常是物理性质数据或光谱记录形式，新化合物仅收录在文档中。这种收录标准的结果就是专利说明书中所讨论的化合物不具有相应的 CAS Registry 记录。这是因为相当比例的化学专利公开部分完全特征化合物以及所谓的"马库什结构"。此名称源自美国专利 VS1506316（1924 年授权）的发明人 Eugene Markush，其利用替代物封闭列表的简单变通表述实现了权利要求 1 关于染料生产替代工艺的通过（"从包含苯胺、苯胺同系物以及苯胺卤素取代物的族中选取"），从而避免使用当时专利局"恨之入骨"的词语"或"。"马库什结构"是基于具有许多可选化学取代物的核心结构的一般性公开，并且能够包含成千上万的离散化合物。仅有很少替代物形式（部分评论家称之为"先导"或"书面"化学）实际上已制备，因此无法满足 Registry 文档的 CAS 收录标准。德国专利申请 DE 10360370 – A1 的马库什结构实例如图 9 – 4 所示。

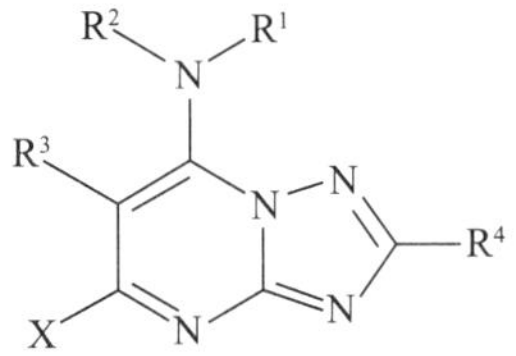

**图 9 - 4　马库什（通用）化学结构的一个实例**

为了解决这些遗漏化合物的问题，20 世纪 80 年代末创建了 Marpat 文档。不得不开发新的检索软件算法以提供所需功能，美国化学协会持有在 Marpat 系统[6]中实施的关于检索通用化学结构的方法专利。Marpat 文档的国家收录范围与主要著录项目文档相同，但是苏联的专利例外（尽管从 2000 年之后开始收录俄罗斯联邦专利）。然而，Marpat 文档收录时间范围限定于 1988 年至今。马库什结构的主要使用领域是有机化学，有机化学是 Marpat 文档的收录领域，但合金、金属氧化物、无机盐、金属互化物以及聚合物等领域则不属于 Marpat 文档的收录领域。

和 CAS Registry 结构检索一样，检索人员使用专用的软件程序来构造检索请求，该程序把绘制的通用结构转换为连接表形式以用于匹配数据库记录。Marpat 检索结果可能需要相当时间进行解释以便理解通用查询式命中的结构位置。然而，轶事证据清楚表明 CAS Registry 与 Marpet 文档在化学专利性检索中各有侧重，原因在于常常会发生两个数据库根据相同查询式所生成的结果集互相完全不同的情况。

自 2009 年起，采取其他步骤扩大介于完整马库什索引与单一识别化合物登记之间化合物的收录。CAS 宣布将开始登记在专利中所公布的化合物，即使不存在合成的具体证据，譬如列表化示例中的其他化合物，或者被引已知化合物以全新方式使用。这项收录策略的进一步详细信息可参阅网址 http：//www. cas. org/expertise/cascontent/prophetics. html。

## MMS（Questel）

MMS 文档的历史与 Marpat 文档的历史并行且运行紧密。两个系统试图满足相同需求——从一般公开且完全未描述化合物的现有技术中检索化学专利。

当 CAS 开发 Marpat 文档作为访问 CAS 著录项目文档方式的同时，德温特与法国国家工业产权局正分别试图使用替代方法访问 WPI 与 Pharm 文档。德温特通用化学文档称为 WPIM（WPI 马库什），法国国家工业产权局的通用化学文档称为 MPharm。WIPM 与 MPharm 自 20 世纪 80 年代末起加载在 Questel 中，两个系统使用 DARC 软件作为查询式构造与检索的基础。最初开发 DARC 用于检索特定化合物的 CAS Registry 文档，并且 Benichou 等人[6] 及其参考文献讨论了包括原始结构在内的原有 DARC 系统扩展检索通用结构。

在数年独立运行之后，德温特与法国国家知识产权局共同合作创建合并了马库什服务（MMS），包括通用化学结构的单一文档，提供指向 Pharm 文档与 WPI 文档的键。既然 WPI 文档包括药物，那么著录项目数据的内容存在部分重叠——一个给定化学结构可以链接到 Pharm 记录。对于该 Pharm 记录也存在相应的 WPI 记录，或者反之亦然。

自德温特文档建立以来，收录范围已向后扩展包括自 1978 年起医药领域 4 个主要专利机构（欧洲专利局、PCT、美国与法国）的化学结构。德国与英国的收录范围现在可追溯到 1980 年。农业化学（部分 C）与通用化学（部分 E）等其他德温特部分的马库什结构已经扩展到 1982 年以来的欧洲专利局、PCT、美国与法国以及 1983 年以来的德国与英国。自 1987 年起，德温特 B 部、C 部与 E 部收录了德温特主要国家的全部数据。

MMS 文档约在 2005 年重新设计在 Unix 平台运行，并且查询式构造首选方法是使用 Questel 提供的 Imagination 软件或者 STN Express 8.1 版本或者更高版本。

MMS 文档的检索通常产生结构数据与著录项目数据的混合结果，其中著录项目数据来自两个著录项目文档中的任一个。和 CAS Registry 系统一样，转换键是单一化合物编号形式，但这次编号不表示一种化合物而是包含许多单一化合物的马库什结构。化合物编号可以跨库进入 Pharm 文档用于检索单一专利著录项目记录，或者跨库进入 WPI 文档用于检索德温特专利族记录。在上述任一情况下，一旦实现跨库检索，有可能使用其他字段在数据库中进一步检索。

### SureChem（Macmillan）

SureChem 是麦克米伦出版部门 Digital Science 的产品。在撰写本书时，SureChem 的内容比其他化学检索系统更为有限，原因在于其仅收录美国、欧洲、WO 的文献以及日本的摘要。然而，完整文本正在被解析用以确定化学名称片段，然后使用化学名称片段产生补充化合物索引。这能够使新专利文献的公布日期与结构检索可用性两者之间迅速转换，也可能因更好地收录依据 CAS 策略未登记的先导化合物或已知化合物而提升检索潜能。SureChem 可以作为门户进行使用或者加载在内部系统。

## ▶ 公用互联网信息源

互联网已经成为专利局与许多商业厂商发布产品的选择媒介。本部分将介绍若干免费的可用网站与门户。应该注意少数服务提供加密或安全访问，并且与大部分互联网检索网站一样很少给予用户主动支持。然而，独有的信息内容使得无法忽略这些网站作为现有商业产品的有益补充。

### 各国专利局网站

本部分不包括全部的专利局网站列表，尤其是因为列表一旦完成也即过时。试图评述最新现状的用户可以参阅许多可用目录网站，如第 8 章所述。

两个主要发展领域是（a）提升检索灵活性，以便用户访问真正的累积信息数据库，而不是有限访问单一公报，以及（b）补充过档数据，超出专利局开始受理电子申请的限制。后者至少涉及成千上万纸质文档的扫描以及经常性OCR 转换，除了极少数主要专利局之外，多数专利局尚未完成这一过程。

例如，AusPat 网站的快速发展是对国家专利局所提供的信息服务范围拓展的有效说明。多年来，澳大利亚著录项目数据集的访问仅可能通过在浏览器窗口内部运行的终端模拟器程序进行，从而在大型主机中提供信息。2008 年，IP Australia 把不同信息（著录项目、法律状态、页面图像）整合成为单一系统称为 AusPat（http：//www.ipaustralia.gov.au/auspat/）。第一个版本提供在 18 个月后公布的待审与授权申请信息，类似于欧洲专利局 Register 的初始版本，可检索 21 个数据字段，包括代码化法律状态事件。澳大利亚知识产权局宣布过档文献收录时间范围扩大到 1904 年并且提供全文检索功能。AusPat 系统也试图包括文档核查工具。第一阶段，迅速把著录项目数据收录时间范围扩展到 1920 年，随后在 2010 年 2 月推出全文文本检索，包含 1904～1976 年以及 1999 年至今的说明书。1977～1998 年在内的全文文本数据收录预计在 2011 年初完成❶，并且收录 2006 年以来申请案的 eDossier 服务也有望在同一时间推出。在短短 3 年时间内，随着全部文档的数字化，可访问的澳大利亚信息也大为增加。

## 专利局门户网站

除了提供单一专利机构公布信息的网站之外，部分专利局已经建立了所谓门户网站或整合数据库能够同时对多国信息进行检索。这些包括以下网站或服务。

## Surf – IP（新加坡知识产权局）

网址为 http：//www.surfip.gov.sg 的 Surf – IP 网站是新加坡知识产权局（IPOS）所建立的门户网站。该网站提供了单一检索窗口查询新加坡、日本、中国、泰国与中国台湾等专利机构的免费检索文档，再加上加载在新加坡的美国专利商标局（全文文本）、PCT（全文文本）、英国与加拿大等系统。对于大部分专利局而言，也可获取商标与外观设计。系统最好使用微软 Internet Explorer 6.0 及以上版本的浏览器，其无法很好地使用其他浏览器。知识产权交易所（IPEXL）作为新加坡顶级的知识产权咨询公司也与新加坡知识产权局密切合作来设计、开发与运营 SurfIP。检索引擎把相关性排序整合为相关标准，并且根据提供结果的远程站点在不同标签下显示结果集。创建注册账户提供其他检索功能的访问，包括创建快报服务的功能。

## Espacenet（欧洲专利局）

1999 年欧洲专利推出多国网络检索服务"esp@cenet®"，迅速成为一个非常流行的检索服务。该网站历经数次重新设计并且在 2011 年发布第 5 版。

---

❶　该书英文版出版时间为 2011 年。——译者注

检索服务名称简化为"Espacenet"，不再有内部@符号，这在随后几年内带来一些混乱。

初始模型包括两层服务器。欧洲专利局成员国的各国专利局承诺提供最少连续2年的本国专利著录项目数据。部分专利局不久就进一步承诺，加载更多文献（包括试验性提供专利全文或者至少提供摘要）。所谓第1级服务器的数据都是相关专利局本国语言，通常仅提供标题以及申请、公布与分类信息。除了各国第1级服务器之外，欧洲专利局与PCT的全套完整数据都是由欧洲专利局所提供的。

系统中最大规模文档是所谓的Worldwide文档，有时称为第2级服务器。该文档提供多国著录项目数据，包括英语标题与摘要。文档结构基于欧洲专利局内部检索文档EPODOC。文档收录国家范围如表9－6所示。任何特定国家早期收录内容仅是著录项目数据，最近几年提供了部分文献可浏览（不可检索）的字符编码文本以及PDF格式的摹真图像。检索结果按照欧洲专利局的定义进行专利族分组，每个专利族中至少有一篇文献是摹真图像。最初页面图像仅能单页显示，但欧洲专利局允许大部分专利的完整文档以单一PDF格式下载（限制50页）。

在第2级服务器中，单一检索的著录项目结果可以链接到INPADOC法律状态或者INPADOC专利族其他成员。检索报告中所引用的专利可以通过链接直接获取。尽管无法进行全文文本检索，但有可能通过欧洲专利分类工具了解技术发展现状。欧洲专利分类工具是一种检索引擎，其被设计用来协助非专业用户从欧洲专利分类中选择合适分类以便在检索中使用。Worldwide文档所加载的大部分文献都具有欧洲专利分类检索字段；日本与俄罗斯/苏联文献例外。

ESPACENET服务可以在许多不同界面下使用，通过合适国家代码替换通用网址（http：//xx.espacenet.com）中的XX实现访问。譬如，网址http：//nl.espacenet.com的访问向检索人员优先提供荷兰语界面以供使用。但这不会提供数据的任何形式的译文，必须按照数据原始语言进行检索——不同地址所产生的唯一变化就是界面语言，包括检索掩码。Worldwide文档可以通过网址http：//worldwide.espacenet.com/直接访问。

最近几个月，加载更详细的帮助文件能够提供有关第1级服务器内容的更多信息。譬如，英国服务器现在可以提供1977年专利法所规定的完整GB－A文献（1979年首次公布）以及自2002年6月起的少量GB－B图像。有关第2级服务器内容的完整表格文件已准备就绪，网址为http：//www.epo.org/searching/free/espacenet.html，现已可用，可以联系ESPACENET系统的设计人员。

## 欧洲专利局全球专利索引

当原本开发用于小规模光盘数据库的 MIMOSA 软件现已优化到能够处理更大规模文件时，推动了欧洲专利局专利信息服务的进一步发展。作为 ES-PACENET 中 Worldwide 数据库基础的数据集合，连同 ESPACE – ACCESS、ESPACE – EPC 以及 ESPACE – FIRST 等现已停刊光盘的数据内容，已经作为全球专利索引（GPI）使用，全球专利索引把 MIMOSA 更多的灵活性与强大性和多国数据集相结合。并行的浏览器工具可用于访问全球专利索引而无须其他软件。进一步的信息可以在网站（http：//www. epo. org/searching/subscription/gpi. html）上找到。不同于 ESPACENET，这些"专家"级服务要求预注册创建账户并且缴纳年费方可访问大部分数据库。

## DEPATISnet（德国专利商标局）

DEPATISnet 是一个多国门户网站，通过德国专利商标局提供许多国家的检索访问。DEPATISnet 的使用网址为 http：//depatisnet. dpma. de，其具有德语或者英语的检索界面。和欧洲专利局的全球专利索引一样，DEPATISnet 提供安全访问选项以及基于德国专利商标局内部所使用的 IKOFAX 系统的更为复杂的命令语言。可用数据保留本国语言，除了基于日本专利摘要文档的日本数据是英文译本之外。和 ESPACENET 一样，大部分文献都是 PDF 格式，但是 DEPATISnet 提供不同分辨率最高可达 300dpi，可用于屏幕浏览或打印。

DEPATISnet 系统数据内容始终在扩展，表 9 – 10 提供了 DEPATISnet 主要收录国家/地区范围的概述。DocDB 的基本著录项目信息已用来优化 DEPATIS-net 系统，DocDB 可以从更多国家/地区引入等同文献用于专利族检索。对于自 1987 年起的德国文献而言，可以通过标题、摘要与分类等常用字段进行检索，也可以进行全文文本检索。类似于 Espacenet 的欧洲专利分类可用性的增值特性是提供两个 IPC 分类字段——一个分类字段反映相关专利机构所公布的 IPC，而另一个分类字段（所谓的"检索文档 IPC"，使用增强 IPC 系统 DEK-LA）是德国审查员收到文献时所给予的分类并且有可能不同于原始分类。

表 9 – 10　DEPATISnet 的主要收录国家/地区

| 国家/地区代码 | 国家/地区名称 | 最早收录年份 |
|:---:|:---:|:---:|
| AT | 奥地利 | 1920 |
| CH | 瑞士 | 1888 |
| DD | 德意志民主共和国 | 1946 |

续表

| 国家/地区代码 | 国家/地区名称 | 最早收录年份 |
|---|---|---|
| DE | 德国 | 1877 |
| EP | 欧洲专利局 | 1978 |
| FR | 法国 | 1920 |
| GB | 英国 | 1920 |
| JP | 日本 | 1976 |
| KR | 韩国 | 1970 |
| US | 美国 | 1790 |
| WO | 世界知识产权组织 | 1978 |

## PatentScope 世界知识产权组织

PatentScope 系统最初设计作为用于扫描 PCT 公报优化工具，从而获取新的 WO 公布文献。PCT 国家阶段更多的数据连同国家阶段数据已被逐步加入 PatentScope。有关 PCT 法律状态内容的更多信息可参阅第 14 章。同时，世界知识产权组织已开始与不发达国家专利局合作实施数字化处理项目。通常涉及各国文献的扫描图像，并且近年来开始提供全文检索功能。PatentScope 的检索引擎现在能够进行表 9 - 11 所列国家/地区专利文献的同步检索。PatentScope 独特之处在于提供跨语言信息扩展（CLE）工具，该工具把单一源语言的关键词转换为除阿拉伯语之外全部 PCT 公布文献的检索策略，然后跨可用数据源进行检索获取检索结果。另外，内置文献翻译工具能够提供首选语言的全文文本，这有助于相关性浏览。

表 9 - 11　PatentScope 的收录国家/地区范围（不包括 PCT）

| 国家/地区代码 | 国家/地区名称 | 最早收录年份 |
|---|---|---|
| AP | 非洲地区工业产权组织 | 1985 |
| AR | 阿根廷 | 1965 |
| BR | 巴西 | 1972 |
| CL | 智利 | 2005 |
| CO | 哥伦比亚 | 1995 |
| CR | 哥斯达黎加 | 1991 |
| CU | 古巴 | 1968 |
| DO | 多米尼加 | 2001 |
| EC | 厄瓜多尔 | 1990 |

| 国家/地区代码 | 国家/地区名称 | 最早收录年份 |
|:---:|:---:|:---:|
| EP | 欧洲专利局 | 1978 |
| ES | 西班牙 | 1930 |
| GT | 危地马拉 | 1961 |
| HN | 洪都拉斯 | 2005 |
| IL | 以色列 | 1900 |
| KR | 韩国 | 1973 |
| MA | 摩洛哥 | 1977 |
| MX | 墨西哥 | 1991 |
| NI | 尼加拉瓜 | 2003 |
| PA | 巴拿马 | 1990 |
| PR | 秘鲁 | 1989 |
| SG | 新加坡 | 1995 |
| SV | 萨尔瓦多 | 1970 |
| UY | 乌拉圭 | 1990 |
| VN | 越南 | 1997 |
| ZA | 南非 | 1984 |

## ▶ 受控访问的互联网

专利领域大部分熟悉的互联网网站都是免费的。然而，随着网络技术的发展，许多专业数据库厂商已经着手重新在浏览器中整合数据，从而为初级用户提供更为熟悉的界面。既然所提供的数据是商业化的产物，那么这类系统仅能基于密码或账户访问。定价模型迥然不同，包括从日购密码到全年不限访问的固定费用或者现收现付。本节将不考虑传统主机系统的商用网络版形式（网络版的 DialogWeb 或 STN），原因在于其数据内容与本书他处所述内容并无差异。

### 基于密码或账户的系统

### TotalPatent （Lexis – Nexis Univentio）

位于荷兰的 Univentio 自 20 世纪 50 年代起作为快报服务与全文传递提供

商，并且近年作为许可 STN 等其他数据库提供商的全文文本数据库提供商已闻名遐迩。2004 年，该公司通过开发直接发送自身内容的检索系统来开拓全新的发展方向。该检索系统作为 Patent Warehouse 推出。不久之后，Lexis - Nexis 集团接管了 Univentio 并且产品被重新命名为 TotalPatent。TotalPatent 当前访问网址是 http：//www. lexisnexis. com/totalpatent。

TotalPatent 产品独特之处在于提供大部分的全文文本文档。这些文档是由 Univentio 自有的先进 OCR 技术所生产，并且同时产生许多文档的对应英语机器翻译译文。TotalPatent 界面允许检索人员指定其使用的文档并且同步检索指定文档。表 9 - 6 给出所有国家/地区的收录范围，但撰写本书时可用的全文文本内容如表 9 - 12 所示。

表 9 - 12　TotalPatent 全文文本的收录国家/地区

| 国家/地区/种类代码 | 国家/地区名称 | 可用全文文本（起始年份） |
| --- | --- | --- |
| AT - B | 奥地利 | 1899 |
| AU - B | 澳大利亚 | 1928 |
| BE - A | 比利时 | 1921 |
| BR - A | 巴西 | 1983 |
| CA - A/C | 加拿大 | 1920 |
| CH - A | 瑞士 | 1888 |
| CN - A/U | 中国 | 1985 |
| DD - A | 德意志民主共和国 | 1953 |
| DE - A | 联邦德国 | 1980 |
| DE - C/B | 德国 | 1899 |
| DE - U | 联邦德国 | 1980 |
| DK - B | 丹麦 | 1895 |
| EP - A | 欧洲专利局 | 1978 |
| EP - B | 欧洲专利局 | 1980 |
| ES - A | 西班牙 | 1827 |
| FR - A | 法国 | 1902 |
| FR - B | 法国 | 1980 |
| GB - A | 英国 | 1855 |
| GB - B | 英国 | 1980 |
| IE - A | 爱尔兰 | 1930 |
| IN - B | 印度 | 1975 |
| IT - A | 意大利 | 1927 |

| 国家/地区/种类代码 | 国家/地区名称 | 可用全文文本（起始年份） |
|---|---|---|
| JP – A | 日本 | 1945 |
| LU – A | 卢森堡 | 1945 |
| MC – A | 摩纳哥 | 1957 |
| MX – A | 墨西哥 | 1982 |
| NL – A | 荷兰 | 1856 |
| NL – C | 荷兰 | 1980 |
| NO – A | 挪威 | 1980 |
| NO – B | 挪威 | 1980 |
| PT – A | 葡萄牙 | 1981 |
| RU – C | 俄罗斯联邦 | 1993 |
| SE – B | 瑞典 | 1891 |
| SU – A | 苏联 | 1919 |
| US – A/B | 美国 | 1836 |
| US – A | 美国 | 2001 |
| WO – A | 世界知识产权组织 | 1978 |

除了全文文本文档之外，TotalPatent 产品已经收录更多仅有著录项目数据的国家/地区以及 INPADOC 法律状态信息。通过多种格式提供文献传递服务。在撰写本书时，正开发的检索引擎以引入语义检索元素并且扩大加载国家/地区的数据范围。

## PatBase （Minesoft/RWS）

网址为 http：//www. patbase. com 的 PatBase 产品是由位于伦敦的信息服务提供商 Minesoft 有限公司与英国最大专利信息中介与翻译机构之一 RWS 有限公司两家合作在 2003 年正式推出的。

产品充分利用了公共领域的信息资源，但通过私有数据进行了不断补充。主要的著录项目数据源是欧洲专利局的开放专利服务服务器，通过各国专利局公布服务器的其他数据进行补充。累积数据下载到 Minesoft 服务器并且实质上基于 INPADOC 算法，但需进一步修正来重构专利族。可以从 PatBase 服务器获取结果数据库，并且收录了约 95 个专利机构。PatBase 的后续版本通过增加超过 1600 万拉丁语专利全文文本以及 800 万日本、中国、韩国、俄罗斯与泰国等国非拉丁语专利全文文本扩展内容范围。收录全文文本的国家和地区包括美国、欧洲专利局、PCT 与英国。全文文本已集成到现有专利族，表 9 – 6 列出了其全文文本内容。PatBase 系统还具有内置链接用于选择合适的外部提供商。譬如，法律状态的请求可以通过开放专利服务服务器、epoline Register 或者相应国家登记簿实现，而无须用户申请单独账户。通过链接到 Espacenet 等现有资源提供摹真文献的显示。图像页面能被重新格式化为专用"嵌入图"以便在单一屏幕上显示全部图像页面。文档中可用的不同分类体系的定义可以从世界知识产权组织分类列表或日本特许厅 F-term 索引等服务中获取。

PatBase 系统是基于传统浏览器并且提供许多浏览辅助工具，包括上下文关键词功能与命中术语多色高亮显示。这可以通过文档地图的形式进行展现，从而表明检索术语命中次数。

## Delphion（Thomson – Reuters）

网址为 http：//www.delphion.com 的 Delphion 服务起步于 1997 年 IBM 的分支机构知识产权网。2000 年分拆为独立公司，此时大部分内容已超出原有的免费美国专利服务并且开始提供商业术语。2001 年 Delphion 成为基于浏览器平台提供 WPI 文档服务的最早服务商之一（Thomson 集团外）。进一步推出付费服务，包括访问用于浏览检索结果的分析工具。

2002 年底，Thomson 公司并购 Delphion。2003 年，进一步全文文本集合被增加到 Delphion 服务中，并且引入与 Westlaw 服务的协同机制。自从基于浏览器的 Thomson Pharma 与 Thomson Innovation 等 Thomson 更新产品启用以来，Delphion 的内容就被并入这两项新产品中。尽管单独的 Dephion 仍在运行，但最终可能关闭。Delphion 的收录内容如表 9-13 所示。

表 9-13　Delphion 的文档内容

| 文档 | 内容 | 可用全文文本 | 著录项目数据 |
| --- | --- | --- | --- |
| 美国专利 – 申请 | US – A，2001 年至今 | 2001 年至今 | 2001 年至今 |
| 美国专利 – 授权 | US – A/B，1790 年至今（＊） | 1971 年至今 | 1971 年至今 |
| DWPI | WPI 的收录范围 | 无 | 1963 年至今 |
| 欧洲专利 – 申请 | EP – A | 1987 年至今 | 1979 年至今 |
| 欧洲专利 – 授权 | EP – B | 1991 年至今 | 1980 年至今 |
| 德国专利 – 申请 | DE – A | 1987 年至今 | 1968 年至今 |
| 德国专利 – 授权 | DE – C/B<br>DE – U | 1987 年至今<br>1987 年至今 | 1968 年至今<br>1968 年至今 |

| 文档 | 内容 | 可用全文文本 | 著录项目数据 |
|---|---|---|---|
| INPADOC | INPADOC 的收录国家 | 无 | 各种各样——通常 20 世纪 70 年代初；包括法律状态 |
| 日本专利摘要 | JP－A | 无 | 1976 年至今 |
| 瑞士 | CH－A | 1990 年至今（#） | 1969 年至今（##） |
| PCT 国际申请 | WO－A | 1978 年至今 | 1978 年至今 |

（＊）仅 1790～1971 年的图像——无可检索文本

（#）仅图像——无可检索文本

（##）通过 INPADOC 数据

　　Thomson 公司并购后，重点也是放在了 Delphion 的分析与可视化工具，包括引用链接与基于 Excel 的 PatentLab II，而不是主题内容。根据 CHI Research（现为 ipIQ 的一部分）的许可已把辅助组合检索的"企业树"数据加载到 Delphion。

## WIPS Global

　　网址为 http：//www.wipsglobal.com 的 WIPS Global 工具是由韩国（http：//www.wips.co.kr）开发的产品的英语版本。该工具集成 GlobalPat 光盘、日本专利文摘、KPA、Chinapats、INPADOC 以及美国数据在内的许多现有产品并且重新格式化为网络格式（见表 9－14）。部分日本数据提供全文文本，但大部分日本数据包括基本著录项目数据和英语摘要。在许多文档中的申请人名称数据已被标准化以便推动跨库检索。

　　一个具体区别是 WIPS 服务把韩国数据（KR－A 与 KR－B 公布）纳入 INPADOC 核心专利族要比 INPADOC 文档本身更快，从而产生了增强型专利族信息。这对于授权阶段尤为有用，原因是韩国异议期较短。

**表 9－14　WIPS 服务的收录国家/地区**

| 国家/地区/种类代码 | 国家/地区名称 | 内容 | 最早收录年份 |
|---|---|---|---|
| US－A | 美国 | 摘要、权利要求书 | 2001 年至今 |
| US－A/B | 美国 | 摘要、权利要求书 | 1976 年至今 |
| EP－A | EPO | 摘要、权利要求书 | 1978 年至今 |
| EP－B | EPO | 权利要求书 | 1980 年至今 |
| WO－A | PCT | 摘要 | 1978 年至今 |
| CH－A | 瑞士 | 摘要 | 1974～2003 年 |

续表

| 国家/地区/种类代码 | 国家/地区名称 | 内容 | 最早收录年份 |
| --- | --- | --- | --- |
| DE – A | 德国 | 摘要 | 1966～2003 年 |
| FR – A | 法国 | 摘要 | 1970～2003 年 |
| GB – A | 英国 | 摘要 | 1971～2003 年 |
| JP – A | 日本 | 摘要 | 1976～1988 年 |
| JP – A | 日本 | 全文图像 | 1989 年至今 |
| JP – A | 日本 | 全文文本（日语） | 1983 年至今 |
| JP – B，JP – U | 日本 | 全文文本（日语） | 1996 年至今 |
| KR – A | 韩国 | 摘要（英语） | 2000 – 2003 年 |
| KR – B | 韩国 | 摘要（英语） | 1979 – 2003 年 |
| KR – A，KR – U | 韩国 | 摘要、权利要求书（韩语） | 1983 年至今 |
| KR – B，KR – Y | 韩国 | 摘要、权利要求书（韩语） | 1979 年至今 |
| KR – A | 韩国 | 专利族数据 | 1983 年至今 |
| KR – B | 韩国 | 专利族数据 | 1979 年至今 |
| KR – U | 韩国 | 专利族数据 | 1983 年至今 |
| KR – Y | 韩国 | 专利族数据 | 1979 年至今 |
| CN – A | 中国 | 摘要（英语） | 1985～2001 年 |
| INPADOC | 多国 | 部分摘要 | 1968 年至今 |

　　韩语数据译为英语数据需要考虑的因素之一是传递的及时性，这与产业期望相比而言相当缓慢。

　　WIPS 机构围绕数据集开发了一系列可视化与链接工具，投向市场称为 PM Manager。既然 WIPS 系统所加载文档的全部字段都已经标准化，那么合并不同信息源的信息时无须再进行大规模清洗就能产生有意义的分析结果。

## MicroPatent 专利索引（MPI）（MicroPatent）

　　顾名思义，MicroPatent 公司在 20 世纪七八十年代作为文献（尤其美国文献）的缩微胶片与光盘拷贝提供商闻名遐迩。随后 MicroPatent 公司迅速调整产品以适应互联网，1996 年创建了两个不同的检索工具，一个工具仅用于著录项目信息，另一个工具专用于全文文本。网站网址为 http：//www. micropat. com，用作专利文献传递服务并且仍然提供专利复制与文件历史记录服务。

　　1997 年原 MicroPatent 公司被 Information Holdings 公司（IHI）并购，开始在互联网上寻求专利信息与其他知识产权信息的专业地位。当 Aurigin 公司的分析与可视化工具投入市场时，MicroPatent 公司在 2002 年将其并购，开始与 Delphion 的检索分析服务直接竞争。然而，2004 年底，Thomson（自 2002 年起 Delphion 的所有者）并购了 IHI。在此次并购不久之前，MicroPatent 已成功扩展服务，开发多国专利数据库（MPI）并且加载 INPADOC 数据和创建基于网络的命令行专业检索系统。MPI – INPADOC + 系统现在用于推动"首页"检索，并且 PatSearch 全文文本解决方案用于全文文本检索。

全文文本加载信息的最新特征是集成 EP – WO 文档。这有助于解决在欧洲专利局生成文档中大量缺失全文文本所导致的问题，表明 PCT 申请转换进入欧洲地区阶段不会再进行相应的再公布（Euro – PCT 的转换申请）。

MPI 文档的收录国家如表 9 – 6 所示；可用全文文本如表 9 – 15 所示。

表 9 – 15　**MicroPatent 可用全文文本**

| 文档 | 内容 | 可用全文文本 |
| --- | --- | --- |
| 欧洲专利 – 申请 | EP – A | 1978 年至今 |
| 欧洲专利 – 授权 | EP – B | 1980 年至今 |
| 法国 – 申请 | FR – A | 1971 年至今 |
| 德国专利 – 申请 | DE – A | 1989 年至今 |
| 德国专利 – 授权 | DE – C/B | 1989 年至今 |
| 德国实用新型 – 授权 | DE – U | 1989 年至今 |
| 日本 – 日本专利摘要 | JP – A | 仅有摘要 |
| 英国 | GB – A | 1916 年至今 |
| 美国专利 – 申请 | US – A | 2001 年至今 |
| 美国专利 – 授权 | US – A/B | 1836 年至今 |

## QPAT 与 Orbit. com（Questel）

QPAT 平台是能够进行安全访问的网络账户，其可以在浏览器环境中访问一系列 Questel 专利数据库。大部分内容与加载在基于命令语言的 Questel 原有系统的文档相同，这已在本书前文章节中有所描述。Delphion、MicroPatent 与 QPAT 三者之间的比较是 2004 年在国际化学信息会议上所做的展示[7]。QPAT 系统的基本内容实质上与 Delphion 相同，但 QPAT 无法使用的 WPI 除外。最近相应文档是前文所述的 PlusPat/FamPat 多国文档集合。对应 Delphion 的 Patent-Lab II 的可视化工具是 Anacubis 公司，然而，该公司在 2005 年破产倒闭。

在结合新检索技术重新设计一个完整系统后，ORBIT 旧名称被重新命名为新一代 Orbit. com——一个全新的知识产权门户，该门户还集成了可检索的外观设计文档、法律状态链接以及美国诉讼信息。

## Global Discover（CPA Global）

CPA Global 数十年来作为一家帮助客户管理知识产权组合的机构已闻名遐迩，尤其是续展费用的管理。近年来 CPA Global 已经建立检索部门，并且 2007 年至今通过与下属公司的协作已经成功开发全新的专利全文文本检索工具——Discover 产品。Discover 产品将利用集成语义分析与排序的微软 FAST 检索引擎技术。自 2010 年 10 月试运行以来，Discover 产品目前仅面向 CPA Global 的企业以及律师事务所的客户，但预计在适当时候推出通用版本。主题内容很大程度上依托 INPADOC 著录项目文档、各国专利局可用的全文文本以及经许可的部分补充资源。在撰写本书时，从检索结果来看，著录项目内容似乎与 PatBase 非常相似，但全文文本至少在第一次公布版本中不可能达到 TotalPatent 的收录范围。

## 加密系统

如本书他处所述，大部分基于互联网浏览器的检索工具通过公共网络提供信息，并且通过加密或安全连接的方式保障安全。DE – PATISnet 等部分检索工具至少使用安全套接层（SSL）提供可选的访问方法，但是免费系统例外。通常一旦用户开始支付访问费用，那么数据提供商会提升系统的安全加密功能。

专利检索人员需要考虑两个方面的数据安全：

- 检索人员与服务器的通信——换言之，第三方是否可以读取检索策略，随后第三方可能推断出研究方向？或者

- 服务器与检索人员的通信——换言之，是否试图访问的信息被其他无权访问用户所读取？

考虑到各国专利局无纸化办公的发展，第二个方面尤为重要。如果申请流程确实运转，那么重要的是发明人指定代表（如专利代理人或律师）能够在申请向公众公开之前监测申请的处理阶段。如果第三方可以获准访问在先文献，则可能严重妨碍审查过程。

在撰写本书时可用的主要加密系统是三局（欧洲专利局、美国专利商标局以及日本特许厅）以及 PCT 所用的加密系统。这些专利局都提供电子递交专利申请以及监测申请各个阶段直至授权处理的途径。第 14 章在访问法律状态信息的前提下讨论欧洲专利局的 Register 系统以及美国专利商标局的 PAIR 系统。现有公用系统与私用系统两种形式。公用系统允许任意第三方以电子方

式访问迄今为止提供的纸质文档，如早期未经审查公布的文献与文档案卷内容。这些记录不加密并且仅在未经审查申请公布后才提供（或就美国旧专利法文献而言，是在授权后）。这两个系统的私用版本把信息可用性扩展至首次提交，使得受限用户群能够在纯电子环境中提交正式表格与文件、支付费用以及答复专利局信函。对于专利代理人而言，优势在于更少的延迟与不确定性。专利代理人可以立即核查是否已收取费用，或者信件是否在专利局所要求的最后答复期限内送达。

部分主要专利机构正朝着完全电子申请系统发展。欧洲专利局已经在 epoline 系统下处理专利申请。欧洲专利局开发了一套网上申请软件，其最初允许申请人电子提交欧洲专利申请。给用户分发智能卡读取器与具有 PIN 码的智能卡来控制系统访问。

2002 年，世界知识产权组织修改 PCT 行政规程建立 PCT 申请的电子申请与处理的法律框架与技术标准。随后，欧洲专利局扩展 epoline 服务使得愿意选择欧洲专利局作为受理局的欧洲申请人能够进行 PCT 电子申请。相应 PCT 软件，即 PCT – SAFE（安全电子申请）在 2004 年 2 月面向全部用户推出。既定技术标准确保欧洲专利局与 PCT 申请软件相互兼容。目前用户可以通过三种途径提交 PCT 申请：

1. PCT – EASY 申请（纸质说明书再加上包含官方表格与摘要的磁盘）使用 PCT – SAFE 软件编写，但通过传统传真与邮寄方式提交；

2. 完全纸申请，通过传真与邮寄方式送达；

3. 完全电子 PCT – SAFE 申请，使用 PCT – SAFE 软件编写并且通过安全在线传输或使用 CD – R 等物理介质提交。

欧洲专利局已经成为推动完全电子申请的主要参与者并且发布了一系列用户工具，包括 PatXML 软件。该软件允许用户使用标准文字处理器创建 XML 格式欧洲与 PCT 专利申请，使得电子文件易与 epoline 提交文献集成，并且也加快后续官方公布阶段文献准备过程。

## ▶ 参考文献

1. Online patent searching: the realities. S. Kaback, Online 7（4），（1983），22 – 31.

2. Patents E. S. Simmons. Chapter 3, pp. 23 – 140 in Manual of Online Search Strategies, volume II: Business, Law, News and Patents.（eds.）C. J. Armstrong; A. Large. Alder – shot: Gower Press, 2001. ISBN 0 – 566 – 08304 – 3.

3. Open Patent Services or how raw data can be served pre – cooked. EPIDOS News No. 3/

2003. pp. 1 − 2.

4. Patent information from CAS: coverage and content. Columbus: ACS, 1996.

5. Storage and retrieval of generic chemical structure representations. W. Fisanick/American Chemical Society, US 4642762, granted Feb 10, 1987. US application number 06/614219, filed May 25, 1984.

6. Handling genericity in chemical structures using the Markush DARC software. P. Benichou, C. Klimczak; P. Borne. J. Chem. Inf. Comput. Sci 37 (1), (1997), 43 − 53.

7. Internet patent information in the 21st century: a comparison of Delphion, Micropatent, and QPAT. N. Lambert in Proc. International Chemical Information Conference & Exhibition, Annecy, France, 17 − 20 October, 2004.

# 第 *10* 章
# 专利检索人员的非专利文献

## ▶ 非专利文献使用的法律背景

初看之下，关于"专利信息资源"的著作包含非专利文献相关章节似乎可能不太合适。然而，我们需要在"专利检索人员可能需要使用的信息资源"与"专利的信息内容"两者之间进行区分。本书的目的在于主要描述各类数据库及其他资源，这些信息资源的内容完全或主要围绕专利文献。专利数据库在内容深度、年份范围以及可用检索工具等方面彼此之间大相径庭（并且不同于其他科学与技术数据库），这些内容可以独立成书。该系列的其他著作专门介绍"……方面的信息资源"，并且类似地力求描述某一技术领域内或特定主题范围内的文献[1]。这些领域的专家检索人员可以在这类集中综述中找到所需的全部内容。

相比较而言，进行过一段时间专利检索的任何人员将会很快被提醒现有技术相关的"新颖性"定义体现在构成检索人员工作背景的各类法律文本中，并且该定义与公开的物理形式无关。譬如，EPC 现行文本摘录如下（第 54（2）条）：

"现有技术应认为包括在欧洲专利申请日前，依书面或口头叙述的方式，依使用或任何其他方法使公众能获得的东西。"

这意味着，事实上着手进行专利性检索需要在专利专家数据库之外扩展的技能，并且包括许多不同类型的文献，这些文献具有不同程度的书目控制、一致性、归档质量、标引以及可访问性。出于方便的考虑，落入上述定义但不纳入专利文献（未经审查的申请或授权专利）的任何公开文献在此处称为"非专利文献"（NPL）。当考虑自由实施检索时（参阅第 12 章），非专利文献并不相关，而是非常明确地包含在专利性、异议或有效性问题中。事实上，近年来的证据表明，专利局自身在检索破坏新颖性的公开文献时正开始更加关注非专利文献。对于根深蒂固的业内共识与部分系统性研究而言，这并不令人奇怪，二者共同表明，相当一部分专利的技术公开不在期刊中重复出现，反之亦然（譬如参阅参考文献[2~4]）。某些领域也已经表达对专利局审查员查找非专利文献能力的关注[5]。

非专利文献应当组成全面型专利性检索的一部分，这一点多年来已经达成共识。在1978年签署PCT时，其包括最低限度必需文献集的声明。这被视为进行全球检索的适当基础。现行文本[6]摘录如下：

第15（4）条所述的文献（"最低限度文献"）应包括：

（i）下面（c）段指定的"国家专利文献"，

（ii）公布的PCT国际申请、公布的地区专利申请和发明人证书申请，以及公布的地区专利和发明人证书，

（iii）公布的其他非专利文献，这些非专利文献应经各国际检索单位同意，并由国际局在首次同意时以及在任何时候变化时以清单公布。【我的重点】

最初第（iii）点的这一要求促使世界知识产权组织编撰所谓的专利相关文献期刊（JOPAL），起初是纸质形式随后作为电子数据库使用。在非专利文献期刊的议定清单中的单篇论文著录项目详情（如实施细则第34.1（b）条所定义）是由合作专利局进行筛选，分类后并添加到数据库中，从而构建比通过检索现有商业数据库所获取的信息更为集中的信息集合。该信息集合不具有摘要或全文文本。截至2000年，许多参与局不再拥有足够的资源来承担实际上全新非专利文献数据库的创建，该数据库再建他处可用信息的子集。2002年欧洲专利局已经开始把自身非专利文献数据库与免费Espacenet服务整合，以提供访问非专利文献的更多选择途径。甚至到2000年，世界知识产权组织调查表明，仅有一半推动JOPAL发展的专利局自身使用此资源，其他专利局宁愿使用现有非专利文献数据库或者对实施非专利文献检索完全不作要求[7]。自2008年3月起JOPAL项目停止[8]。尽管如此，核准非专利文献清单的最新版本可以在世界知识产权组织网站[9]找到并且现今包含248种非专利文献资源。许多最新的增补内容是重要的亚洲语言期刊以及大量传统知识文档，包括部分纯互联网资源。

在第9章中提到美国化学学会的化学文摘文档，这是极少数商业信息资源之一，其试图把相当一部分专利文献再加上补充的非专利记录整合到相同索引

与数据库结构中。相比之下，大多数非专利文献资源属于两类之一，这两类分别是：

（a）专属特定主题领域并包含很少或只包含很少一部分的专利文献，或

（b）从公用资源（譬如大学文档存储库）收录的资料，或具有规定的物理形式（譬如学位论文、会议论文、图书）但跨所有主题领域的资料。

第一类示例是工程与物理文献的 INSPEC 数据库，而第二类是美国政府报告的国家技术信息服务数据库，包含医药、农业、国防、环境保护、工程等联邦研究。对于（a）类型资源而言，参阅 Adams[10]。

近年来，由于互联网与其他非正式公开文献等"新兴"信息资源已经显著增长，情形变得更为复杂。这类文献非常难以记录、归档或传播，但在法律上作为现有技术的一部分与现有文献具有相同地位。相反，部分信息（譬如传统知识）起源可能非常古老但在起源地之外难以理解。专业检索人员与律师都已经表达对在专利审查或异议情形下获取与引证这类信息实际能力的关注（譬如参阅参考文献[11~13]）。相同的评论同样可见于软件与商业方法等新兴的主题领域。这些领域的发明仅在近期已具有普遍可专利性，这意味着不但缺乏关于技术发展归档有序的文献，而且专利审查员也相对不熟悉如何查找。专利文献用户也可能熟悉部分著名的案例，在这些案例中相关现有技术是在各种特殊资源中进行查找，包括漫画与小说[14,15]。

由于多样性的结果，电子企业所招聘的专利检索人员将需要熟悉一组非专利文献资源，而化工企业的同行则需要知道并使用完全不同的一系列工具。对于全部主题领域而言，把非专利文献资源的全面调查记录在案超出了本书或任何书的范畴。这样一个调查实际上将必定是自人类历史起源以来科学技术知识的全球目录，记录整个互联网的内容将仅仅是一小部分。然而，现在建立很好的起点，可以改善陌生领域的检索技能。在讨论"常规"非专利文献的部分特征之前，下述两个部分将评述两种截然不同的资源。在这两种资源中，书目管理朝着全新方向开始发展：即开放可访问期刊与互联网公开。

## ▶ 开放可访问期刊

开放可访问期刊领域与公共互联网的可用性同步快速发展，在某种程度上，若非电子信息传播的广泛使用，开放可访问期刊领域绝不会有此发展。建议读者查阅 Oppenheim 关于该领域背景历史的综述[16]。Oppenheim 提及大量项目计划，部分来自商业出版商（譬如 Springer's OpenChoice、the Taylor & Francis iOpenAccess 以及 Blackwell's Online Open），部分来自非营利学术团体、公

益信托或公共团体（譬如美国的科学公共图书馆、英国的威康信托基金会研究委员会）。有效的区分就是所谓的金色开放存取与绿色开放存取。

在金色开放存取的情况下，由作者或其提交机构承担出版成本而不是传统模式下的期刊订阅者。文献格式可能与现有商业期刊非常相似，具有适当的书目控制水平（譬如包括 ISSN 标识符与完整归档）。金色型模式一般提供电子或纸质开放可访问期刊或者所谓的混合期刊，其主要是基于订阅的期刊，但作者可以选择为自身的论文支付费用来开放获取。该领域已经大幅增长，学术与专业出版者协会（ALPSP）的调查表明，在 2005～2008 年有接近 4 倍的增长，从只有不足 200 种期刊到接近 800 种。标识开放存取期刊的一个优秀参考资源是基于 web 的开放存取期刊目录（DOAJ）（http：//www. doaj. org）。对于一定比例的期刊而言，DOAJ 还提供论文层面的检索引擎操作，但其主要功能是作为分类清单用于浏览查找特定技术领域的开放存取期刊。

相比之下，绿色模式（也被称为"自存档"）是更为松散的方式，在确定如何在专利性检索中包含资料会具有相应的困难。一般而言，作者把经过同行评议的手稿论文存放在机构典藏库（譬如大学拥有的开放档案）而不是通过现有期刊资源出版。文献格式可能差异极大，从简单摘要到完整文本，并且可以涉及正式文章、学位论文、会议论文等。有时在时滞期之后，内容设计为免费使用。绿色开放存取通常由学术机构、公立政府机构与部分私有研究机构提供。至少有两个现有目录，一个是开放可访问知识库目录（OpenDOAR）（http：//www. opendoar. org），另一个是开放可访问知识库注册（ROAR）（http：//roar. eprints. org）。不同于 DOAJ，这些服务主要设计用来帮助用户定位知识库，而不是检索其内容。ROAR 的其他有用特性是提供统计表明有放文献等级与累积数目的统计；糟糕的是，许多自存档计划可能始于无法持续的一时热忱，因此这有助于时间有限的检索人员避免无效服务。尽管如此，但却有充分理由（譬如唯一的主题集合）来追踪难以更新的资源，希望查找高度相关现有技术。

## ▶ 互联网公开

随着互联网可用性的提升，互联网内容不可避免地成为现有技术常规背景的一部分。这不同于使用互联网作为现有类别文献的传播媒介，包括全部各国专利局网站。阻碍有效使用互联网作为常规检索工具的最复杂问题之一是确定关于网页、博客与维基条目、讨论列表贴等公开内容的确切日期。Archonto-poulos[17] 的论文提及截至 2004 年欧洲专利局的政策观点，同时 van Staveren[18]

以及 van Wenzenbeek 与 Müller[19,20]已经概述了日期的争论，并且比较不同司法管辖区域的观点。基本上，问题源于既不存在用来确定特定内容实际上已在特定日期首次公开的机制，也不能在公开日期与检索日期之间向公众提供持续可用的资料。

在公共互联网的发展早期，同样关注互联网的安全。特别是，检索主题的相关信息是否能够安全传输，或者是否能以日志文件或类似记录的形式存储在服务器端，这都不得而知。考虑到上述疑问，检索人员难以确信待决或潜在专利申请将不会无意中成为公共知识。美国专利商标局甚至发布其审查员[21]使用互联网的相关政策，清楚指出：

> "在使用互联网搜索与检索现有技术信息的情况下，美国专利商标局职员必须限制检索操作来确定技术的一般状态。公开发明要素等敏感信息的互联网现有技术检索策略是不被允许的。"（原文重点）

即使解决了互联网的安全性与易失性问题，仍然存在如何在检索报告或信息公开声明中实际引证的问题。现已发布的各种标准[22~24]试图解决互联网公开的系统性引证过程。一般而言，需要包括资源访问日期以及明确确定的或基于网页元数据推断而来的任何公布日期的声明。

## ▶ 参考资源指南

维持对给定技术领域文献资料库认知的传统方式是通过使用人工整理的参考资源指南。编纂这些参考资源指南自然非常耗费人力，近年来已经大量停止使用。然而，持续使用的一个参考资源指南是由 Walford 所编纂的。新版的部分卷已经由英国图书馆与情报专家学会（CILIP）出版，该学会是英国图书馆馆员与信息专家的专业团体。对于专利检索人员而言，最有用的是第 1 卷，收录科学、技术与医药[25]。一个早期的但仍有用的参考资源指南是 Armstrong 与 Large 的三部分著作，尤其是第 1 卷[26]。许多的特定主题指南仍有印刷版，令人遗憾的是这些指南许多现今已过时（参考文献[1]、[27]、[28]、[29]）。当前系列出版物的部分早期卷集对构建给定领域文献的概貌可能也是有用的[30,31]。

其他指南可以专用于某一种文献类型，譬如期刊。这些指南主要设计用来确定图书馆馆藏状况，但也可以提供有用信息。譬如首次出版年份或者名称变更，这与来源索引（下文）类似。优秀的例子包括《美国与加拿大图书馆连续出版物联合目录》，其收录截至 1949 年[32]的期刊文献以及其后续出版物

《新连续出版物名录》[33]。英国出版的类似著作包括主要收录时间范围为 1900 ~ 1960 年的《世界科学期刊列表》[34]，随后几年被整合到《英国期刊联合目录》（BUCOP）[35]。

## ▶ 来源索引

现有摘要与索引数据库的用户应当希望能够至少确定数据库提供商所选择收录的一次文献的部分详情。在理想的情况下，在为一次文献选择二次文献的过程中，检索人员需要知道全面的出版商详情（譬如 ISSN 或期刊代码）来确认出版物的明确标识、收录的起始日期与截止日期（如果有）。如果数据库提供商记录任何后续出版物的名称（这可能有助于解释特定杂志为何突然停止收录文献）、收录程度（完整收录或仅节选文章）以及最好也有如何获取与摘要相对应的原始文本的部分详情，这一点将分外有用。糟糕的是，很少有数据库提供商维护这样一个系统性"企业记忆库"。然而，对于从事诉讼的专利检索人员而言，可能会被要求说明特定现有技术无法进行查找的原因，上述信息则可能至关重要。

本领域最为典型的工具是《化学文摘资料来源索引》（CASSI）。MedLine、Embase、Engineering Index（Ei Compendex）、INSPEC、CAB Abstracts、Food Science and Technology Abstracts（FSTA）或 AGRICOLA 等数据库也存在类似工具用以记载数据库收录状况。对于 Elsevier 的 Scirus 门户或 Google Scholar 等最新或动态检索系统而言，获取其可信且最新的来源列表越发困难。从检索人员的角度来看，总留下这样的疑问：通过上述系统可以访问多少唯一的资源以及多少资源是他处资源的简单重复。在决定采用来源索引作为标准检索协议时，这可能是一个主要缺陷。产业检索人员根本负担不起花费时间进行多次重复检索。

## ▶ 特色图书馆资源

甄选文献最具成本效益的方法之一是在头脑中确定专用于主题领域的特色馆藏。这可以避免跨多个不同信息源进行同一检索的需求。大学或学院等机构图书馆接收知名人士遗赠的图书或论文，这可以是一个良好的开端。同样，国家贸易组织或其他专业组织以及学术团体经常维护自身专业领域的参考馆藏。

用于标识特色馆藏的有用全球资源是联合国教科文组织（UNESCO）图书馆门户，其提供免费内容目录[36]来标识全部 UNESCO 成员国图书馆，将图书馆划分为学术研究图书馆、公共图书馆、国家图书馆、政府图书馆等类别。使用图书馆目录是"全球联合编目"的不同方法，也许 WorldCat. org 作为最佳例证，其可以对图书馆馆藏进行检索。UNESCO 门户网站以及其他门户网站将仅提供馆藏位置的联系方式，可能也提供馆藏范围与访问权限的部分说明。数量惊人的私人图书馆允许外部用户经请求后访问自身资源，但仅供个人参考而非借阅。

UNESCO 目录帮助提供美国国会图书馆、英国国家图书馆与法国国家图书馆（BNF）等国家图书馆的详细信息或者国家政府网站。这些国家政府网站又常常具有本国范围内其他专业数据库的链接。Dale 与 Wilson[37]最近编撰的纸质目录已历经数版，提供了英国的有用馆藏，包括馆藏信息、特色馆藏以及非成员访问。

有时，信息专家可能面临的是数据库收录的"逆序"问题，即一旦标识目标期刊，如何标识数据库收录中涵盖目标期刊的二次服务？因此，很少有工具超出 Ulrich 期刊目录范围，该目录自 1932 年起印刷出版并且现在作为网络版本出现[38]。现行版本收录超过 30 万种出版物，包括开放存取期刊、通俗杂志、时事通讯、报纸等。和标引/摘要每一种期刊的二次服务的详细细节一致，内容可以根据主题词进行排序，这些主题词也可作为工具标识相同技术领域的其他出版物。

## ▶ 主题指南

如上文所述，撰写文献的综述指南是一项费事费力的工作。尽管互联网已经带来一种极大优化的信息访问途径，但是检索引擎本身无法对其检索到的信息质量进行评估。这仍然是检索人员的工作。在缺少在先经验的条件下，提升检索准确性与精确性的最佳方法之一是仅使用可信与推荐资源。有许多试图定义"最佳网站"（best – of – the – web）的实例；部分实例甚至明确使用"最佳网站"称谓（譬如参阅 www. botw. org），但该称谓的部分使用表明，更多关注在检索引擎结果列表内提升网站排名并非建立信息质量的真实度量。随着互联网已经成为学术研究所广泛认可的工具，大学图书管理员与信息专家已经常在为学生整理有用网站的主题清单过程中进行合作。英国将这一过程整合到 Intute 系统中[39]。

Intute 系统源于称为资源指南的多个单独门户网站，这些门户网站是由 JISC（前联合信息系统委员会，其运营机构间学术数据网络）的工作人员为英国学术机构所构建并且作为资源发现网络（RDN）的一部分。该门户网站包括 BIOME（健康与生命科学）、EEVL（工程、数学与计算）以及 PSIGate（物理学）。这一整合系统提供全面的检索引擎来查找广泛学术主题以及学科专家评论相关的网站。Hiom[40] 与 Williams[41] 具体介绍了 Intute 系统的发展历程。令人遗憾的是，该项目深受资金匮乏的困扰，在撰写本书时该项目极有可能会关闭，或者在最好的情况下，网站保持能够访问但不再更新[42]。

与网站指南稍有不同，出现越来越多的开放存取期刊等纯电子资源的指南。前文已提到了 OpenDOAR 与 ROAR 目录。此外，现有多个检索平台可检索开放存取资源，譬如瑞士圣加伦大学的 Scientific Commons（www.Scientific Commons.org）、OAIster（发音为"oyster"）开放档案倡议（www.OAIster.org）、EBSCO 与比利时哈塞尔特大学协同起草的开放科学目录（www.opensciencedirectory.org）以及美国能源部科技信息办公室与世界科学联盟共同资助的 WorldWideScience（www.WorldWideScience.org）。WorldWide-Science 是链接到多个国家科学出版社网站的"超级门户"，其中部分网站提供文献检索功能。

## ▶ 评　论

不同于专利，一次期刊文献可以被重新组织成为一系列新公布文献，有时称为二次文献并且包括简单著录项目、文献评论或者现有文献的新评论（譬如所谓临床试验文献的 Cochrane 评论）。这些评论对于帮助确立技术领域的公认启示非常重要，当在专利诉讼中质疑显而易见性与"偏离启示"问题时，可能成为有用资料。在理想的情况下，上述评论可以概述法律上所定义的"本领域技术人员"应当知晓的内容。

查找评论系列可能是在部分摘要数据库中通过标题（譬如"关于……的年度评论""……的进展"）或者通过使用文档类型字段指示符进行识别的简单事情。在这些文献存在的前提下，有可能采用通过评论查找大量早期文献的检索策略并且依靠一次文献检索获取最近时期的公布文献。

## ▶ 三次文献

经评论后文献整理的下一个阶段通常是一次期刊中的新信息成为支撑某一学科的理论或实践文献的主体部分。上述新信息成为学校或大学课程的一部分，或者纳入公认的工具书或百科全书，这才有可能发生。既然这些情况常常局限于单一学科，那么读者需查阅上文所述的指南来协助查找合适的著作。

化学领域的信息或数据汇编相当丰富，这有助于阐明上述方法。通过分别查阅 Beilstein 或 Gmelin 手册（或其电子版本）有助于有机化学或无机化学的新颖性检索，这些手册根据化学结构进行组织并且能够为历年所公开的信息提供单一入口。Houben – Weyl 或 Theilheimer 等卷集能够为合成方法提供有用的背景知识，并且按照反应中相关官能团的类型再次进行标引。上述后两种工具书再加上 KirkOthmer 等专业百科全书在确定本领域的背景状况以及让专利律师深度了解可能遇到的创造性异议等方面具有重要帮助。对于检索人员而言，这些资源类型的特殊优势在于能够确保不忽略早期文献。

其他三次文献资源包括专业词典、数据汇编、统计表格（譬如材料工程性质）或者甚至可检索的基因组或微生物存储库等通用技术卷集。

类似 Walford 的参考资源指南也可以帮助识别技术领域内三次文献以及许多综述、特色馆藏或者其他非专利文献资源，表 10 – 1 列出了 Walford 使用的主题层次示例。

表 10 – 1　New Walford 的示例层次，卷 1

| 层次 1 | 层次 2 | 层次 3 - 学科专长 | 层次 4 - 资源类型 | 层次 5 - 单独示例 |
|---|---|---|---|---|
| 科学 | 生物科学 | 海洋与淡水生物学 | 研究中心与机构 | 国家海洋生物学数据库（网站） |
| 医学 | 卫生 | 环境与职业卫生 | 手册与指南 | 帕蒂工业卫生（图书） |
| 医学 | 临床医学 | 肿瘤学 | 学会与协会 | 欧洲癌症研究和治疗组织（网站） |
| 技术 | 工程 | 土木工程 | 法律、标准、法典 | 地震工程学国际手册（图书） |

甚至大英百科全书或维基百科等信息源也不应当被忽略，尤其是在这些信息源历经数个版本的情况下，每个版本都用于采录当时流行"常识"的写照。

Knovel 机构（www. knovel. com）已经数字化部分主要是三次文献，其中包括《食品化学法典》等工具参考书，《国际常数表》等数据汇编，以及 Blackwell、Elsevier、John Wiley、牛津大学出版社与 Springer 等主要出版社与学术协会的数据库。可检索性随着出版社在版权限制下所准许的数据量而变化，但最大检索范围可以包括全文文本、表格内容与图表标题。就数据汇编而言，检索引擎能够对于物理或化学属性进行所谓的"智能单位"范围检索，这些无法通过传统纸质索引予以实现。同样，Google 越来越多地参与（主要）版权过期的非小说类资料的数字化，这可能有助于及时全面检索现有技术。

## ▶ 其他文献形式

本章最后一部分将简述当进行非专利文献检索时需要考虑的部分其他文献

形式。这些文献形式在全球范围内可用性参差不齐，但毫无疑问一直在不断开发新工具用以提升检索。然而，这些检索工具通常针对本地用户，对于地理与技术环境之外的检索人员而言，则不易识别或者使用。因此，下述小节仅能表明本领域的有限趋势。

## 灰色文献

　　术语"灰色文献"具有多个不同的定义，但对于本书而言，灰色文献用来表示以（更）有限书目控制和/或（更）难以归档为特征的公布文献（印刷或电子形式）。灰色文献可能包括通常不具备确切公开日期或作者的临时文献（譬如手册、技术支持文档、数据表格），以及来源相对易于确定但按照定期或不定期公布周期或者作为单独文档进行公布的报告。这些文献可能不会作为正常书目条目提交到现有数据库或者可能不具有任何附加值索引。灰色文献可能产生于政府机构或公共资金资助的研究中心等官方渠道，但也常常产生于私有部门或学术界。

　　灰色文献的部分形式数十年前已经获得认可并且构成专业数据库的内容，对于有关机构而言简单地在自身网站上加载文本来"公布"相关报告日益变得更加经济，这使得检索完全受制于 Google 与 Yahoo! 等通用搜索引擎的不确定性及其标引与搜索政策。部分实例仍运用更为传统的书目控制。这包括产生于 20 世纪 60 年代的《英国研究与发展报告》，其在 20 世纪 80 年代通过并购加入欧洲灰色文献信息系统（SIGLE），而现今则并入法国主办的同名网站[43]。美国自 1946 年起所产生的《科学与工业报告目录》依次发展成为《政府报告公告》目录并且最终成为纸质索引与文摘服务《政府报告公告和索引》。该索引与文摘服务的电子形式是众所周知的国家技术信息服务数据库，该数据库是 Dialog 系统中最早的文档之一。在欧洲灰色文献信息系统与国家技术信息服务两者数据库中给连续报告系列分配用于文献传递的专用入藏号以及在检索中提升查全率的附加元数据。

## 学位论文

　　对于科学与技术研究而言，最大规模尚未开发的资源之一可能是高等学位论文。尽管大有潜力，却鲜有举措系统化地提升学位论文的检索能力。即使全部过档文献进行数字化并且生成可检索全文文本，学位论文不具备与传统期刊文献协调一致的有效索引也将继续阻碍对其自身的使用。学位论文在突破地理束缚或语言障碍以便构建全球检索能力方面鲜有建树。极少数信息源能够成功把学位论文与其他文献进行融合（譬如《化学文摘》收录提供的学位论文文摘），但绝大多数学位论文仍零散分布在各国或各机构的数据库中。

美国通过《学位论文摘要》文档相对较好地访问学位论文资源，但其他国家很少仅拥有本国学位论文资源的访问途径。电子版《学位论文摘要》也涵盖近年来所精选的英国与欧洲大学的论文。英国《学位论文 Aslib 索引》产生于1950 年左右，但纸质版本已停刊并且被《学位论文索引》（www. theses. com）所取代。《学位论文索引》主要提供英国与爱尔兰大学约 50 万条记录的著录项目（题目、摘要、作者）检索，以及有限的全文文本检索。另外，部分学位论文以《英国报告、译文与学位论文》形式公布，但现已纳入欧洲灰色文献信息系统中。试图囊括涉及 11 所英国大学的电子学位论文在线系统（EThOS）项目，再加上英国国家图书馆与联合信息系统委员会（JISC）（www. ethos. ac. uk）。《网络学位论文数字图书馆》（www. ndltd. org）进行国际化的尝试，收录来自16 个国家的超过 80 种信息源（独立机构与财团），但其收录内容主要来自美国（60 + %）或加拿大（约 10%）。北美之外的少数信息源之一是高等教育书目机构（ABES）的 SUDOC 目录，该目录是法国本国学位论文的集合。令人遗憾的是，现在尚不清楚 SUDOC 目录收录范围与单独论文在线（TEL）系统[44]的重复程度（如果有可能知晓），TEL 系统由通信科学中心（CCSD）（http：//ccsd. cnrs. fr）负责管理，声称归档 135 所法国大学的超过 1. 2 万篇的学位论文全文。缺乏收录信息这一问题使得学位论文资源的有效检索变得困难重重，但这并非不可能。

对于绝大多数欧洲其他国家文献而言，伦敦大学的参议院图书馆可以提供15 个国家学位论文资源的链接列表，其中包括可追溯到 19 世纪的部分学位论文资源（www. ull. ac. uk/resources/theseslistings. shtml）。

## 传统知识（TK）

近年来，制药产业尤其对于从植物遗传材料与天然提取物中开发新的生物活性材料越来越感兴趣。由于"生物剽窃"的指控，这一过程的公平性具有很大争议。主张保护的效果在专利申请前众所周知但鲜有记载的这一事实公布于世后，部分专利申请或授权专利已被撤销或修改。围绕传统知识的问题在于其通常仅在局部小范围区域内获得公认，但不具备发现的正式记录与在先使用证据。为了避免这类民间知识或传统知识流失，着手尝试在传统数据库中采集本土工艺的相关信息并且供专利局审查使用或者供公众使用。

2000 年世界知识产权组织建立知识产权与遗传资源、传统知识与民间文艺政府间委员会（IGC），并且要求该委员会从专利角度在本领域发挥引导作用。关于传统知识需要考虑的问题包括关于专利审查认可传统知识的指导方针与建议的制定[45]、发明所用遗传资源的公开机制、作为现有技术供参考的传统知识相关公布文献目录的创建以及国家传统知识数据库的开发支持。IGC 已经推动 PCT 最低文献量的修订以便涵盖传统知识资源[46]。传统知识相关的许多问题与使用互联网作为现有技术源具有共同点，包括确定明确的公布日期、公布语言与公布媒介、公布详尽程度（"实施公开"）以及公众的实际可用性。

就可检索传统知识数据库而言，多个国家已经取得进展，包括印度的人体生物多样性登记（PBR）、阿育吠陀草药以及印度科学与工业研究委员会（CSIR）所开发的传统知识数字图书馆（TKDL）——后者自 2009 年初向欧洲专利局提供使用以便协助其法定检索，但未向公众公布（www. tkdl. res. in）。中国的北京东方灵盾科技股份有限公司已开发了传统中草药（TCM）数据库，该数据库包括专利数据以及全面的植物索引。美国也试图创建传统生态学知识——现有技术数据库（TEK＊PAD），但好像并未继续推进或者已经放弃[47]。而委内瑞拉则创建了亚马逊传统医学数据库 Biozulua[48]。Alexander[49]的研究也提到秘鲁与巴拿马两国正在进行的相关工作。美国新罕布什尔州大学法律学院的富兰克林·皮尔斯知识产权中心主办的"传统知识在线"[50]，可以将其描述为"互联网上可用传统知识信息数据库……门户"。"传统知识在线"的部分链接通过内容评论加以注释，但其搜索引擎既不特别友好也不特别有效，而且更新状态也不得而知。

## 会议文献与技术标准

尽管这两类文献在著录项目质量与数据来源方面相对控制良好，但应强调因不同原因这两类文献对于检索人员都至关重要。

现在确定的是口头演讲有意或无意地成了新科技进展的最早公开方式。重大或久负盛誉的会议早期仅以图书形式发放完整的会议论文（有时在会议后数月或数年），现在则逐步仅提供录用论文摘要的图书并且很少述及在会议中所演示的确切内容。传统数据库提供商已经进行了多种尝试采录会议信息，但会议内容的详尽程度大相径庭，从整个会议的单一记录仅具有内容列表，到每篇论文的单独记录包含根据参会者所做笔记撰写的摘要。

随着拍照手机与类似设备的出现，演讲人需要考虑到参会者现在能够采录到远超同期笔记的公开证据。有轶事证据指出已经能够有效窃取口头演讲中的信息——事实上，美国化学学会已经发布政策声明包括下述内容：

"美国化学学会的政策是除非获得演讲人本人、分项项目主席以及美国化学学会全国会议工作人员的允许，否则在美国化学学会全国会议上禁止幻灯片拍照和/或演讲录音。"

其他专业团体也有类似的做法，尤其在参会者局限于封闭群体成员的情形下。这会给准确确定公开内容以及资料相关部分的公开日期造成相当大的问题。(譬如是以口头演讲为准，还是后续印刷的会议论文为准，或者两者皆是，或者两者皆非?)

技术标准的内容，尤其在电子领域，往往会受到主要产业参与者秘密商讨的影响。在某一技术领域有待决专利申请的公司，试图设法影响一份草案标准使其落入潜在授权的专利申请的保护范围。在标准颁布后专利持有者就能够伏击竞争对手，并且要求竞争对手支付使用费以便在标准范围内（以及专利权利要求范围内）实施。显然这不是理想的结果，因此世界知识产权组织就不断与各国标准制定机构共同工作，鼓励使用专利池或类似的方法来遵守标准化框架下的知识产权[51]。尽管如此，从专利检索人员的角度来看，最好能够保持对早期标准草案的追踪服务，早期标准草案有可能是尚未在专利申请中公开的技术发展的说明，并且有时能够引用其作为现有技术来对抗专利申请。

## 技术公开公告

多年来，部分主要产业公司出于公开本身不值得申请专利的部分技术数据供公众查阅的特定目的生成定期公告。典型的例子是《IBM 技术公开公告》(TDB)。在英国月刊《研究公开》(RD) 允许通过类似方式进行匿名公开，但其内容来源于一系列企业而不是仅限于单一企业。近年来，IP. com 网站从最初纸质出版物发展而来，其快速出版的目的在于防止他人申请专利。部分在线服务根据许可提供 TDB 与 RD 的电子版本以及出版社自身发布网络的访问。部分专利局订购这些服务而作为结果可以在官方检索报告中查看到这些产品的引证。Adam 等在 2002 年发表了防卫性公开机制的评论[52]。

## ▶ 结　论

本章试图强调非专利文献对于专利检索人员至关重要的部分原因。在最终分析中，取决于检索人员本人与发明人和专利代理人的合作，共同决定了专利性检索达到怎样的程度。最重要的是，尽管专利文献常常产生一系列易于检索与引用的参考文献，但非专利文献有时会产生用于确定（或破坏）新颖性或创造性的最佳参考文献。

## ▶ 参考文献

1. See for example, Information Sources in Chemistry (ed. Bottle, 1993) and Information Sources in Engineering (ed. MacLeod, 2005). The full listing of the Guides to Information Sources series can be found at (http: //www. degruyter. com/cont/fb/bb/bbReiEn. cfm? rc = 36370) [Accessed on 2011. 07. 05]

2. The overlap of US and Canadian patent literature with journal literature. C. Oppenheim, J. Allen. World Patent Information 1 (2), 77 – 80, (1979).

3. Improving patent quality through identification of relevant prior art: approaches to increase information flow to the Patent Office. S. W. Graf. Lewis & Clark Law Review 11, (2007), 495 – 519.

4. Patents as sources of technology. P. A. Smith. World Patent Information 8 (2), (1986), 70 – 78.

5. Keeping science open: the effects of intellectual property policy on the conduct of science. , Para. 3. 28. Royal Society Working Group on Intellectual Property. London: The Royal Society, April 2003.

6. Minimum Documentation. WIPO, PCT Regulation 34. 1b. Geneva: WIPO, 1 July. 2010.

7. Status Report on the JOPAL Project. WIPO Secretariat/Standing Committee on Information Technologies. Documents SCIT/6/4 (24 Nov 2000) and SCIT/7/13 (26 Apr 2002). Geneva: WIPO, 2000, 2002.

8. Report of the Ninth Session of the Standards and Documentation Working Group, paras. 86 – 91. WIPO Secretariat/Standing Committee on Information Technologies. Document SCIT/SD-WG/9/12 (21 Feb. 2008). Geneva: WIPO, 2008.

9. Handbook on Industrial Property Information and Documentation, Part 4. 2 (February2010 edition). Geneva: WIPO, 2010. Available at (www. wipo. int/export/sites/www/standards/en/pdf/04 – 02 – 01. pdf) [Accessed on 2011. 07. 05].

10. Using technical databases with minority patent coverage to enhance retrieval. S. Adams. World Patent Information, 23 (2), (2001), 137 – 148.

11. The international debate on traditional knowledge as prior art in the patent system: issues and options for developing countries. M. Ruiz. Occasional Paper No. 9, Trade – Related Agenda, Development and Equity (T. R. A. D. E. ) series. Geneva: South Centre, 2002.

12. Indigenous knowledge organisation: an Indian scenario. S. S. Rao. International Journal of Information Management 26 (3), (2006), 224 – 233.

13. Preserving traditional knowledge: initiatives in India. R. Chakravarty. IFLA Journal 36 (4), (2010), 294 – 299.

14. The search report of GB 2117179 – A cites the children's comic The Beano, whilst Dutch published application NL 6514306 – A was allegedly refused due to prior art from a Donald Duck

story The Sunken Yacht published in 1949.

15. Keeping time machines and teleporters in the public domain: fiction as prior art for patent examination. D. H. Brean. Univ. Pittsburgh J. Technology Law & Policy, Vol. VII, Article 8 (Fall 2006/Spring 2007).

16. Electronic scholarly publishing and open access. C. Oppenheim. Journal of Information Science 34 (4), (2008), 577 – 590.

17. Prior art search tools on the Internet and legal status of the results: an European Patent Office perspective. E. Archontopoulos. World Patent Information 26 (2), (2004), 113 – 121.

18. Prior art searching on the Internet: further insights. M. van Staveren. World Patent Information 31 (1), (2009), 54 – 56.

19. Internet prior art. B. van Wezenbeek. Presentation at EPO Patent Information Conference, Stockholm, October 2008.

20. The debate about internet citations as prior art. M. Müller. Presentation at EPO Patent Information Conference, Stockholm, October 2008.

21. Interim Internet Usage Policy. Official Gazette of the United States Patent and Trademark Office, 25 February 1997.

22. Bibliographic references – Part 2: Electronic documents or parts thereof. ISO 690 – 2: 1997. Geneva: International Organisation for Standardization, 1997 and WIPO Standard ST. 14, para. 13 which is derived from ISO 690 – 2.

23. Cite them right. . R. Pears, G. Shields. Newcastle – upon – Tyne: Pear Tree Books, 2008. ISBN 978 – 0 – 9551216 – 1 – 6.

24. Electronic styles: a handbook for citing electronic information. Xia Li et al. , Medford, NJ: Information Today, Inc. , 1996. ISBN 1 – 57387 – 027 – 7.

25. The New Walford: Guide to Reference Resources. Vol. 1 Science, Technology and Medicine. R. Lester (Editor – in – Chief). London: Facet Publishing, 2005. ISBN: 978 – 1 – 85604 – 495 – 0.

26. Manual of Online Search Strategies, Vol. 1 Chemistry, Biosciences, Agriculture, Earth Sciences, Engineering and Energy. C. J. Armstrong, A. Large (eds. ). Aldershot: Gower Publishing 2001. ISBN 0 – 566 – 08303 – 5.

27. Use of chemical literature. 3rd edition. R. T. Bottle (ed. ). London: Butterworths, 1979. ISBN 0 – 408 – 38452 – 2.

28. Use of biological literature. 2nd edition. R. T. Bottle, H. V. Wyatt (eds. ). Hamden, CT, USA: Archon Books, 1971. ISBN 0 – 208 – 01221 – 4.

29. Use of reports literature. C. P. Auger. London: Butterworths, 1975. ISBN 0 – 408 – 70666 – X.

30. Information Sources in Grey Literature. 4th edition. P. Auger (ed. ). Munich: KG Saur Verlag, 1998. ISBN 3 – 598 – 24427 – 4.

31. Information Sources in the Earth Sciences. 2nd edition. D. N. Wood, J. E. Hardy,

A. P. Harvey (eds.). Munich: KG Saur, 1989. ISBN 3 – 598 – 24426 – 6.

32. Union list of serials in libraries of the United States and Canada. 3rd edition. E. Brown Titus (ed.). New York: Wilson, 1965. 5 vols, 4649 pages.

33. New Serial Titles, 4 vols. Washington DC: Library of Congress, 1973 [published 1950 – 1970, monthly + annual cumulations \ ].

34. World List of Scientific Periodicals 4th ed. P. Brown; G. B. Stratton (eds.) London: Butterworths Press, 1963 – 1965.

35. The British Union – Catalogue of Periodicals: a record of the periodicals of the world, from the seventeenth century to the present day, in British libraries. 4 vols. London: Butterworths Scientific Publications, 1955 – 58. [plus Supplement to 1960; 1960 – 68; 1969 – 73; annual vols for 1974 – 80 \ ].

36. Available at: www. unesco. org/cgi – bin/webworld/portal_ bib2/cgi/page. cgi? d = 1 [Accessed on 2011. 07. 05].

37. Guide to libraries and information units in government departments and other organisations. P. Dale, P. Wilson (eds.). 34th edition. London: British Library, 2004. ISBN 0 – 7123 – 0883 – 0.

38. Available at: www. ulrichsweb. com [Accessed on 2011. 07. 05].

39. Available at: www. intute. ac. uk [Accessed on 2011. 07. 05].

40. Retrospective on the RDN. D. Hiom. Ariadne, issue 47, April 2006. Available at: http: //www. ariadne. ac. uk/issue47/hiom/ [Accessed on 2011. 07. 05].

41. Intute: the new Best of the Web. C. Williams. Ariadne, issue 48, July 2006. Availableat: http: //www. ariadne. ac. uk/issue48/williams/ [Accessed on 2011. 07. 05].

42. Intute: reflections at the end of an era. A. Joyce et al. Ariadne, issue 64, July 2010. Available at: http: //www. ariadne. ac. uk/issue64/joyce – et – al/. [Accessed on 2011. 07. 05].

43. Available at: http: //opensigle. inist. fr. [Accessed on 2011. 07. 05].

44. Available at: http: //tel. archives – ouvertes. fr. [Accessed on 2011. 07. 05].

45. Recognition of Traditional Knowledge within the patent system. WIPO Secretariat. Thirteenth Session of the IGC, October 2008, Document WIPO/GRTKF/IC/13/7. Geneva: WIPO, 2008.

46. PCT Minimum Documentation: Traditional Knowledge. WIPO Secretariat. Eleventh Session of the PCT Union – Meeting of International Authorities under the PCT, February 2005, Document PCT/MIA/11/5. Geneva: WIPO, 2005.

47. Available at: http: //ip. aaas. org/tekindex. nsf [Accessed on 2011. 07. 05].

48. Venezuelan project establishes indigenous plant database. O. Johnson. British MedicalJ. 325 (7357), (27 Jul. 2002), 183.

49. The role of registers and databases in the protection of traditional knowledge: a comparative analysis. M. Alexander et al. Tokyo: United Nations University, Institute of Advanced Studies

( UNU – IAS ) , 2003.

50. Available at：http：//www. traditionalknowledge. info［Accessed on 2011. 07. 08］.

51. Standards and patents. WIPO Secretariat. Webpage + refs. therein. Available at：www. wipo. int/patent – law/en/developments/standards. html［Accessed on 2011. 07. 05］.

52. Defensive Publishing：a strategy for maintaining intellectual property as public goods. S. Adams，V. Henson – Apollonio. ISNAR Briefing Paper No. 53. The Hague：International Service for National Agricultural Research. （September 2002）. ISSN 1021 – 2310.

# 第 *11* 章
# 常用检索类型（I）——追新检索

专利信息产业实施在更广泛的背景下被称为"快报"服务，或旧称为"定题信息服务"（SDI）已有悠久的历史。专利法律界通常把这些过程称为"监视服务"。遍布全球的许多企业，现今成为众所周知的数据库提供商或经销商，都从基于国家的监视服务起步，例如荷兰的 Univentio 以及美国的 Research Publication（后来归入 Thomson 公司）。甚至世界专利索引文档生产商德温特公司在 20 世纪 50 年代末开始公布最新题录通报。法律界所谓的监视服务通常涉及法律状态监视过程，但是相同术语也同样应用于专利权人或技术主题等著录项目的监视。

可以通过各种方法获取监视服务：

- 购买数据库提供商使用预定策略所创建的标准公告；
- 使用标准著录项目数据库，通过时间段（更新）与定制策略的选择进行查询，这些内容可以在内部运行或分包；
- 分包给仅专注于提供监视服务的专业数据库提供商。

## ▶ 标准公告

标准公告的优势在于把针对每周或每月的文献更新制定检索策略并运行检索的全部繁重工作从用户手里移交给实际的数据库提供商。既然这些企业熟知自身的产品，那么就能够构建在其数据库中优化使用的检索表达式。历史上，这类公告以纸本形式公布，但逐步以电子摹真形式（譬如 PDF 文件）发送或内部数据库的电子更新（譬如 Lotus Notes 或 Domino 文档进行）。

Thomson Reuters 多年来已经形成了一系列标准公告，使用根据德温特分类体系所规定的宽泛学科领域进行分类的快报文摘。通过一系列称为《产业与技术专利简档》的专题公告来增补上述标准公告。尽管产品范围取决于专题需求而相当不固定，表 11 - 1 给出了近年来可用的标准简档范围的说明。为了获取更多最新信息，用户可以查阅 Thomson Reuters 的网站。基于 DWPI 的产品的支持内容可以在网址 http：//science. thomsonreuters. com/support/patents/中找到，专利简档的精选信息可以在网址 http：//ip. thomsonreuters. com/patentpro-files/中找到。

表 11 - 1　**Thomson Reuters 的专利最新题录产品范围**

| 基于分类的快报文摘 | |
|---|---|
| A 部 | 聚合物和塑料制品 |
| B 部 | 医药 |
| C 部 | 农业化学制品 |
| D 部 | 食品、清洁剂、水处理和生物工艺学 |
| E 部 | 通用化学制品 |
| F 部 | 纺织品和造纸 |
| G 部 | 打印、涂层和照相 |
| H 部 | 石油 |
| J 部 | 化工 |
| K 部 | 原子核物理学、爆炸物和防护 |
| L 部 | 耐火材料、陶瓷、水泥、电有机物 |
| M 部 | 冶金术 |
| P 部 | 通用工程 |
| Q 部 | 机械工程 |
| S 部 | 仪表、测量和测试 |
| T 部 | 计算和控制 |
| U 部 | 半导体和电路 |
| V 部 | 电子部件 |
| W 部 | 通信 |
| X 部 | 电力工程 |
| 工程行业专利简档 | |
| 航天 | |
| 汽车 | |
| 计算机技术 | |
| 电力工程 | |
| 电子器件 & 半导体 | |

续表

| 电信 & 广播 | |
|---|---|
| 工业 & 技术专利简档 | |
| 航天 | (7 个主题) |
| 汽车 | (25 个主题) |
| 通信 | (22 个主题) |
| 计算与电子商务 | (15 个主题) |
| 分体式电子设备 | (14 个主题) |
| 国内休闲 | (10 个主题) |
| 电力设备 | (10 个主题) |
| 电子电路 | (10 个主题) |
| 食品技术 | (5 个主题) |
| 图像与音频的记录与复制 | (16 个主题) |
| 仪表与测试 | (2 个主题) |
| 加工与制造 | (9 个主题) |
| 机械与民用工程 | (14 个主题) |
| 医疗设备 | (5 个主题) |
| 小型化技术 | (3 个主题) |
| 封装与包装 | (6 个主题) |
| 造纸技术 | (4 个主题) |
| 半导体技术 | (7 个主题) |

除上文所列的一系列简档之外，Thomson Derwent 还公布了专利预览系列。这是专用于制药产业的产品，其通过印刷品和磁盘公布，或者通过 FTP 发送加载到内部数据库。该产品收录国家范围比简档更为有限，仅集中于 7 个主要专利机构（WO、EP、JP、US、GB、DE、FR）。产品定位是在极短公布周期内提供药品研发领域的专门竞争对手情报服务。当 DWPI 主数据库需要花费更长时间进行更新时，创建此产品服务并且聚焦于制药产业的高时效需求。最近 DOLPHIN 数据库（详情参阅网址 http：//thomsonreuters. com/products_ servoices/science/science_ products/a－z/dolhpin/）及基于最新专利公报的相关实时数据更新服务已经取代该产品。

在此期间，当数据量使 DWPI 主文档在及时性方面要保持竞争力变得日益困难时，Thomson 公司已经试行专用的"快速出版"数据库。这些产品包括 WPI 速览（WPIFV）以及基因序列主数据库 GeneSeq 的关联文档 GeneSeq

FASTAlert。因为 Thomson 公司的编辑程序已经更新，所以时效性更高的主文档得以实现与维护，从而对子文档的需求就不断降低。在主文档中查询最新题录已经很大程度上取代了这些补充工具，事实上 WPIFV 最近已经停刊。

通过其他工具或产品的选择可以获取一定程度的专利最新题录。这些工具或产品的范围涵盖《自然》等学术期刊中的简单期刊列表、游说团体或行业集团（譬如全球射频专利监视、纳米技术公告）的网站、大学研究基金会或类似机构的新闻稿、IP 咨询服务等。这些工具或产品的选择策略可以显而易见（譬如最新专利公报中所使用的 IPC 简单分类医药专利），也可以更为主观（利兹海德食品研究协会系列出版物《食品产业快讯》中新食品科学专利的智能选择），甚至可以模棱两可（许多"专利周刊"栏目）。最新题录领域新增出版物是 Bentham Science 出版社出版的一系列（http：//www. benthamscience. com）精选期刊。在撰写本书时已有如表 11 - 2 所示的主题。

表 11 - 2　**Bentham Science 出版社《……最新专利》期刊**

| 主题 | |
| --- | --- |
| 医学与生命科学 | 自然科学与工程学 |
| 抗癌药物的发现 | 化学工程 |
| 抗感染药物的发现 | 计算机科学 |
| 生物标志 | 腐蚀科学 |
| 生物医学工程 | 催化 |
| 心血管药物的发现 | 工程学 |
| 中枢神经系统药物的发现 | 食品、营养与农业 |
| DNA 与基因序列 | 材料学 |
| 药物释放与制剂 | 机械工程 |
| 内分泌、代谢与免疫药物的发现 | 纳米技术 |
| 炎症与过敏药物发现 | 信号处理 |
| 医学成像 | 空间技术 |
| 纳米再生医学 | 通信 |

## ▶ 内部策略

安装在主机中的任何商业数据库（STN、Dialog、Questel、MicroPatent、Delphion）都可以用于运行最新题录简档。如果数据库运行追溯性技术发展水平检索或专利性检索，用户能够以几乎相同的方式制定检索策略，但需存储在主机端方能自动重复运行。这依赖于主机服务可调整检索的运行频次。譬如，在周更新的数据库中，每月有效累计 4 次检索运行后再实施检索可能更具成本效益。

在这些情形下定义检索策略的责任完全在于客户，但绝大部分数据库提供商都应当能够提供有关检索过程的建议与支持。这类最新题录技术的主要风险在于容易遗忘检索策略的定期修正需求。而优势在于一旦创建检索策略，此后就无须修改任其运行。许多此类检索策略的确可以继续产生有用信息，但其包含的检索项仍需随着时间变化而进行修改（譬如因合并而消失的专利权人名称，或新细分类所替代的美国分类号）。确保出于持续准确系统性评审每个检索策略的内容并且必要时进行修改，这一点至关重要。

在创建最新题录策略的过程中另一个技巧是使用非常宽泛的检索项。存在这样的倾向，仅针对每周或每月更新的局部文档却精确地使用与完整追溯检索相同的检索项。然而，确实由于歧义或过高检索量在追溯检索中使用困难或无法使用的检索项在为简档的每次运行所创建的小型数据库中可能是有用项。检查用于最新题录简档的检索策略，核验是否最新题录简档对于将要运行的数据库规模使用最合适的检索项，这一点总是值得的。

出于预警目的构建自身策略的优势之一在于可以高度聚焦或定制单个研究项目或单独研究部门的特定需求。然而，这一过程费时费力，部分公司宁愿将实际运行简档的流程分包给外部提供商。如果采用分包方式，对于简档的初始定义与快速有效更新而言，建立良好的沟通是极其重要的。必须明确界定每一个环节的责任，否则会出现这样的风险：流程会按照自身惯性向前发展，流程的修订也无法反映不断变化的研究方向或者数据库的修正。在一段时间之后，这一流程会产生越来越不相关的检索结果，那么对于用户而言，流程本身也会变得一文不值。

## ▶ 专业提供商

德温特系列产品的优势是使用可用于追溯文档的专用主题分类，在智能分配的基础上把单条专利记录添加到每一份简档或每一个部。大部分其他最新题录公告根据 IPC 等公用主题分类把记录分配到简档或组。用户可能发现上述这个方法都是有用的，这取决于用户的产业领域以及是否以有效方式细分主题。基于 IPC 题录服务的典型实例是 Unycom 公司的 IPMS 系统，该系统允许在最新题录内容中加入注释的资料来优化研发机构的工作流程。Unycom 公司的系统可以运用荷兰企业 Treparel 所开发的部分技术来实现结果的自动聚类与分类。

专利最新题录的专业提供商可以通过纸质形式或电子形式进行发放。在美国，由于专利数据的免费可用，"快报提供商"完整的作坊式产业近年来已经发展起来。在许多情况下，快报提供商提供了完整文献的链接，有时也免费提供实际快报但通过文献传递费用来收回成本。在欧洲，虽然企业确实存在，但是现有企业的选择余地正变小，例如丹麦的 Infoco Systemet A/S、瑞士的 Centredoc、荷兰的 Polyresearch NV 以及德国的 Europatent（World Patent 服务的一部分）。

发送机制的可用方式包括纸件、电子邮件快报、图像页面或者完整检索文本。部分提供商使用快报服务的成果作为完整工作流程系统的原始资料，这一系统可以进行文献发放、注释与内部索引以及归档。Patent Café 提供了此类系统，现今属于 Pantros IP 公司（http：//www. patentcafe. com）所有。

# 第 *12* 章
# 常用检索类型（II）——
# 专利性与自由实施检索

　　本章将讨论具有部分共同技巧的两类检索,这两类检索是专利性检索与侵权（或自由实施,FTO）检索。

　　这两种检索类型的启动要求是主题检索的良好机制。就专利性检索而言,重点是特定的发明——可能仍处于有前景研究项目的早期开发阶段,或者达到早期原型产品阶段。发明人与其专利代理人或专利律师协同工作,目标在于确定专利申请是否可能成功授权。如果能够在专利申请提交之前予以明确,那么有可能节约大量的时间与金钱。当发明人可以相当详细地描述发明的显著特征并且这些特征构成主要检索构思时,检索人员就可以启动检索项目。

## ▶ 专利性检索

　　尽管可以在专利申请提交之后进行专利性检索,但如果当申请处于起草阶段时已有检索结果,则通常更为划算。这是因为相比提交初步申请后为规避后续查找到文献不得不进行修改而言,从最初起草专利申请就规避现有技术更为容易。

　　部分产业或企业的政策是自身不进行全面的专利性检索,而是依赖于专利局的官方检索。毋庸置疑,虽然这在短期内节约成本,但策略的效果也会根据产业性质有所差异。如果企业在提交申请直至收到官方检索报告期间对项目置之不理,那么该方法将使得申请人能够重点应对专利局本身已查找到的现有技术。然而,申请人通常想在申请提交之后继续开发与优化发明。在这样的情形下,尽早了解发明所处的常规技术环境更符合发明人的利益。这将有助于在提交申请与收到官方检索报告之间的 12~15 个月内指导进一步研究。在提交申请之前或当时就进行全面的回溯性检索，并且最好通过定期监控过程进行持续追踪直至 18 个月早期公布，这将有助于确保收到官方检索报告时不会产生令人无法接受的后果。

如第 1 章所述，大部分国家要求专利申请需满足 4 项标准方能获得授权。发明人与专利代理人的作用是表明发明具有工业实用性并且未落入排除性授权主题范畴内。专利性检索目的在于其他两个方面，即新颖性与非显而易见性（或创造性）。

新颖性与创造性的检索策略要求是相关的但略有不同。两项标准界定都与"现有技术"有关。新颖性的要求是当前发明尚未构成现有技术的一部分。创造性的实质是，发明对于所属技术领域的技术人员——换言之，知晓相关现有技术的人员而言（美国法律术语称为 POSITA，本领域技术人员）——并非显而易见。因此，进行专利性检索的起点必须是尽可能多地掌握法律所规定的现有技术。这意味着需要一个或多个包含下述记录的数据库：

- 历经多年（新颖性与"在优先日之前任意时间公开"相关）；
- 多种文献类型（新颖性不区分期刊、专利、会议论文、报告、互联网网站或其他"文献类型"）；
- 所有语言（即使公开未采用专利审查机构的官方语言，仍然可以破坏新颖性）。

在实践中，这样的起点要求检索数据库满足下列要素：

a）必须收录多国文献。确保不会遗漏特定国家的唯一公开文献。在这一点上专利的特性造就了复杂性。试图从期刊文献中检索公开内容的非专利检索人员，通过检索一系列不同的数据库可以有效地达到目的，每个数据库本身具有独特内容或地理范围，譬如个人出版商的网站或国家联合目录。由于内容不存在重叠，检索人员不可能两次检索到相同内容。然而，对于专利检索人员而言，重复是潜在问题，原因是给定在先发明有可能在部分国家已经授权。一旦每个国家都被授权那么这可能导致在检索中数次检索到实质相同的文献。因此，检索人员要么必须检索一系列单一国家信息源并且使其适合于检索后处理阶段进行结果去重，要么（优先）必须在专利族数据中实施检索，其中每个发明仅计算一次。

b）必须收录多领域技术。就其本质而言，专利性检索是试图（我们希望）查找到以前从未做过的事物的参考文献。一项真正全新且非显而易见的发明很可能与其他技术学科存在一定程度的交叉，这可能意味着检索不得不跨越迄今为止互不相关主题领域之间的界线。虽然在"纯"工程数据库中不可能查找到"纯"化学发明的现有技术，但有可能现有技术不相关领域的某些方面对正在检索的申请有所影响。有经验的专利性检索人员很快对 Oscar Wilde 的观点"真理很纯粹，可绝不简单"产生共鸣。检索收录广泛应用技术的数据库而不限定访问高度集中的数据库（其收录政策有可能忽略无关紧要但相关的内容）是明智的预防措施。

c）必须包括详细的主题索引与检索特征。如果要完成任务以确定新颖性与创造性，这一点尤为重要。从表面看来，确定新颖性看起来是一个简单明了的检索过程——如果什么都没有找到，则发明具备新颖性。然而，不能允许"新颖性"的定义仅意味着"没有任何文献使用相同的词语"。第一级数据库的缺点是单独收录文献，无论是在时间上还是通过主题都很少把文献与广泛的知识库相关联。换言之，去年所公布的专利全文文本记录将使用去年的技术术语。技术、词汇与关键词都处在不断变化的状态。除非检索人员也是具有非凡记忆力的熟练技术专家，否则如果完全依赖每篇孤立说明书中的词语作为检索词很可能遗漏相关文献。一个更好的选择是在收录的全部时间范围内利用通用主题分类、索引或其他分类的数据库。欧洲专利局上诉技术委员会的决定[1]强调术语对于检索人员的重要性，具体如下所述：

> "……相同的过程产生相同的结果构成预期，即使术语所述不同于诉讼案件……"

如果检索可以解决创造性的问题，那么辨别文本术语简单共现与"相似性"真实程度的能力则至关重要。某种程度上有人认为在查找到一篇文献披露当前发明全部特征的理想情形下，确定新颖性就是找到"直接命中"文献的简单问题。另外，如果能够找到一篇或多篇文献共同披露发明的部分或全部特征，那么可能破坏创造性。换言之，确定创造性需要"模糊检索"，目的在于查找到"间接命中"的文献，或者查找到与发明具有一定程度相似性的文献。若无其他概念分析或主题索引工具，要在第一级数据库中实现这个目标是非常困难的。关于语义检索技术的部分研究有可能协助创造性检索，但目前很少有系统提供一致结果。

d）必须包括专利文献与非专利文献。在大部分西方工业化国家，现有技术的定义对文献类型一视同仁。如果申请人希望在"普遍新颖性"的管辖下获取专利，那么必须在此定义的前提下实施检索。即使如果申请人位于世界的其他地方并且试图本地提交优先权文档，也同样适用。因此位于新西兰的企业希望在欧洲、美国或日本等主要贸易区域获取专利保护，需要以目标国家的更高标准来实施专利性检索。尽管事实上新西兰知识产权局根据本国新颖性规则审查与授权新西兰专利，该新颖性规则排除了50年前的任何专利公布。令人遗憾的是，很少数据库在其主题领域内对所有文献类型进行一致性处理，该一致性处理将使单一检索查找到相关现有技术而无须考虑原始文献类型。一个例外是 CAS 著录项目文档，其对化学专利文献与非专利文献应用通用索引体系。在其他主题领域，有必要通过非专利文献的二次检索补充初步专利检索。近年来，欧洲专利局大幅提升检索非专利文献的力度。帮助非专利文献检索过程的方法之一是把专用于保存与检索专利的内部欧洲专利分类系统的分类号同样应用于非专利文献。提供通用检索框架，实际上类似于 CAS 索引。然而，这类系统还是很罕见。

e）必须快速更新。对于良好的专利性资源而言，最后一个标准是内容及时更新。这是增值型数据库难以实现的目标，原因在于精练第一级数据的过程毫无疑问需要耗费时间，其结果是专利文献的实际公布日期与其在数据库中首次出现的时间之间存在明显时滞。许多第一级数据库可以在公布日当天发布新文献，这使得第一级数据库适合于补充检索增补追溯性文献主体以及当发明在审时持续监测任何竞争申请。然而，实际上增值提供商近几年也已经取得长足进步，能够在公布数天内提供新专利全索引记录。对于检索人员而言，关键是在依赖数据库进行专利性检索之前要意识到任何永久的或暂时的数据提供困难会影响所选数据库。通常通过数据库提供商网站的媒介或者用户群体的类似交流，有关"数据缺失"与及时性问题的信息才逐步变得普及。

## ▶ 侵权检索

关于如何为专利性检索选择一个或多个信息源的许多评论也适用于侵权检索。该检索类型也被称为"自由实施"或"自由实践"检索。目的在于规避侵犯他人专利的可能性。如果企业或个人试图从事的活动可能落入其他专利权人的专利权范围（譬如制造、出售或进口被保护产品），那么就需要征得专利权人的同意——很可能是许可。要不然，需要选择修改新的产品，使其落在专利保护范围之外。无论哪种情况下，侵权检索都是一项演练，以确定何人的专利权可能对未来行动构成限制。如果生产或市场计划不得不在最后时刻修改，那么未能实施侵权检索最好的情况是浪费宝贵时间，最坏的情况是侵权法律诉讼。

侵权检索开始试图识别与目标产品或方法"相关"的第三方所占有的专利，即主题检索。当然，可以忽略非专利文献的问题，重点使用纯专利信息源，原因是非专利文献不存在强制执行的权利。一旦获得备选专利列表，那么存在 3 个另外的标准限制该列表。

第一个限制是，既然专利是地域性的，那么侵权检索仅需要关注准备实施的特定国家所授予专利权人的专利。因此，试图在英国生产美国专利产品，如果不准备把该产品出口到美国，那么产品的美国专利对生产实施毫无威胁。检索结果应当考虑在实施目标国保护发明的任何地区的专利制度。譬如，试图在西班牙制造产品，那么有必要检索西班牙本国专利以及影响西班牙的任何欧洲专利——两者对于在西班牙实施行为都是障碍。在部分情况下，有可能在检索开始时通过利用仅包含所关注国家专利的数据库施加限制。第二个限制与任何查找到的相关专利的法律状态相关。如果专利权人维持专利有效，包括缴纳任何必需的续展费用，那么专利权人将仅能够针对被控侵权人行使权利。如果专利权人自身没有任何兴趣实施发明并且仅出于阻碍竞争对手进入市场的目的，那么专利权人不能使专利失效并且维持专利。通常有必要通过查询相关专利局的官方登记簿数据卷单独核查专利的法律状态。另外，INPADOC 数据库提供超过 50 个国家官方法律状态整合信息源并且在多个平台上可以使用。第三个限制也适用于自由实施检索，但通常不在检索人员或专利信息专家的职权范围内。这是权利要求解读的问题。实施专利权人的权利仅可能与专利文献权利要求书相关而不是整个说明书。一旦实施检索识别相关文献，那么通常专利代理人或专利律师的任务是就目标行为是否落入专利权利要求的确切范围内提供法律意见。该阶段不应当由不熟悉相关专利法律的任何人实施。

考虑到这些检索要求，对于侵权检索而言，显然数据库需要遵循下述标准：

a）计划实施的国家/地区的全面收录。这并不总像看起来那么简单。现代世界有数量惊人的附属领土与半自治地区，哪个国家的专利在上述这些地方有效并不明显。譬如，美国专利在波多黎各境内赋予专利权人权利，即使该岛并未完全独立。类似地，如果试图在格陵兰实施，有必要查询部分——但不完全——丹麦专利。在实施侵权检索之前，对到底计划什么以及计划地点进行详细描述很有必要。

b）多技术资源的良好访问，和专利性检索的原因相同。在试图规避侵权时，仅仅因为相关专利在"明显"主题领域之外并且因此未收录在所选择进行检索的数据库中而忽略该相关专利，这将是不明智的。

c）良好的详细主题检索功能，与专利性检索的原因相同。对于侵权检索，最早的相关专利可能是约 20 年前所提交且其保护期限即将届满的专利。事实上，通常最早文献在商业上对于专利权人最为重要，如果遭遇法律诉讼，其将是最为有力的抗辩。因此检索必须确保查找全面，涵盖多年以来的易变术语。

d）准备访问权利要求的确切文本。尽管提供实际侵权的可能性意见是专利代理人的工作，但检索人员能够通过收录报告中任一备选专利的权利要求书的完整文本来协助这一过程。仅权利要求书可能被侵权，而不是说明书的全部内容。互联网通过提供对专利权利要求书的便捷访问已经使得完成侵权检索更为容易。许多国家现在通过互联网公开专利说明书，不仅有静态图像（TIFF或 PDF 页面图像，嵌入式图像），还有纯文本。

e）检索记录的法律状态链接。和权利要求书一样，法律状态记录的内容经常需要专家解读，但检索人员可以通过确保向专利代理人提供相关检索所识别的任一具体申请的完整信息进行协助。如果查找到的专利已经期满、失效或撤回，那么有可能需要继续进行诉讼，否则会被视为侵权。然而，有可能存在本国恢复程序或上诉程序能够恢复明显失效的专利，因此在作出商业决策之前需要准确的法律建议。

现已描述一种自由实施检索，值得注意的是，相同术语有时用于表示"查清检索"（clearance search）。查清检索的目标较之典型的自由实施检索略为宽泛。查清检索更大程度上是审前调查，而不考虑一项特定专利的具体实施行为（制造、进口等），目的在于确定世界上哪些地方现在或在可预见的将来免于知识产权的掣肘，以便实施检索的企业更好地了解在其他因素的影响下（例如）建立新生产基地的可能性。因此，查清检索应当考虑待审专利申请，其可能变为能够阻碍实施的授权专利，甚至应当扩展到查阅商业与金融文献以发现可用经济激励措施的新闻或者竞争企业新建工厂的信息。不管在什么情况下，为了明确必须使用何种信息源，专利检索人员弄清检索需求的背景与动机非常重要。

## ▶ 参考文献

European Patent Office, Technical Board of Appeal Decision No. T303/86. CPC International. Decision delivered 8 Nov 1988.

# 第 *13* 章
## 常用检索类型（III）——组合与法律诉讼检索

▶ **组合检索**

　　组合检索是以试图重构特定"主体"的知识产权资产的准确状况为基础，其中"主体"通常是企业但有时也是个人。在这两种情况下，最主要的挑战是确定哪些专利在检索时真正地归属于主体。然而，查找姓名或企业索引不是一件简单的事情，原因在于个人与企业都可能随着时间而更改身份（前者主要通过结婚或离婚的方式，后者则通过企业合并、收购或转让的方式）。

　　在任意指定的时间点，企业知识产权组合几乎始终是由下列项共同构成：

　　● 非专利知识产权（诸如商标、设计与域名）——当设定专利知识产权的背景时，需要牢记这些非专利知识产权，但此处不作进一步考虑；

　　● 企业原创的发明专利（"自有技术"）；

　　● 源自企业外部的发明专利，但随后已经进行收购（"买入"技术）；

　　● 第三方持有专利的实施许可，其为许可企业产生收益（"租用"技术）。

　　除上述项之外，组合检索经常会查找到曾经隶属于企业的知识产权项，但由于出售或转让（"转出"技术）应当不再计入企业知识产权组合。在某些情况下（举例而言，如果组合检索试图确定企业的创新能力），这些知识产权项应当引起检索请求人的重视。如果目标是收购，那么基于对企业知识产权资产的滞后认知来收购企业，显然不是好的商业决定。这里蕴含着一个风险，收购者可能发现他们获取的是一个空壳而并非他们想要的资产。

　　应当清楚组合检索的首要考虑因素之一是检索人员需要对待检索企业的历

史结构与当前结构有全面的了解。专利著录项目数据库通常仅收录专利公布之日的专利权人名称，并且无论企业（及其知识产权）在随后数年内几经易手都不再更新此信息。因此，为了实施检索我们需要了解当前正式企业名称、常用别名与简称，子公司与合资企业的常用贸易身份以及最终母公司或控股公司。另外，我们需要至少最近 20 年的上述全部信息，原因在于有可能当前企业仍然持有 20 年前授权给任何一个企业前身的有效专利。

组合检索所需要考虑的第二个因素是任何确认专利的维持问题。许多企业拥有从表面上看起来引人瞩目的专利清单，但通常清单上相当一部分专利都将成为过期或失效专利，并且至少就树立企业工业优势的形象而言这些专利对整个组合毫无贡献。一旦所列文献发生变更，则有必要复核每项专利来确定是否已经发生专利转让或年费未缴纳、撤销或其他诉讼等授权后行为，这些行为将会从整体上影响组合的价值。

为了协助检索人员，部分数据库提供商具有标准化的专利权人名称。至少有助于解决因细小名称变化而遗漏专利的问题，并且某些情况下用来归并已知子公司的专利。德温特专利权人代码是用于解决上述问题的最大常用工具；该代码绝非完美，应当谨慎使用，但可以用来协助专利检索人员达到最终目标。关于专利权人代码清单的文献可以从 Thomson Reuters[1] 获取。已经有公司开始尝试（譬如美国的 CHI Research）编辑公司结构字典，以协助专利组合检索，但这些公司结构字典往往实用性有限和/或制作花费高昂。不管在什么样情况下，最好建议检索人员在试图进行组合检索之前花费一些时间在现有商业信息工具上（譬如 Who Owns Whom 或类似目录）。

组合检索另外两个因素，都与检索的时机相关。既然组合检索常常用来评估特定公司的产业实力，那么重要的是要牢记专利信息——无论多么仔细地收集专利信息——都通常仅仅表明企业 18 个月之前的研发项目成果。这是因为专利申请与公布之间固定的时滞。显然，这意味着为了弥补这一时滞必须通过对常规新闻、商业与金融等信息源的进一步研究来完善任何有意义的专利文献检索。另一个"时机"问题同样与涉及法律状态的全部检索相关，就是要记住通过在指定时间点查询数据库，我们观察到企业组合在动态发展中的情形或者发展过程的瞬间一瞥。最准确的现行法律状态数据库只能提供有关检索当日的结果，而检索次日可能已经增加新的信息，这完全有可能改变我们对于组合的判断。

## ▶ 有效性检索与异议检索

这些检索类型在范围上与新颖性检索或专利性检索相似，因为必须处理很多文献类型以及期限。本章对这些检索类型进行讨论的原因是这些检索类型具有不可或缺的法律性。

有效性或异议检索的目的在于为法律诉讼收集材料，质疑对手专利的有效性。目标是提出关于特定授权专利实际上是否符合专利性要求的问题，从另一个方面而言，支持撤回或无效的论点。

在有效性检索中，检索人员的客户可能已经被控侵犯在诉专利，并且正试图通过找到证据无效专利来消除指控的影响。理由很简单，就是"在专利消灭你之前，你要先消灭它"。如果被控侵权的一方能够成功地表明原告专利并非有效，那么他们无须接受指控。这种形式的检索可能发生在专利生命周期的任何时点。

异议检索被设计用来在专利生命的早期提出专利性问题。异议诉讼——在存在的情况下——往往是由授权专利局的专业部门而不是法院来受理。就欧洲专利制度而言，在授权之后立即异议专利是在全部指定国同时消除专利影响的有效途径。无法充分利用异议程序则意味着任何后进对手都不得不在寻求无效的每一个国家的本国法院发起平行诉讼。

在这两种情况下，检索人员的目的是确认在已知专利的优先权日之前已经公布的主题，并因此以缺乏新颖性或创造性为由提出反对。对于检索人员而言，联络相关法律专家是不可或缺的步骤，以确保准确理解优先权日期。在复杂情况下，专利申请的不同部分可能具有与其相关的不同优先权日期（举例而言，如果数个申请关联到一个公约申请中），则检索人员必须知道对专利申请每一部分进行检索的截止日期。

在有效性检索或异议检索期间，许多检索人员利用在诉讼管辖区域内争议专利相关的开放访问文档案卷。可想而知，在一国驳回所引用的证据在另一国不完全被考虑，因此诉讼期间可能会提出这些文档案卷。文档案卷中的任意资料的重要性以及处置很大程度上取决于当地法律，并且应当咨询接洽专利代理人。

如同专利性检索那样，主要的著录项目信息源必须收录多个国家与多重技术源。除了扩展主题索引之外，全文文本能够成为有效性检索领域的有力工具。破坏性在先公布可能已经出现在专利文献的实施例或讨论部分，如同出现在权利要求书中一样，而且在检索中所使用的文摘或许并不强调这些内容。再者，提供内容披露的文献类型是毫不相关的，全部可用的专利文献与非专利文献都必须进行检索。论文与报告等"灰色"文献经常可以产生有用资料来支持无效论点。部分检索领域的专家（譬如异议软件专利，参阅 http：//www. bustpatents. com/）坚持认为在非专利文献中比在专利文献中能找到更多的现有技术，并且检索人员在进行非专利文献检索时必须扩大检索范围。

在异议检索中使用检索引擎的一个有用之处在于是否允许用户通过日期限制检索结果。然而，重要的是，并非数据库中所有记录将会以相同精度填充公布字段。譬如，季刊杂志的论文记录将会仅列出出版月份，而不是出版日期。检索人员在使用日期限制之前应当彻底地理解命令语法，原因在于这可能冒着意外排除相关资料的风险。

公布日期的相关问题是互联网的施引。互联网作为流媒介，潜在无效专利的资料可能有一天出现而第二天消失。使用互联网资源的检索人员应当确保保留某种形式的实体记录，该记录是关于具体何时何地查找到现有技术的信息；如果需要的话，这可以包括打印相关网页并添加时间戳。《研究公开》杂志与基于网页的 IP. com（http：//www. ip. com）等正式公开数据库提供文档内容的准确审计跟踪。欧洲专利局关于使用与施引互联网参考文献的观点，可参阅 Archontopoulos[2] 与 van Staveren[3] 的论文。近年来，欧洲专利局上诉委员会的部分案件[4]已经质疑关于互联网引文的处理，尽管欧洲专利局[5]已经发布新的指导原则，但该问题并未得到解决。

▶ **参考文献**

1. Further information and a searchable listing available at（http：//science. thomsonreuters. com/support/patents/dwpiref/reftools/companycodes/）［Accessed on 2011. 07. 22］.

2. Prior art search tools on the Internet and legal status of the results：a European Patent Office perspective. E. Archontopoulos. World Patent Information 26（2），（2004），113 – 121.

3. Prior art searching on the Internet：further insights. M. van Staveren. World Patent Information 31（1），（2009）54 – 56.

4. Game system，game providing method，and information recording medium. European Patent Office Board of Appeal Decision T1134/06，16 Jan 2007.

5. Notice from the European Patent Office concerning internet citations. Official Journal of the EPO，32（8 – 9），（August – September 2009），456 – 462.

# 第**14**章
# 法律状态检索的信息源

## ▶ 什么是"法律状态"?

　　法律状态检索可以是自身权利的查询，来证实特定文献的可信度，或者作为其他检索类型的补充，譬如组合评估。

　　法律状态检索的基本原则在于证实目标文献是否表示实施权利。检索人员的动机可能不同，他们可能是希望取得许可自行实施，也可能是希望了解如何指导自身研究以避免侵权的可能性，或者可能是希望知晓专利一旦过期如何进入市场。

　　法律状态信息资源在许多方面不同于专利著录项目数据库或专利全文文本数据库，这与数据库内容及其解读都有关系。

　　• 通常仅以相关国家的官方语言提供。尽管部分国家专利局正试图加入标准元素（譬如 INID 代码，或标准词汇或短语译为英语）帮助不熟悉其语言的用户，但是由于语言障碍，许多国家法律状态登记簿仍然很难孤立地理解。理想的做法是，结果应当由熟悉本地立法的人进行解释，原因在于个体事件可能以授权法规的形式进行记录（譬如，"根据专利法第 123 条提交的申请"也许对信息专家没有多大意义，但对本地专利代理人却不一样）。

　　• 支持这些数据库的检索引擎通常提供非常有限的数据访问方式。一般而言，仅有可能通过申请号或公布号进行检索，而无法通过受让人、所有人或分类等更宽泛条件进行检索。正因如此，登记簿不是用来回答"X 企业在 Y 国有多少件专利？"等问题的良好工具。这些问题最好通过著录项目数据库以及专利号清单进入登记簿检验专利是否有效来确定。

　　• 法律状态数据库是"事件驱动"而不是"文献驱动"。在数据库中新记录的创建或已有记录的修改取决于专利申请生命周期的特定事件，可以是当专利申请待审时，也可以是在某些情况下专利申请授权后。这些事件可以包括（举例而言）提交请求书或其他官方表格的申请人行为、在实质审查过程中专利局发布审查决定书、申请人答复审查决定书或者缴纳应缴费用。记录的"事件驱动"性质具有两重含义。第一，不同法律状态数据源可以选择收集同一申请生命周期的不同事件，这意味着为确定申请生命周期的全部事件，查看多个信息源也许是必要的。第二，如果国家法律允许，法律状态记录的后期部分可能看起来与早期部分相互矛盾。譬如，PCT 申请未进入国家阶段的通知可能在授权通知之后接收，原因在于还没有收集到有关延迟进入国家阶段的受理以及后续审查的中间事件。

- 法律状态数据库的内容反映了授权机构的权限，这意味着未被专利局处理的任何事件都不会加入登记簿。这可能包括众多事件，譬如未致使权利要求书任何修改的授权后诉讼事件（造成权利要求书修改的诉讼通常会在官方公报上公布，因此出现在数据库中）、所有权的转移、许可准予或补充保护证书等延长期限的准予（补充保护证书在欧洲是由各国专利局而非欧洲专利局管理；在世界的其他地区，补充保护证书可以是政府卫生机构管理，完全与专利局无关）。特别是，用户应当意识到，在部分行政辖区内，不存在向专利局报告特定事件的强制要求。因此，登记簿中任何这类记录的遗漏都不能作为事件未发生的确凿证据。对于美国等未要求专利权所有人登记授权后转让的国家而言，这是一个独特的问题。

- 如果本地法律允许可以从法律状态登记簿中移除内容。譬如，《欧洲专利公约实施细则》当前第 147 条仅要求欧洲专利局在最后指定国驳回、撤回、撤销或失效后保留申请相关文件档案 5 年。事实上，该期限通常会超出，这说明蕴含着风险，即为了后续作为证据使用审查过程中的有用信息（譬如，审查员关于现有技术的评述以及驳回理由）可能并不总是从官方登记簿中获取。

## 专利局的服务

互联网的出现已经彻底改变各国专利局信息的可用性。英国专利商标集团（PATMG）的《检索人员》时事通讯上有英国国家图书馆的 Philip Eagle 所撰写的专栏，提供法律状态新资源的详细内容，并且在此情况下几乎没有一期时事通讯内容不进行扩充或修改就能发布。一言以蔽之，许多欧洲国家的专利局（英国、德国、丹麦、荷兰……）以及其他大部分工业化国家的专利局通过互联网免费提供自身的官方登记簿信息。读者的最佳途径是通过查阅第 8 章所述的目录服务，而不是试图要求在本书中提供服务目录。应当特别注意包括基于互联网服务在内的目录，因为大多数新登记簿都是这种形式。

查找新登记簿的补充资源是世界知识产权组织以知识产权局目录形式提供的[1]。然而，应当注意各国登记簿常常可能是单独的网站，不同于各国专利局的网站，但各国专利局网站有望提供链接。登记簿的常用用户可能发现，收藏登记簿网站的直接网址更为有用，而不是依靠相应专利局的主页。

荷兰专利信息用户社群（WON）也已经创建非常有用的网站分类目录[2]，包括登记簿清单。如图 14－1 所示的部分目录，包括（右侧边缘）提供各国登记簿直接链接的竖栏。

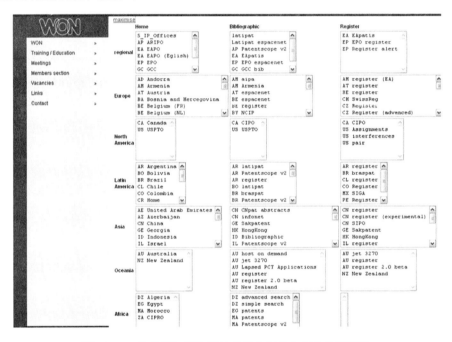

**图 14－1　公共登记簿资源的荷兰专利信息用户社群目录**

专利局提供的登记簿信息分为若干不同类型。登记簿最简单类型是通过专利授权号检索提供专利在授权日的所有著录项目记录。这实际上是根据《巴黎公约》第 12（2）（a）条所要求的最低强制信息。下一步优化是加入授权后事件的相关数据，其可以包括再转让数据、维持费用的缴纳记录、许可准予（特别是如果根据立法要求，譬如英国的强制许可）、失效与期限延长等事项。更完整的登记簿可以通过主申请派生的分案或继续申请的交叉引用来提供专利申请案件申请过程的良好概述。

加拿大知识产权局与澳大利亚知识产权局等部分知识产权局通过相同界面提供著录项目信息与法律状态的集成服务。法律状态事件的概要顺序可以在单独网页上或者在著录项目页面的底部随附公布信息正常顺序的显示。同样的情况也适用于日本，倘若在 1995 年之后发生一件或多件事件，那么日本专利文摘文档中的记录具有简要的英文法律状态内容。在撰写本书时，最全面的法律状态仍仅以日文提供。

专利局服务最完整的形式对于第三方而言要具备查阅关于特定申请在申请人与专利局两者之间每一项往来通信的功能，从带有优先权文档的首次官方表格直至受理通知以及其他文件。时至今日，这些所谓"文档查阅"（file inspection）式登记簿相对少见，但数量在逐步增加。在一些情况下（譬如英国），为了准许专利局以电子形式而不是纸质形式提供可用信息，将会通过新的立法而实现。这种增强型登记簿有两种，一种是来自美国专利商标局，称为图像文档案卷（Image File Wrapper），另一种是欧洲专利局的文档查阅系统，其最初附属于 epoline® 服务。电子文档查阅正变得越来越常见，原因在于专利局启动了电子申请。对于大量的早期记录而言，纸质文档可能永远不会被扫描并增添到登记簿中。

## 专利申请信息查询（PAIR）与图像文档案卷（IFW）

专利申请信息查询（PAIR）系统是美国专利商标局状态信息发布的第一阶段。美国专利商标局已经就 PAIR 系统的使用发布了基于计算机的培训（CBT）指南，其可以从网址 http：//www. uspto. gov/ebc/pair/cbt. htm[3] 下载。

有两种形式：公用 PAIR 与私用 PAIR。公用 PAIR 系统对所有人开放，并且对于公布阶段之后的大部分美国申请案可以查询法律状态记录。在 2001 年前，这意味着一旦专利授权，才能查看 PAIR 记录。但随着美国引入早期公布，当专利仍处于申请时，如果其对应 US – A 文献已经公布，那么现在则可以查阅 PAIR 记录。

私用 PAIR 是仅供美国注册专利代理人或专利律师使用的加密系统，系统能使他们监控其作为指定代理人的全部申请案，包括在公布之前处理阶段的申请案。这是非常有用的系统，原因在于随着现代化电子申请的普及，系统能够允许他们监控文件的分发与受理、付费以及审查意见书。私用 PAIR 访问对于独立发明人或者授予有限识别的个人而言也是可能的，已经向他们分配用户号码并且已发给数字化公钥基础设施（PKI）证书。

公用 PAIR 系统的收录范围还没有扩展到全部有效的美国专利，并且不清楚是否会一直如此。尽管当前申请从第一天起就被列入，但过档文献范围的信息不够全面。

公用 PAIR 的访问可以通过直接网址 http：//portal. uspto. gov/external/portal/pair 或者通过美国专利商标局的主页而实现。为了试图限制机器人的访问，运用 ReCAPTCHA™技术控制公用 PAIR，要求输入若干单词作为视觉口令。然而，如果 Google 所运行的授权试验成功，那么批量访问可能变得更为常见。2010 年 6 月，美国专利商标局与 Google 签订 2 年合同，该合同包括 PAIR 系统的部分数据挖掘。初步结果可以在网址 http：//www. google. com/googlebooks/uspto – patents – pair. html 上获取。该结果包含超过 80 万条的 PAIR 记录，最早的记录从申请序列号 08（1993 年）开始。

有 5 种可用的检索条件：申请号、专利号（现代的 US – B 号）、公布号（当前的 US – A 号）、控制号（用于再审请求）或 PCT 申请号（用于已经进入美国国家阶段的申请）。申请号字段要求序列号与流水号同时正确运行，否则会返回错误消息。早期公用 PAIR 系统的最大缺陷之一是无法检索临时申请号。通过引入新的"继续申请数据"选项卡已经极大地缓解这一缺陷，该选项卡包含临时申请号，可以查看记录是分案申请、继续申请还是部分继续申请。这使得理解可能在美国发生的复杂"本国专利族"结构更为容易。然而，为了全面了解专利族，需要检查每条单独的 PAIR 记录。举例而言，如图 14 – 2 所示，US6539778 – B 是基于申请 09/892314 的授权专利，但是直到用户访问该申请号的 PAIR 记录，才发现其对应的申请公布号是 US2002/0129641 – A1 并且 US659778 – B2 后续已经以 US RE42358 – E1 再版。

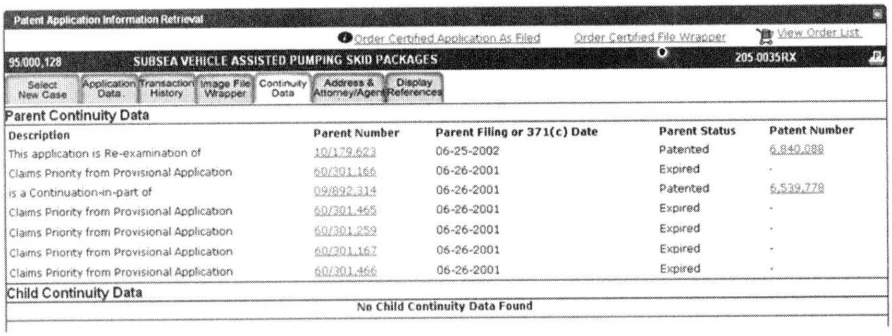

**图 14 – 2 公用 PAIR 的继续申请数据选项卡**

尽管一旦找到 PAIR 记录就可以显示国外优先权，但是在 PAIR 系统中不可以检索任何国外优先权。

公用 PAIR 向检索人员提供关于专利申请授权进展的大量信息，尤其是以"事务历史"选项卡形式，并且在合适的情况下，提供维持费用缴纳信息。然而，这并没有形成完整的申请过程。因此，需要图像文档案卷（IFW）服务，其已经作为单独选项卡与 PAIR 系统集成。

IFW 服务提供美国专利商标局纸质"文档案卷"的扫描电子版本。对于复杂专利申请而言，这些文件可能多达数百页，提供在专利申请处理期间申请人与专利局之间全部通信的完整记录。IFW 也分为两个部分，私用 PAIR 的用户能够看到自身非公布案卷的电子版本以及全部公布案卷的公布记录。美国法律公司奥佩代尔与拉尔森律师事务所参与了 IFW 系统的测试，关于 IFW 背景与内容更为详细的介绍可以参阅 Oppedahl[4] 的演示文稿。该公司还为 PAIR 用户建立讨论列表，详情参阅 http：//www. oppedahl. com/pair/，并且发布"Partridge"软件用于自动校验 PAIR 系统中的专利申请案。

IFW 选项卡最初提供文档案卷内容的电子表格。用户可以从可用列表选择部分或全部的文献，然后以压缩文件形式进行下载，包含文献的 TIFF 格式图像，或者直接在线浏览。

IFW 系统包括自 2003 年 6 月 30 日以来提交的全部专利申请，早期专利申请的纸质文档案卷的过档扫描工作正在继续。然而，和 PAIR 一样，加载全部专利申请是不可能的。美国专利商标局已经表示，2003 年 6 月 30 日待决的全部专利申请最终都会纳入 IFW，但是尚未发布关于目标进展的消息。

值得一提的是，法律状态记录的准确解读需要深度了解相关国家法律知识，原因在于变更的记录并不总是不言而喻的。Simmons[5] 在关于其他现有技术所要求授权后修改的论文中讨论了美国相关的具体例子。

## 欧洲专利登记簿（European Patent Register）

2011 年正式推出的 epoline® 服务是欧洲专利局所搭建的门户。epoline® 服务已经历一系列发展，尤其是在名称方面，现在正式称为欧洲专利登记簿（取代欧洲专利局在线与登记簿 ＋，epoline register Plus）。为了深入了解系统如何变化，参阅 Rogier[6] 的论文及其参考文献。自从 Rogier 的论文发表以来，界面已经重新设计，但内容基本相同。欧洲专利局还发布了新用户手册，可从网址 http：//www. epo. org/searching/free/register. html 获取。

epoline® 的原始组件替代了基于 X. 25 的法律状态登记簿，使用位于海牙的计算机提供欧洲专利申请各阶段过程数据。网页登记簿通过网址 http：//register. epo. org/espacenet/regviewer 的安全链接，现在可作为欧洲专利登记簿使用，在检索字段与显示格式两个方面都提供了更大的灵活性。不同于仅提供 5 种检索条件的 PAIR，当前欧洲专利登记簿提供 12 种检索条件（申请号与申请日期、公布号与公布日期、优先权号与优先权日期、申请人、发明人、代理人、异议人、IPC 分类号或名称关键词）。事实上，至今最常用的字段是第一种，允许对用户可能正监控的未决或授权申请逐案检查——无论是用户自身的还是其竞争对手的申请。然而，其他字段的额外灵活性可以提供多个专利申请过程的有用信息跟踪。

和公用 PAIR 一样，免费登记簿仅提供至少达到未经审查（EP－A）阶段的专利申请的访问。记录包括全部标准著录项目（根据欧洲专利公约实施细则旧法第 92 条，新法第 143 条），以及续展费用缴纳与检索报告中被引文献等补充信息。该补充信息以链接到 Espacenet 服务的实际文献的形式提供。

如图 14－3 所示登记簿的示例记录（EP 666666－B）。如图 14－4 所示，从左侧菜单选择链接"All Documents"提供案卷内容列表。从案卷中下载内容的操作基本上与 PAIR 系统相同，这一点并不奇怪，原因在于美国专利商标局许可欧洲专利局所开发的软件用于其自身的服务。

**图 14－3　epoline 登记簿的示例记录（截图）**

epoline 的安全文档查阅等效于美国私用 PAIR，向授权代理人提供非公布专利申请的加密访问。epoline 还集成了在线电子申请服务，允许以规定电子格式向欧洲专利局提交专利申请。

欧洲专利局正持续优化 epoline 系统，这包括无论何时修改登记簿条目要求电子邮件进行更新的功能。这一工具由 WebRegMT（监控工具）软件提供，现重新命名为登记簿提醒（Register Alert）。一个尚未实施的优化功能是递送更具针对性的提醒，其目的在于每当检索策略所定义的特定行为（而不是申

图 14 - 4　欧洲专利局文档查阅——内容列表

请有关的任何新行为）发生时，就提供通知。目前，通过使用商业主机系统（譬如使用 INPADOC 法律状态代码）这样的精度才有可能。

　　值得一提的是，正如开放专利服务已经向开发者敞开门户构建专利著录项目信息的自有前端，至少一家机构已经创建了法律状态信息的新前端。最初是由 Minesoft 公司以"EP Tracker"进行销售，并且仅提供欧洲专利局登记簿的访问。更新版本的 Patent Tracker（http：//www. minesoft. com/patenttracker/）可以人性化追踪一系列其他国家登记簿事件以及 INPADOC 数据。PatBase 和 Total Patent 等其他商业服务提供商已经将链接集成到自身的著录项目工具中以从专利族显示中辅助访问各国登记簿。

## 欧洲国家的各国登记簿

　　如前文所述，WON 网站链接集合是查找欧洲国家新登记簿的优秀资源，因此本节将不再试图进行全面调查。然而，值得强调的是，尽管欧洲专利局占据优势地位，但是欧洲专利局成员国本国登记簿会持续其重要性。这是因为对于一国的知识产权而言，本国登记簿是其法律状态变化最早的通知，其包括指定进入的欧洲专利与本国专利两者续展费用的缴纳。另一个原因是本国登记簿是欧洲专利局未授予的其他知识产权类型相关的信息源，譬如国内实用新型。

　　从著录项目信息的角度而言，本国登记簿还可以包括从公布专利申请中无法获取的信息。典型的例子是，在 DE – A 文献公布时尚未完成检索报告的情况下（此情况经常发生，原因是在德国检索可能会被延迟超过 18 个月），德国本国登记簿包括检索报告内容。取代早期 DPINFO 服务的 DPMAregister 可以在网址 http：//register. dpma. de/上获取。对应的提醒服务是 DPMAkurier。

德国本国登记簿的一部分可以通过英语界面使用，并且许多内容已被翻译。法国也是如此，以短句的形式提供一组标准法律状态事件，链接代码的每一个法律状态事件都可以在英语版与法语版的数据库中使用。这可以帮助理解事件的含义。通过法国国家知识产权局主页的链接"Statut des brevets"或者直接通过网址 http：//regbrvfr. inpi. fr/portal 使用登记簿。和 PAIR 一样，检索字段的范围局限于少量有用元素，包括申请号与申请日期、公布号与公布日期、优先权日期与授权日期，但不包括优先权号。根据欧盟制药与农用化学品条例，可检索内容包括自 1993 年以来的补充保护证书申请与授权。直接可访问的信息少于欧洲专利局登记簿，但从文档查阅中所识别的选定文献的核证副本（譬如正式"注册"文献在国家登记簿中记录变化）可以支付很少费用来获取。大量表格与其他通信可以从内容表与图像列表中找到，这一点与欧洲专利局登记簿非常相似。

自 2011 年起，WON 目录列出了奥地利、比利时、克罗地亚、捷克、丹麦、爱沙尼亚、芬兰、匈牙利、爱尔兰、意大利、立陶宛、卢森堡、摩尔多瓦、荷兰、挪威、葡萄牙、俄罗斯联邦、斯洛伐克、斯洛文尼亚、西班牙、瑞典、瑞士、乌克兰以及英国等国家本国登记簿的链接。另外一个地区专利局是位于莫斯科的欧亚专利局，其代表 9 个苏联加盟共和国的授权专利，并且在 http：//www. eapais. com 上也有登记簿，当欧亚专利卷入任一成员国的法律诉讼中时，该登记簿通常不提供法院信息的链接。

## 亚洲国家（地区）的本国（地区）登记簿

随着亚洲知识产权日益增长的重要性，许多西方企业正试图从亚洲获取专利有效性的相关信息。除了日本，很少有国家免费提供电子信息，这种情况直到最近几年才有所改观。然而，许多亚洲发达的工业化国家/地区着手通过互联网网站免费提供自身的信息。这包括中国、中国香港、印度、韩国、马来西亚、菲律宾、新加坡、中国台湾与越南。表 14 – 1 列出了这些国家/地区的登记簿的当前网址。

表 14 - 1　精选的亚洲法律状态登记簿

| 国家/地区代码 | 国家/地区 | 网址 | 备注 |
|---|---|---|---|
| CN | 中国 | http：//search. sipo. gov. cn/sipo/zljs/searchflzt. jsp | 仅可通过申请号检索 |
| HK | 中国香港 | http：//ipsearch. ipd. gov. hk/patent/index. html | |
| IN | 印度 | http：//ipindia. nic. in/ipirsl/patentsearch. htm | |
| KR | 韩国 | http：//eng. kipris. or. kr | |
| MY | 马来西亚 | https：//pantas. myipo. gov. my/workflow/ENG/ | 仅可通过申请号检索 |
| PH | 菲律宾 | http：//patents. ipophil. gov. ph/PatSearch2/ | |
| SG | 新加坡 | http：//www1. ipdl. inpit. go. jp/RSI/cgi - bin/RSIP001. cgi | |
| TW | 中国台湾 | http：//twpat. tipo. gov. tw/tipotwoc/tipotwkm | |
| VN | 越南 | http：//iplib. noip. gov. vn/IPDL_EXT/WEBUI/WLogin. php | |

　　最新进展之一是印度信息以 iPAIRS 系统的形式进行升级。当前界面仅允许通过印度专利申请号进行检索，不提供其他检索条件，网站突出描述为"测试中"，这表明印度数据的可用性朝前迈进了很大一步。和其他登记簿一样，iPAIRS 系统直到自申请日或优先权日起 18 个月申请公布后才发布信息；授权之后，还记录检索报告、续展费用缴纳与转让等补充数据。

## 多国收录资源

### INPADOC - PRS

　　许多年来，INPADOC 的法律状态模块 PRS 成为法律状态的主要电子检索工具。如今 PRS 仍然非常重要，原因是其提供了跨专利族和/或大量文献进行检索的功能，该项功能在专利局系统是无法获取的。如 INPADOC - PRS 已加载到商业主机，对于检索人员而言，有可能运行主题或申请人检索，并且在一次操作中将找到的大量文献导入法律状态文件，以核实有效性、失效等。

　　INPADOC 中的法律状态信息来源于各国专利局公报并且编撰为标准的

"事件"。随后，输入这些事件代码与相应的解释文本作为不连续的子字段，链接到其所属专利的著录项目记录。举例而言，GB2200000 - B 的 INPADOC PRS 数据包括下述事件：

> PRS 日期：1993/09/15
> PRS 代码：PCNP
> 代码解释：因未缴纳续展费用专利终止
> 生效日期：19930116

PRS 日期是信息输入数据库的日期，而生效日期是行为开始生效的日期。在本例中，直至恢复期满，失效公告才出现在英国公报中——因此 1993 年 9 月公报的公告是专利已经自 1993 年 1 月起终止。对于法律状态信息而言，用这种方式追溯既往并不罕见，重要的是用户在解释法律状态数据库结果时应当熟悉当地立法与实践。Admas[7] 已经描述部分相关因素。

上述示例中的 PRS 代码能使检索人员查明特定行为，并且能够依据行为自身权利检索到行为，而不是使用专利号作为检索关键词进行逐一核查。在商业主机中，譬如构造策略来检索在给定年份中因未缴纳续展费用而终止的全部英国专利申请，这一点是可能的。代码对于每个国家而言都是唯一的，原因是一国所描述事件的代码可能完全不同于另一国所描述最接近的对应事件的代码。在撰写本书时，许多主要国家的说明表正在编制中，并且部分（澳大利亚、新西兰和美国的说明表）已经加载在网址 http：//www. epo. org/searching/essentials/data/tables. html 上。

由于 PCT 信息的重要性，近年来 INPADOC 的 PRS 服务收录范围已经大幅扩展。因为 PCT 制度已经成为大大小小申请人进入专利处理流程的更为常用的方法，所以能够监测这类申请的命运变得更为重要。明确而言，能监测申请人是否事实上已经进入国家（或地区）阶段是很有用的，尤其是因为在公布文献扉页上指定国家列表不再是进入国家阶段意图的表示。了解没有进入国家阶段甚至更为重要。换言之，申请人何时已经作出明确的决定不使用其 PCT 申请作为在特定国家寻求国家专利保护的途径。20 世纪 90 年代期间，世界知识产权组织委托欧洲专利局启动一个项目来为尽可能多的国家收录 PCT 进入与未进入数据并且将其纳入 INPADOC - PRS 数据集。

随着多个国家补充保护证书（或等效的药品期限延长）信息的收录，PRS 数据进一步扩展。表 14 - 2 包含了截至 2011 年中期国家收录范围的概述。注意未区分同时提供专利与实用新型法律状态的国家，并且在部分情况下（如"否"出现在第 3 栏中）唯一的专利法律状态信息是欧洲专利指定国家的登记数据而不是用于国家专利制度的数据和/或 PCT 进入数据。两栏 PCT 进入数据表明部分内容是根据互换协议由世界知识产权组织提供且与 PatentScope 的信息相同，而其他栏则直接表明各国家专利局与欧洲专利局两者之间的协议。

**表 14 - 2 截至 2011 年 INPADOC PRS 收录范围**

| 国家（地区）代码 | 国家（地区） | 国家或 EP 法律状态的起始（-终止）年份 | PCT 进入数据（EPO） | PCT 进入数据（WIPO） | PCT 未进入数据 | 补充保护证书或等效 |
|---|---|---|---|---|---|---|
| AT | 奥地利 | 1975 | 是 | 否 | 是 | 是 |
| AU | 澳大利亚 | 2000 | 是 | 是 | 是 | 否 |
| BE | 比利时 | 1984 | 否 | 否 | 否 | 是 |
| BG | 保加利亚 | 无 | 是 | 是 | 否 | 否 |
| BR | 巴西 | 1995 | 是 | 是 | 否 | 否 |
| BY | 白俄罗斯 | 2007 | 否 | 是 | 否 | 否 |
| BZ | 伯利兹 | 2002 | 否 | 是 | 否 | 否 |
| CA | 加拿大 | 1993 | 是 | 是 | 是 | 否 |
| CH | 瑞士 | 1958 | 否 | 是 | 否 | 是 |
| CL[*] | 智利 | 1990 ~ 1998 | 否 | 否 | 否 | 否 |
| CN | 中国 | 2002 | 否 | 是 | 否 | 否 |
| CO | 哥伦比亚 | 2003 | 否 | 否 | 否 | 否 |
| CU | 古巴 | 2010 | 否 | 否 | 否 | 否 |
| CZ | 捷克共和国 | 2000 | 否 | 是 | 否 | 否 |
| DD | 德意志民主共和国 | 1992 ~ 2004 | 否 | 否 | 否 | 否 |
| DE | 德国 | 1978 | 是 | 是 | 是 | 是 |
| DK | 丹麦 | 1982 | 否 | 否 | 否 | 是 |
| EA | 欧亚专利局 | 1996 | 否 | 是 | 否 | 否 |
| EE | 爱沙尼亚 | 2004 | 否 | 否 | 否 | 否 |
| EG | 埃及 | 2008 | 否 | 是 | 否 | 否 |
| EP | 欧洲专利局 | 1978 | 否 | 否 | 否 | 否 |
| ES | 西班牙 | 1992 | 是 | 是 | 否 | 是 |
| FI | 芬兰 | 1993 | 否 | 是 | 否 | 否 |
| FR | 法国 | 1969 | 否 | 否 | 否 | 是 |
| GB | 英国 | 1968 | 是 | 是 | 否 | 是 |
| GE | 格鲁尼亚 | 1998 | 是 | 是 | 否 | 否 |
| GR | 希腊 | 1989 | 否 | 否 | 否 | 否 |
| HR | 克罗地亚 | 2008 | 否 | 是 | 否 | 否 |
| HU | 匈牙利 | 1990 | 否 | 是 | 否 | 否 |

| 国家（地区）代码 | 国家（地区） | 国家或 EP 法律状态的起始（－终止）年份 | PCT 进入数据（EPO） | PCT 进入数据（WIPO） | PCT 未进入数据 | 补充保护证书或等效 |
|---|---|---|---|---|---|---|
| *HK* | 中国香港 | *2004* | *否* | *否* | *否* | *否* |
| *IE* | 爱尔兰 | *1993* | *否* | *否* | *否* | *是* |
| IL | 以色列 | 1996 | 否 | 是 | 否 | 是 |
| *IT* | 意大利 | *1989* | *否* | *否* | *否* | *是* |
| JP | 日本 | 无 | 是 | 是 | 是 | 否 |
| KE | 肯尼亚 | 无 | 是 | 是 | 否 | 否 |
| KR | 韩国 | 无 | 是 | 是 | 是 | 否 |
| LT | 立陶宛 | 1995 | 是 | 是 | 否 | 是 |
| *LU* | 卢森堡 | 无 | *否* | *否* | *否* | *是* |
| LV | 拉脱维亚 | 无 | 是 | 是 | 否 | 否 |
| *MC* | 摩纳哥 | *1972~1992* | *否* | *否* | *否* | *否* |
| MD | 摩尔多瓦 | 1994~1999 | 否 | 是 | 否 | 否 |
| MX | 墨西哥 | 无 | 否 | 是 | 否 | 否 |
| MY | 马来西亚 | 无 | 否 | 是 | 否 | 否 |
| *NL* | 荷兰 | *1993* | *否* | *否* | *否* | *是* |
| *NO* | 挪威 | *2001* | *否* | *否* | *否* | *是* |
| NZ | 新西兰 | 2001 | 否 | 是 | 否 | 否 |
| PH | 菲律宾 | 1990~1997 | 否 | 否 | 否 | 否 |
| PL | 波兰 | 2007 | 否 | 是 | 否 | 否 |
| *PT* | 葡萄牙 | *1991* | *否* | *否* | *否* | *是* |
| RO | 罗马尼亚 | 2006 | 是 | 是 | 否 | 否 |
| RU | 俄罗斯联邦 | 2005 | 是 | 是 | 否 | 否 |
| SE | 瑞典 | 1995 | 是 | 否 | 是 | 否 |
| SI | 斯洛文尼亚 | 1994 | 是 | 否 | 否 | 否 |
| SK | 斯洛伐克 | 2011 | 是 | 是 | 否 | 否 |
| *TW* | 中国台湾 | *2000* | *否* | *否* | *否* | *否* |
| US | 美国 | 1968 | 是 | 是 | 否 | 是 |
| UZ | 乌兹别克斯坦 | 无 | 是 | 是 | 否 | 否 |
| *WO* | *PCT* | *1978* | *否* | *否* | *否* | *否* |
| ZA | 南非 | 无 | 否 | 是 | 否 | 否 |

注：斜体字表示独有内容。

\*由于数据提供问题，不再列举智利作为 PRS 服务的收录国家。

## WIPO 的 PatentScope

PatentScope 服务最初不包含 PCT 申请国家（地区）阶段的相关信息，并且包含很少国际阶段期间所提交或交换文献的相关信息。然而，在最近几年，系统进行了非常快速的扩展。尤其是，已经与许多国家或地区专利机构达成协议，把国家阶段条目数据加入 PatentScope。表 14 - 3 表明截至 2011 年 7 月的 PatentScope 收录范围，这与通常包括国家专利法律状态的 PRS 收录范围相比较。斜体字显示的国家或机构表明 PatentScope 的独有内容（共计 4 个机构）。比较而言，PRS 服务具有在 PatentScope 中未出现的其他 18 个国家（地区）的国家法律状态、欧洲法律状态或 PCT 法律状态。这些国家（地区）大多是欧洲专利局成员，再加上巴西、智利、哥伦比亚、中国香港与中国台湾，同样这些国家（地区）也把 PCT 著录项目信息与国际阶段的法律状态变更相链接。表 14 - 2 中以斜体字强调 PRS 的独有国家内容。

**表 14 - 3　PCT 国家阶段条目的 PatentScope 收录范围**

| 国家代码 | 国家/地区 | 起始年月 | 加载的最近年月 |
|---|---|---|---|
| *AP* | *非洲地区工业产权组织* | *1996 - 07* | *2008 - 08* |
| AT | 奥地利 | 1980 - 11 | 2008 - 10 |
| AU | 澳大利亚 | 1997 - 12 | 2011 - 04 |
| BG | 保加利亚 | 2004 - 01 | 2007 - 12 |
| BY | 白俄罗斯 | 2007 - 01 | 2007 - 06 |
| BZ | 伯利兹 | 2002 - 08 | 2007 - 02 |
| CA | 加拿大 | 1994 - 02 | 2010 - 02 |
| CN | 中国 | 1998 - 01 | 2008 - 11 |
| CU | 古巴 | 2009 - 11 | 2010 - 06 |
| CZ | 捷克共和国 | 1990 - 11 | 2011 - 04 |
| DE | 德国 | 1980 - 11 | 2011 - 04 |
| EA | 欧亚专利局 | 2006 - 11 | 2009 - 09 |
| EG | 埃及 | 2008 - 01 | 2011 - 02 |
| EP | 欧洲专利局 | 1980 - 05 | 2011 - 04 |
| ES | 西班牙 | 1990 - 05 | 2010 - 06 |
| FI | 芬兰 | 1980 - 01 | 2010 - 04 |
| GB | 英国 | 2000 - 01 | 2011 - 03 |
| GE | 格鲁尼亚 | 2002 - 10 | 2011 - 03 |
| HR | 克罗地亚 | 1999 - 11 | 2011 - 03 |

续表

| 国家代码 | 国家 | 起始年月 | 加载的最近年月 |
|---|---|---|---|
| HU | 匈牙利 | 2007 – 01 | 2010 – 05 |
| IL | 以色列 | 1996 – 12 | 2011 – 04 |
| JP | 日本 | 1991 – 04 | 2011 – 04 |
| KE | 肯尼亚 | 1998 – 01 | 2006 – 05 |
| KR | 韩国 | 1997 – 01 | 2011 – 04 |
| LT | 立陶宛 | 1995 – 04 | 2011 – 03 |
| LV | 拉脱维亚 | 1998 – 01 | 2008 – 05 |
| MD | 摩尔多瓦 | 2008 – 01 | 2008 – 10 |
| MX | 墨西哥 | 2004 – 01 | 2008 – 12 |
| MY | 马来西亚 | 2008 – 06 | 2010 – 09 |
| NZ | 新西兰 | 1985 – 12 | 2010 – 05 |
| PH | 菲律宾 | 2002 – 01 | 2010 – 12 |
| PL | 波兰 | 2007 – 05 | 2010 – 08 |
| RO | 罗马尼亚 | 1990 – 01 | 2008 – 01 |
| RU | 俄罗斯联邦 | 2001 – 07 | 2010 – 12 |
| SE | 瑞典 | 1982 – 12 | 2010 – 07 |
| *SG* | *新加坡* | *1995 – 02* | *未确定* |
| SI | 斯洛文尼亚 | 2001 – 01 | 2005 – 04 |
| SK | 斯洛伐克 | 1993 – 01 | 2008 – 11 |
| *TR* | *土耳其* | *1996 – 03* | *2005 – 07* |
| US | 美国 | 1991 – 02 | 2011 – 02 |
| UZ | 乌兹别克斯坦 | 2001 – 01 | 2006 – 06 |
| *VN* | *越南* | *1995 – 04* | *2008 – 04* |
| ZA | 南非 | 1999 – 12 | 2008 – 02 |

除了国家阶段条目数据之外，近年来 PatentScope 服务已经加入国际阶段期间所生成文献的相关信息，包括优先权文件、优先权的请求书、修改的权利要求书、国际检索报告以及 PCT 第 I 章或第 II 章程序期间国际检索单位/国际初审单位所递送的各种不具约束力的意见。

## 法律状态商业资源

### 美　　国

除 PAIR 与 INPADOC 所提供的法律状态之外，也可以通过一系列其他商业检索文档向试图获取美国授权专利相关数据的检索人员很好地提供法律状态。这些商业检索文档中最知名的是 Litalert 与 PAST（两者均由 Thomson 生成）以及 CLAIMS/CPLS（CLAIMS 著录项目文档的姐妹文档，来自 IFI Claims）。

Litalert 可以通过 Dialog、STN、Questel 与 Westlaw 使用，它包含自 1973 年以来在美国地方法院所提交的专利诉讼记录。记录结构通常相当简明，仅允许通过专利号检索，并且能够提供足够的法院数据（譬如案卷编号），从而通过美国法院系统检索更多信息。

PAST（专利状态）文档与 Litalert 明显重叠，现在作为单独产品已经从商业主机撤回。PAST 的收录范围更集中于非法院的授权后行为，譬如更正证明书的发布、再审的请求书等。正因如此，很多信息现在在 PAIR 中获取，或通过美国专利商标局网站电子官方公报（eOG）而直接浏览。

对于 Litalert 与 PAST 两者而言，竞争还来自称为 PACER 的服务（部分免费），美国政府将其用来检索地方法院案卷文件与相关文献。然而，PACER 服务的缺点之一在于，当案卷归档时可能不会明确地记录（以申请或公开号的形式）诉讼中的专利，那么如果依赖该服务则存在相关信息遗失的风险。

CLAIMS/CPLS（当前专利法律状态）文档也集中于授权后行为。信息来源于美国专利商标局官方公报，并且包括更正证明书、转让证明书，再审请求书与证明书，延期（包括根据 AIPA 的延期以及用于药品领域的延期）、因为未付费导致的失效、权利恢复、再颁请求书，有关抵触审查意见的不利判决，以及放弃书/捐献数据。大部分单一事件的收录范围可以追溯到 20 世纪 80 年代早中期。该文档可以与对应的著录项目文档共同使用，譬如检索通过再版或再审修改的任何权利要求书文本。CLAIMS/CPLS 文档可在 Dialog 与 Questel 上使用（称为 CRXX）。

有关美国专利真正状态的问题已经令人相当困惑，原因在于 1995 年引入有关期限的法律修改以及 AIPA 等在后立法中的后续修改，更不必说药品延期。Clark 等人[8]的论文对药品延期的复杂性进行了很好的论述。Mathula[9]最近的演示文稿也图解说明对于美国法院专利诉讼信息而言单一信息源依赖的风险。Snow[10]更早期的论文仍然是部分非专利数据库的有用提示，这些数据库提供了专利诉讼领域的有用信息。

日　本

对于西方检索人员而言，仍缺失大量法律状态信息的关键地域之一就是日本。随着在日本特许厅网站上免费引入网络服务——日本工业产权数字图书馆，有限的法律状态信息开始可以英语进行使用，但仅限于自 1995 年起的专利。日本本国的任何法律状态信息仍未加入 INPADOC 文档，但有迹象表明日本特许厅可能在不久的将来同意。

提供任意深度的日本法律状态的主要英语服务是 Patolis 服务，该服务是基于网络的商业工具，在第 4 章中关于著录项目内容对其有所讨论。就文献类型（记录专利与实用新型两者法律行为）以及收录年代范围（取决于相关法律行为，专利自 1955 年起，实用新型自 1960 年起）而言，Patolis 服务提供更深度的法律信息。尽管该信息仍然可用，但提供商不再支持 Patolis－e 的英语界面，因此仅通过代理才可能访问。在欧洲，可以通过 Questel 或欧洲专利局访问 Patolis－e。

Patolis 公司也出版印刷目录"延期的药品专利"，其具有日本专利期限延长的全面列表[11]。令人遗憾的是，该目录已停止出版。

中　　国

SciPat Benelux 生成的 ChinaPats 文档（Dialog 上的 325 文档）在单独可检索的字段里包括少量法律状态信息。事件标题的译文归属 SciPat 所有，但并非对应于 INPADOC－PRS 系统的代码。如果识别出新的法律状态事件，则进行人工翻译，并且可能在 PRS 文档中没有对应的行为，因此两种服务在某些情况下可以相互补充。该文档能使主题与法律状态的组合检索在一次操作中执行，而不需要把数据从一个文档导入另一个文档。

西　　欧

法国国家知识产权局参与制作的部分著录项目文档包含增强的法国法律状态。这包括 Questel 所加载的 FRJURISP 文件，其包括大审法院（Tribunaux de Grande Instance）以及最高法院（Cour de Cassation）在侵权事务中的判决，以及影响专利在法国有效的欧洲专利局上诉委员会判决。系统的 FRPATENT 文档包括法国本国法律状态的有限信息以及法国专利相关补充保护证书授权（根据欧盟法规与早期法国本国规定）。关于在法国有效的欧洲授权专利，可以在 EPPATENT 文档中找到类似内容。

STN 服务已经加载包括来自德国的部分法律状态的 PATDPA 文档，以及收录德国授权的基本专利相关补充保护证书的 PATDPAPC 文档。同样，RUSSIA-PAT 文档包括关于俄罗斯联邦的有限法律状态，但这仅限于 PCT 进入国家阶段。

▶ **参考文献**

1. Available at (http：//www. wipo. int/directory/en/urls. jsp). [Accessed on 2011. 07. 19].

2. Available at (http：//www. won－nl. org/2008/includes/patinf. html) or from the Links-menu, selecting 'Public Data'. [Accessed on 2011. 07. 19].

3. Note：this tutorial was under revision at the time of writing and temporarily withdrawn.

4. Getting the most out of free databases at the USPTO. C. Oppedahl in Proc. PIUG Annual Conference, Baltimore, Maryland, 22－27 May 2004.

5. Of submarines and interference：legal status changes following citation of an earlier US patent or patent application under 35 USC § 102 (e). E. S. Simmons; B. D. Spahl. World Patent Information 22 (3), (2000), 191－203.

6. epoline® : Register Plus and Online Filing update. V. Rogier, World Patent Information, 27 (3), (2005), 251－256.

7. A short examination of the timeliness and accuracy of United Kingdom patent legal status data sources. S. Adams, World Patent Information 24 (3), (2002), 203－209.

8. The face of the patent is not the whole story：determining effective patent life of a pharmaceutical patent in the United States. A. M. Clark ; H. Berven. World Patent Information 26 (4), (2004), 283－295.

9. Shepardize a patent：a post－processing example. R. A. Matula in Proc. PIUG Annual Conference, Crystal City, Alexandria, Virginia, 21－26 May 2005.

10. Drug patent extension information online：monitoring post－approval regulatory developments. B. Snow. Online 18 (4), (1994), 95－100.

11. Details for purchasing copies are available from the Patolis website, (http：//www. patolis. co. jp/en/products/pharmaceutical).

# 第 *15* 章
# 商业情报检索与分析

## ▶ 技术发展水平检索

技术发展水平检索的作用是提供特定技术领域的宽泛概述。这样的检索隐含的主要目的是使试图进入新技术领域的企业了解其主要的竞争对手或制造商，以及本领域的关键技术。由此，此检索也可以被称为"技术概述"检索。这种检索的结果能够协助企业识别技术领域中可开发的空白。另一种极端的情况是检索可能表明本技术领域已经非常密集或竞争激烈，或者技术已经远超企业现有技术基础，完全阻止潜在企业进行投资。通常情况则是，可能表明本技术领域还存在部分空白，可以通过新研究以及与业内认可专家联合运营的合理组合进行开发。无论结果如何，技术发展水平检索都是专利信息可以用来防止重复研究浪费的最好例证。

良好技术发展水平检索的基本要求与专利性检索有许多共同之处。然而，鉴于专利性检索是在头脑中已经有一个具体发明时进行的，检索人员实施技术发展水平检索则更关注全局，是在产业层面而非发明层面。举例而言，我们现在希望能够回顾整个汽车控制与致动器领域，而不是仅检索可能预见的新间歇式雨刷器装置的参考文献。这种方法的结果是，我们可以使用基础宽泛的主题索引体系，譬如德温特分类代码、化学文摘学科分类代码甚或 IPC 小类代码，来完成技术发展水平检索。具有专门索引功能的数据库此处非常有用，原因在于数据库依据上位词（具体标识整理为更宽泛分组）理念进行设计。当进行广度检索时，自相矛盾的是，通用分类更加难以使用，因为这种体系隐含的理念是通常应用最具体的可用标识，而且上位词可能会消耗更多人工。

— 242 —

技术发展水平检索第二个方面是关于多国范围的决定。如果实施检索的企业已经决定计划在何处制造和/或销售其新投资的产品，就应该更加慎重地确保识别这些特定地域内有效的知识产权。在极端的情况下，如果企业倾向于在一国范围内运营，那么通过检索单个国家的数据库就可以获知技术全景的全面初步看法。然而，应该牢记，一旦一个研究项目已经开始产生潜在可专利性的新发明，那么任何专利性检索都需按照现有技术的本地定义进行，因为现有技术可能是世界性的。

在理想情况下，在专利数据库中所实施的技术发展水平检索应当通过一系列从其他信息源派生而来的业务部门评估进行补充。市场报告，企业年度报告，私人企业、行业分析师或行业协会的新闻稿，财务报告等非专利文献能够完善更多的细节，尤其是可能隐藏在专利申请与早期公布两者之间 18 个月"黑洞"期内的最新科技发展。检索人员绝不应忘记专利仅能够揭示市场领域全面状况的一个方面。现在可以确定的是，市场领导者以自身的名义持有相对较少专利或根本没有持有专利，但通过其他企业许可的专利或者商业秘密的有效使用以及其他非专利诀窍来施加自身的影响。在非专利文献中相应检索的实施至少应该能够在一定程度上证实由专利所揭示的状况。如果两种检索的结果互相矛盾，那么则表明现状需要进一步研究。

传统而言，技术发展水平检索受限于客户所能吸收和理解的信息量。通常建议检索应当能够方便地访问所确定的专利完整全文，使得能够基于重要性作出判断。以下情况尤其是这样，如果检索似乎确定一件或多件开创性专利——这种专利的导言常常是小型综述，并且帮助竞争企业相对快速地掌握全面的整体状况。

## ▶ 专利分析工具与技术

近年来，技术发展水平检索可以无须实际阅读全部专利进行综述，这已经越来越被接受。全新的数据可视化技术领域已经发展起来，从简单频率排序到复杂映射与链接软件。虽然不推荐从字面理解销售说辞"你永远不需要阅读专利"，但是这些工具确实能够加快对于大型数据集合的认识。

专利检索结果后处理软件发展的内在驱动之一仅是即使最严格约束的检索策略所得到的检索结果数量也日益增长。如果现有技术检索清单仅通过大量难以理解的数据成功淹没客户，那么该清单就没有任何意义，也不能辅助决策过程。因此，开发许多软件包试图协助用户理解大量信息，这有时可以通过申请人或发明人数据的简单电子表格式排序，或者针对申请年度的申请数量时间图表的显示或者其他类似方式来实现。部分工具本身已经内置在检索软件中，譬如在 PatBase 或者相似产品中找到命中术语高亮显示的颜色图。

分析工具有许多类型。最简单的工具最多能够处理数百个结果集，并且依赖于导入显示应用程序中的预格式化信息或字段信息。例如，Biz – Int 解决方案的 SmartChart 产品（参阅 http：//www. bizcharts. com）提供用于检索结果快速筛选的类 Excel 输出。类似可视化工具内置到 STN International 的 STN Express 软件包中。其他工具包括 SIP GmbH（http：//www. patentfamily. de）的 Invention Navigator、PatCite、IPDiscover 以及 MatheoPatent。

更复杂的工具——有人称为"专利信息学"（patinformatics）——的使用使用户不囿于受控检索结果的处理需求，而更致力于使用数以万计或数以十万计的文献分析全行业调查结果。这种规模下的趋势是舍弃分析字段数据，而更多面向于专利说明书原始文本的挖掘。

无论使用哪种类型的工具——小型工具或大型工具、字段型数据或非字段型数据——结果的有效性都同样取决于原始检索的准确度和分析阶段的应用程序。由于这个原因，好的做法是在提供结果解读之前，确保深入理解分析所采用的数据源。部分工具设计为仅能使用自身集成的检索文档，而另一部分工具则允许用户自行选择数据。如表 15 – 1 所列企业提供导入一个或多个外部信息源的部分工具。

限于篇幅，无法对这些工具进行调查，但近年来已发表针对这些工具的许多评论。推荐阅读 Trippe 的两篇基础性论文[1,2]及其组织的美国化学学会研讨会，其中包括一系列有用的论文[3]。这些主题的一个问题是很少有企业提供可用的现实案例研究来表明工具的有效性，而确有案例的少数企业往往把成果视为商业优势，因此不愿意发表工具如何有用的内容。无论单独工具本身，还是性能相反的等效工具，结果都是大量的轶事证据而极少有客观评估。在很大程度上，我们仍旧不清楚这些软件包所产生的地图、图表或者电子数据表是商业活动的准确反映还是软件包创建过程中的人为产物。然而，显而易见的是，使大量数据表面有序的能力对于饱受压力的产业信息部门具有吸引力并且这些产品以及更多产品将持续发展。

自从本书上一个版本出版以来的一个积极发展是在专利信息用户组专利分析工具工作组的主办下创建并整理了知识库，工作的部分成果已经可以在专利信息用户组维基子部分"专利资源"标题下浏览，或者直接网址 http：// wiki. piug. org/display/PIUG/Patent + Resource 上并且选择"专利分析、映射与可视化工具"链接进行浏览。

表 15 - 1　专利分析与可视化软件工具提供商

| | |
|---|---|
| Anacubis | M - CAM |
| AnaVist | OmniViz（Biowisdom） |
| Aurigin/Aureka | PatAnalyst |
| Bioalma | Quosa |
| BizInt | RefViz |
| ClearForest | Search Technologies（VantagePoint） |
| Current Patents/DOLPHIN | Synthema（IBM） |
| Delphion（Patent Lab Ⅱ） | Synthesis Partners |
| Entrieva（Semio） | Technology Watch |
| GoldFire | TechTracker |
| InfoSleuth | Temis |
| Invention Machine/CoBrain | Vivisimo |
| InXight | Wisdomain |
| ipIQ（CHI Research） | Wistract |
| Matheo Patent | |

## ▶ 参考文献

1. Patinformatics： identifying haystacks from space. A. J. Trippe. Searcher 10（9），（Oct. 2002），28 - 41.

2. Patinformatics：tasks to tools. A. J. Trippe. World Patent Information 25（3），（2003），211 - 221 and refs. therein.

3. Technical Intelligence. Proc. Symposium of the Chemical Information（CINF）Division of the American Chemical Society，held at the ACS 221st National Meeting，San Diego，CA，April 3 - 4，2001. Paper Nos. CINF 34 - 37，45 - 48，57 - 62，71 - 74.

# 第 *16* 章
## 专门技术

▶ 引文的检索

　　解决专利引文检索的最早产品之一是来自于 IFI Claims 公司的权利要求书/引文文档集，可以在 Dialog 上使用。这些文档提供双向查阅 1947 年至今美国专利检索报告中参考文献的途径。互联网网站的最新发展通过超链接关联文献的内置功能以加快在通用文献检索中使用引文（前向与后向），并且专利检索也概不例外。

　　尽管法律界已经充分认可引文检索技术多年，但是科技文献引文检索原则是由科学情报研究所（ISI）的 Eugene Garfield 正式确定[1]的。Weinstock[2]描述了引文索引的背景。Garfield 的著作引导科学引文索引以及社会科学与艺术人文科学类似产品的发展。这种检索方式的基本原则是引用相关性内容的在后文章有可能也与在先文章具有某种主题关联性。一个更为复杂的方法是使用多项前向引文来查找引用现有文章至少一项引文的其他文献。两篇文章具有共同引文项数越多，则两者之间潜在关联越强。这被称为引文耦合，由 Kessler 在20 世纪 60 年代在信息科学文献上首次进行了探讨[3,4]。

　　Garfield 的早期著作也包括引文索引技术应用于专利[5]。然而，在这项原则应用到专利文献过程中出现两个额外的挑战。第一个是引文原则有效性的主观评估。对于期刊文献而言，作者系统地引用其著作所源起的在先基础文章已成惯例。换句话说，期刊文章的引文内容可以认为是合理、完整且全面的，对于当前期刊文章之前的其他著作不存在任何偏见。然而，此项原则应用到专利所产生的问题是，专利检索报告不是试图作为全部相关在先著作的系统性引文。就未经审查的专利申请所附录的检索报告而言，其所包含的内容是审查员认为会对专利性产生最大的障碍——换言之，报告列表中可能包含一项或多项"破坏性"现有技术，能够在适当时候阻止专利申请获得授权。审查员未试图撰写一份全部在先著作的全面性综述，仅需指出能够破坏当前申请授权机会的内容。因此，一份专利检索报告很可能不会引用一项或多项重要的在先著作，仅因为这些著作不会直接影响到当前专利的可专利性。如果检索报告是仅来自一件授权专利而非未经审查的申请，那么引文原则会进一步歪曲。在这种情况下，列表中的引文项用作检索项查找其他技术，显然是未能破坏当前申请专利性的现有技术项。这是美国授权专利中"被引参考文献"列表项的独特问题，这些列表项大部分来自申请人所提供的信息披露声明，并且很大程度上囿于申请人内心的坦诚责任。委婉地来说，结果往往有所偏颇。那么美国列表中的引文更有可能使检索人员远离而非靠近当前发明所包含的主题，这一点尚有争论。

第二个挑战是专利族与引证实践的问题。Michel 等人的论文[6]清楚地表明各国专利局倾向于引用本国的文献，即美国专利商标局会优先引用美国文献，日本特许厅会引用日本文献，诸如此类。这可能是文献集合的检索顺序以及其他因素的反映。不管具体原因如何，对引文检索的影响是两篇专利文献引证同一项发明但这两者是同一专利族的不同同族成员。这正是运用 WPI 族结构的建立来解决 PCI 所遇到的问题。Thomson Reuters 的 PCI 是加载在数个商业主机系统中的 WPI 的关联文档，能检索无歧义的族与族引文链接。

专利引文背景及其作为检索技术使用的广泛讨论形成了 2008 年在塞维利亚举办的 IPI – CONfEX Masterclass™的基础[7]。

## ▶ 专利分类

通常专利检索的新手会尝试使用从其他检索体验中学到的规则与技巧，诸如 Google 或其他更复杂的工具或数据库。从根本上而言，这些体验树立了这样一种观念，那就是基于词检索能够检索到足够数量的文献，从而充分精确地满足信息需求。令人遗憾的是，在专利检索中法定标准不允许这种灵活性。为确保能够找到更多的现有技术，绝大多数检索人员最终会考虑使用其他方式来补充词检索，通常会包括分类[8]。现有多种分类体系可应用于专利文献。

### 国际专利分类及其衍生分类

国际专利分类，即 IPC，自 1968 年起生效，目前被全球大约 100 家专利局所采用。该分类体系由世界知识产权组织依据《斯特拉斯堡协定》进行组织管理[9]，《斯特拉斯堡协定》规定签约国有权参与分类的修订工作。

IPC 在 1968 年建立后，以大约 5 年为一个周期共进行 7 轮修订。截至 IPC 第 7 版时，它包含一个技术的层级分类，分为 67300 个细分类。一个或多个分类标记对应于最能代表专利主题的细分类，并且标识于文献的扉页。相同的数据被转换为电子检索文档，可以用来生成信息检索的主题策略。IPC 的实施方法在 2006 年进行了实质性修改，本节后续会详细介绍所谓的 IPC 改革。

本次改革并没有修改一些基本原理。IPC 的基本符号反映了技术表的等级结构，该符号可分为 8 个部（A～H），后接表示大类的数值（2 位数字）以及表示小类的另外 1 个字母。在此之外，表示大组的符号（1 位或 2 位数字）后接一个斜杠以及表示小组的最多 5 位数字，但是大部分小组是 2 位或 3 位数字。因此，一个典型的分类标识可能按照表 16 - 1 所示方式构成。

**表 16 - 1　典型 IPC 分类标识构成**

| 等级 | 符号 | 定义 |
|---|---|---|
| 部 | B | 作业；运输 |
| 大类 | B65 | 输送；包装；贮存；搬运薄的或细丝状材料 |
| 小类 | B65D | 用于物件或物料贮存或运输的容器，如袋、桶、瓶子、箱盒、罐头、纸板箱、板条箱、圆桶、罐、槽、料仓、运输容器；所用的附件、封口或配件；包装元件；包装件 |
| 大组（＊） | B65D 1/00 | 具有用一块板构成主体的刚性或半刚性容器，如用铸造金属材料、用模制塑料、用吹制玻璃材料、用拉坯陶瓷材料、用模制浆状纤维材料、用在薄板材料上作出深拉延操作 |
| 小组 | B65D 1/10 | 罐，如用于保存食品的 |

（＊）大组总是通过 a/00 符号进行标识，而小组是由字符"／"后的其他数字来表示。

2011 年版 IPC 的大组列表参阅附件 C。

通过实践，可以利用 IPC 来极大地优化相关现有技术的检索，而无须依赖于词检索术语。现有大量工具，包括加载 WIPO 网站上当前版本在内的全部版本文本，用来帮助使用者。一个较早的基于 CD - ROM 的工具 IPC：CLASS 仍然非常有用，原因在于该工具提供相应方法将选中的标识转换为系统专用的命令串用于通用数据库的检索[10]。

IPC 的一个关键问题是 IPC 在 5 年修订周期内基本停滞（参阅表 16 - 2）。这意味着，如果发明技术领域发展迅猛，那么就越发不容易实施任何程度的精确分类，直到修订部分分类体系来合并主题特征。这本身将会对检索人员造成显著困扰，但情况会进一步恶化。原因在于一旦生成包括 IPC 标识在内的著录项目记录（在公布时），则著录项目记录就立刻保持不变。即使分类体系的后续修订引入更新或更精确的标识，文献扉页与相应数据库记录仍保持旧版本的分类标识。因此，试图使用 IPC 回溯检索到理论最大值（1968 年）的检索人员将不得不定位各修订周期的全部相关标识并且将这些标识组合成为一个检索策略。尽管可以通过采用保存版本变化永久记录的修订对应表来实现上述检索策略的构建，但这仍是一个耗时的过程。

表 16 - 2　IPC 修订周期

| 版本 | 生效时间 | 生效时间 |
|---|---|---|
| 第 1 版 | 1968 年 9 月 1 日 ~ 1974 年 6 月 30 日 | |
| 第 2 版 | 1974 年 7 月 1 日 ~ 1979 年 12 月 31 日 | |
| 第 3 版 | 1980 年 1 月 1 日 ~ 1984 年 12 月 31 日 | |
| 第 4 版 | 1985 年 1 月 1 日 ~ 1989 年 12 月 31 日 | |
| 第 5 版 | 1990 年 1 月 1 日 ~ 1994 年 12 月 31 日 | |
| 第 6 版 | 1995 年 1 月 1 日 ~ 1999 年 12 月 31 日 | |
| 第 7 版 | 2000 年 1 月 1 日 ~ 2005 年 12 月 31 日 | |
| | 基本版 IPC | 高级版 IPC（修订） |
| 第 8 版 | 2006 年 1 月 1 日 ~ 2008 年 12 月 31 日 | 2006 年 1 月 1 日 ~ 2006 年 12 月 31 日 |
| | | 2007 年 1 月 1 日 ~ 2007 年 9 月 30 日 |
| | | 2007 年 10 月 1 日 ~ 2007 年 12 月 31 日 |
| | | 2008 年 1 月 1 日 ~ 2008 年 03 月 31 日 |
| | | 2008 年 4 月 1 日 ~ - 2008 年 12 月 31 日 |
| | | 2009 年 1 月 1 日 ~ 2009 年 12 月 31 日 |
| 第 9 版 | 2009 年 1 月 1 日 ~ 2010 年 12 月 31 日（基本版废止） | 2010 年 1 月 1 日 ~ 2010 年 12 月 31 日 |
| | | 2011 年 1 月 1 日 ~ 2011 年 12 月 31 日 |
| | | 2012 年 1 月 |

　　鉴于上述不足，IPC 进行大幅修订发布"第 8 版"或改革 IPC，并于 2006 年 1 月 1 日生效。新版 IPC 分成两个不同体系。基本版 IPC 体系保留现有 IPC 的很多特性，其修订周期为 3 年，并且较小的专利局有望使用基本版 IPC 对纸质文献集合进行分类。另外，高级版 IPC 是一种纯电子工具，设计成为至多每 3 个月进行修订反映技术变化。此外，创建新的主分类数据库（MCD）解决了过档文献问题，该数据库保存全部专利文献的著录项目记录及其当前分类标准。这有效打破了印刷（或 PDF）文献扉页上的分类与用于电子主题检索的分类标识两者之间的关联。商业数据库提供商从 MCD 中提取数据来重载任何

经修订的分类标识并且保持其记录与分类当前结构一致。IPC改革的大量信息都加载在世界知识产权局网站，其网址为 http：//www. wipo. int/classifications/ipc/en/，包括说明新标识如何出现在专利扉页上的世界知识产权组织标准ST. 8的新版本。

令人遗憾的是，如表16-2所示，IPC的双重结构无法保留。选择使用基本版IPC的中小专利局要远少于预期，而高级版IPC快速修改周期则被认为过于激进且毫无必要。因此世界知识产权组织决定从2011年1月1日起废止基本版IPC。各专利局可以从当前唯一官方"高级版"IPC中选择使用完整小组标识或者最接近的相应大组。表16-3列出该决定的影响。使用完整IPC的专利局可以选择使用小组E05D 11/02分类铰链润滑机构领域的新申请，但是对于仅使用大组IPC的专利局而言，该标识明显不可见并且其等同文献将具有分类E05D 11/00。

表16-3　IPC小组级别的分类结构

| E05D 11/00 | | 铰链的附加特征或附件 |
|---|---|---|
| E05D 11/02 | . | 润滑装置 |
| E05D 11/04 | . | 关于用活动滚珠作支承面的（E05D 7/06 优先） |
| E05D 11/06 | . | 限止铰链开启动作的器件 |
| E05D 11/08 | . | 相对活动的铰链部件之间的摩擦器件（E05D 7/086 优先）〔2〕 |
| E05D 11/10 | . | 相对活动的铰链部件之间的阻止活动器件 |

IPC的"再改革"所产生的影响在撰写本书时尚不清楚。一个明显的结果是数据库提供商对旧高级版IPC所分类的文献进行标引时不再生成所谓的"上卷基本版"标识，并且至少在一些数据库中删除这些字段。新的系统对于管理者而言明显更为简单，并且修订周期调整到每年1次。关于是否已经或将会对检索的有效性产生影响的信息却比较少。在决定废止基本版IPC之前，Foglia发表了一篇关于使用改革IPC进行检索所面临挑战的文章[11]。

尽管IPC规模大且被广泛应用，部分大型专利局仍逐步发现IPC无法满足其自身需求。欧洲专利局与日本特许厅为了内部使用进一步细分IPC。两家分类体系称为欧洲专利分类体系与日本专利分类体系，并且可用细分类的数量分别大概增加到13万个与19万个。

欧洲专利分类体系已经具有改革IPC所采用的多个特性，包括加快修订过程与检索文档回溯标引。该体系标识不出现在印刷文献上，原因在于欧洲专利局检索审查员在文献公布之后赋予分类号。欧洲专利分类用于一系列国家的专利文献，包括PCT细则规定国际检索所要求的最低文献量。包括了欧洲专利局专利文献和自 1978 年起 PCT 文献以及自 1920 年起德国、美国、法国、英国与瑞士的专利文献。该原则的主要例外是日本文献通常不使用欧洲专利分类，原因在于替代检索途径的存在。

欧洲专利分类应用于多国文献意味着其是专利性检索的强大检索工具，并且出于此目的在欧洲专利局内部广泛使用。通过 Espacenet 与 Questel 系统的数个数据库等工具外部检索者也逐步可以使用欧洲专利分类。近期欧洲专利分类加载到 STN 的化学文摘文档、DWPI 文档以及 PatBase 与 TotalPatent 等数个基于网页的检索系统。在应用于专利文献的同时，欧洲专利分类也用于部分非专利文献的分类。如前文所述，欧洲专利局审查员使用标识并且允许同检索专利现有技术一样检索期刊论文。Questel 系统已加载称为非专利文献的欧洲专利局非专利文献检索文档。用户有时会注意到欧洲专利局检索报告可能会施引具有虚拟"专利号码"的期刊文献。这些是非专利文献文档的记录，其具有 XP 前缀进行识别并且常用欧洲专利分类进行分类。

日本专利分类系统是 IPC 的日本扩展版本，不同于欧洲专利分类体系，其仅适用于日本本国文献（注意不要与第 4 章所述现已废止的日本国内分类体系相混淆）。自大概 2000 年起，未经审查的日本申请在扉页上刊载日本专利分类。日本专利分类可以在日本特许厅网站与 Patolis 上作为检索工具进行使用。现有的大量帮助文档大部分加载在日本特许厅网站，并且 Schellner 的论文也提供了有用的背景知识[12]。

欧洲专利分类和日本专利分类的标识都是以 IPC 为基础，如表 16 - 4 中所示实例说明了各分类体系的差异：实例是有关相同发明的等同专利文献。一般而言，欧洲专利分类标识对常规 IPC 标识的附加字母数字扩展，而日本专利分类标识可能包括数字细分类或者文档区别符（单个字母）或者两者皆有。

**表 16 - 4　同族专利成员分类变化**

| 同族成员 | 分类体系 | 分类标识 |
| --- | --- | --- |
| EP 257752 - A2 | ECLA | A61F 13/58 |
| EP 257752 - A2 | IPC | A41B 13/02 |
| JP 63 - 50502 A2 | FI | A41B 13/02J |
| US 4726971 - A | US（公布） | 428/40 |
| US 4726971 - A | US（最新） | 428/41.9 |

IPC 体系的最后一个衍生分类是德国专利商标局所使用的内部体系，称为 DEKLA。和欧洲专利分类一样，在公布文献上并不可见，并且对该体系如何使用的公开信息甚少。DEKLA 未用于任何商业检索文档，但仅在德国专利商

标局的 Depatisnet 网站内部使用。DEKLA 体系在 IPC 基础上增加了大约 4 万个附加细分类，使整个分类体系具有大约 11 万个细分类。可以在德国专利商标局网站上检索 DEKLA，但默认浏览方式隐藏了 DEKLA 分类专用组，并且需要进行重置才能够浏览 DEKLA 扩展。检索页面的首页网址是 http：//depatisnet. dpma. de/ipc/ipc. do。

## 美国专利分类

美国专利商标局是少数几个仍在使用本国分类体系的国家专利局之一。尽管美国专利商标局在其文献上刊载 IPC 标识，但更加偏好美国本国分类体系，并且从检索人员的角度而言，美国文献的 IPC 标识不应视为对其文献内容的准确导引。这是因为美国文献的 IPC 分类是通过对应表算法自动赋予，明显区别于其他专利机构就相同主题人工赋予的标识[13]。

关于美国分类体系的更多内容已在第 3 章中述及。美国专利分类体系包括约 13 万个细分类，大部分是数字符号。和欧洲专利分类一样，该体系修订迅速并且早期文献根据新体系再分类。由于这个原因，重要的是任何检索人员都要了解用于检索术语的建议标识的来源（有可能来自标识不再分类的早期文献），以及所选择的检索工具是否仅包括公布的标识或者重载修订标识。美国专利商标局网站包含大量美国分类体系使用的指导性资料，大部分资料的网址为 http：//www. uspto. gov/web/patents/classfication/。出于比较的目的，表 16-4 列出了美国等同专利 EP257752 的公布分类标识与当前分类标识。

## 日本 F-term 标引

有一点值得注意，要区分基于 IPC 分类的日本专利分类体系与日本特许厅所设立的单独标引体系 F-term。F-term 体系是日本独有的标引方法，仅适用于日本文献。尽管日本特许厅设立 F-term，但是 F-term 实际上是由 1985 年成立的半官方机构知识产权代合作中心（IPCC）进行赋予。该机构通过其检索事务中心作为日本特许厅的外包方实施专利性检索。和日本专利分类一样，F-term 体系产生于日本特许厅检索审查员的需求来解决面对海量现有技术 IPC 作为检索工具的不足。F-term 是多维度体系，能让熟练用户进行精确检索，但寥寥数页无法详述。Schellner 的论文[12]也包括 F-term 体系的部分背景，Adams 进行了更详细的论述[14]。在日本特许厅网站与 Patolis 系统可以使用 F-term 作为检索工具。据悉，部分商业信息提供者正试图在第三方数据库中加载 F-term，但时至今日尚未出现。附件 D 列出了顶层主题代码定义。

## IP5 – CHC 项目与 US – EP CPC

2010 年 10 月，欧洲专利局与美国专利商标局宣布计划开发联合分类体系即联合专利分类（CPC）。新分类体系将基于欧洲专利局，但早期迹象表明其将使用全数字符号体系而不是交替的字母数字扩展。技术分类将合并欧洲专利局与现行美国体系两者中的最优细分类。因此，美国体系的发展与扩展自 2010 年 11 月起停滞，并且为了新分类能够出现在 2013 年 1 月后的美国文献上，新分类的工作在 2012 年 12 月底完成。除了美国现行体系中 D 分类在外观设计中保留以外，美国专利商标局将在文献扉页上刊载新分类并使用 CPC 进行官方检索。目前尚不清楚欧洲专利局是否也在文献扉页上刊载了 CPC，或者使用现行欧洲专利分类实践创建纯电子记录。在 2012 年以后，美国专利商标局与欧洲专利局将共同负责维护和发展 CPC。最终，两局的全部检索文档会再分类为 CPC。

CPC 工作的最终目标是加快共同混合分类（CHC）五局项目进程。CHC 是一个更长期的工作项目，把包括日本、中国与韩国内部扩展体系在内等多个现有体系的最佳特性融合到新的国际专利分类中。在三边"协调"项目下的现有工程即将完成，而新工程尚未开始。CHC 的宗旨是从各国衍生分类中选择最佳细分类，将这些细分类合并到全新的扩展 IPC 体系中，并且希望（至少）"五局"能够使用新体系作为各局法定检索的起始点。关于本项目及其与 CPC 如何关联的更多信息可以在"五局"网站找到，网址为 http：//www.fiveipoffices.org。

## ▶ 其他非词元素

分类可能是检索人员在基于词检索之外最熟悉的信息检索方式。然而，根据检索的技术手段，其他技术也可能同样有效。

第 9 章中关于 WPI、CAS 与 Marpat 文档的讨论提及专用编码或绘图软件的使用可以直接检索化学结构。这在产业界广泛使用，甚至专利局逐步倾向在许多化学领域抛弃基于文字或分类的检索而支持使用子结构技术。

在生物技术的专业领域，GeneSeq 等工具利用复杂的匹配算法来直接查找基因序列的等价部分。基因序列专利中的大部分信息内容完全不是描述性文字的形式，而是仅出现主序列数据。欧洲专利局和世界知识产权组织创建独立数据库以纯电子形式保留信息来协助检索人员，从而出现包含序列数据的数千印刷页面的"超级文档"。幸运的是，部分专利局已经采用实用策略，仅用

CD－ROM而非纸件来公布这些申请。在大多数情况下，申请人也可以完全电子形式提交优先权文件并使用标准软件校验序列的数据输入。从而很大程度上降低向第三方信息提供者发布数据时的错误概率。

部分商业销售商已经加载了专用于基因序列的离散文档，其中很多文档是首次在专利中披露。创建专用检索算法来识别与数据库中序列在生物学上相似的序列。这些文档库包括 PCTGEN（来自 WO 公布文献的核酸与蛋白质序列）、SequenceBase 公司的 USGENE（自 1981 年起美国申请与授权专利的类似内容）以及美国生物技术信息国家中心（NCBI）的基于期刊披露序列与直接提交序列所产生的 GENBANK®。上述 3 个文档库都可在 STN International 上使用。CAS Registry 文档库也包括从化学文摘的标引文献中所产生的大量序列。Austin 的两次演示文稿提供了这些文档库收录范围的调查内容[15]。

序列检索的一个相关领域是微生物发明的检索。根据《国际承认用于专利程序的微生物保存布达佩斯条约》规定，当一个有机体无法进行书面描述并且作为专利申请的组成部分时，申请人可以在中立机构保藏微生物样本。关于谁可以在专利申请的各个阶段使用保藏物的子样本有严格的规定。专用 IN-ID 编码能够使申请人记录保藏机构的信息作为扉页数据的一部分。令人遗憾的是，即使商业数据库提供者已经在其产品中创建了相应的数据库字段，保藏机构信息也常常不能可靠地传送给商业数据库提供者。如果字段不能精确或系统地填充，那么会极大弱化现有字段的价值，这一点是令人遗憾的。然而，在某些情况下，在合适的字段中可能使检索人员使用同样或相似微生物查找专利文献，而无须进行全文本检索。

检索的最后一个"非文本"参数是图像。专利文献中可用的技术图像对于电子或机械领域的检索人员而言尤其重要，因为图像是从通过传统的词或分类检索所得到的列表中筛选结果的快速（并且有时是唯一）途径。尽管进行了大量研究，但直接检索图像数据能力的发展仍然十分缓慢。商标领域有部分研究已经成功[16]，但不至于对专利直接图像检索立即抱太大希望。然而，尽管样本检索文档有限，但 Vrochidis 对于专利图像的近期研究[17,18]看起来很有前景。最接近实用解决方案的方法是各种工具（譬如在 Espacenet、PatBase 与 WIPS 上）提供一系列图像页的缩略图作为镶嵌图便于快速浏览结果集。就注册外观设计而言（美国外观设计专利），存在分类体系能够检索图像元素，这在美国或许有些帮助，原因在于当发明具有独特美学特征时，美国外观设计分类可能适用于实用专利。

## ▶ 参考文献

1. Science Citation Index：a new dimension in indexing. E. Garfield. Science 144（3619），（1964），649－654.

2. Citation indexes. M. Weinstock in Encyclopaedia of Library and Information Science，Volume 5. New York：Marcel Dekker Inc. ，1971，pp. 16－40.

3. Bibliographic coupling between scientific papers, M. M. Kessler, Amer. Doc.（1963），1410－1425.

4. The MIT Technical Information Project, M. M. Kessler, Physics Today, 18（3），（1965），28－36.

5. Breaking the subject index barrier－a citation index for chemical patents. E. Garfield. J. Patent Office Society 39（8），（1957），583－595.

6. Patent citation analysis：a closer look at the basis input data from patent search reports. J. Michel；B. Bettels. Scientometrics, 51（1），（2001），185－201.

7. Citations－myth, mystery or magic? . S. R. Adams. in Proc. IPI ConfEx 2008, Seville, Spain, 2－5th Mar. 2008.

8. Patent searching without words－why do it, how to do it? S. Adams. Freepint Newsletter No. 130, pp. 7－8（6th February 2003）. 可在（http：//www. freepint. com/issue/060203. htm）获取.

9. Strasbourg Agreement concerning the International Patent Classification of March 24，1971 WIPO Publication No. 275（E）. Geneva：WIPO, 1993. ISBN 92－805－0444－4.

10. IPC：CLASS（Cumulative and Linguistic Advanced Search System）. Version 4. 1 for Windows. Geneva：WIPO, 2000. ISBN 92－805－0859－8.

11. Patentability search strategies and reformed IPC：a patent office perspective. P. Foglia. World Patent Information, 29（1），（2007），33－53.

12. Japanese File Index classification and F－terms. I. Schellner, World Patent Information, 24（3），（2002），197－201.

13. Comparing the IPC and the US classification systems for the patent searcher. S. Adams. World Patent Information, 23（1），（2001），25－23.

14. English－language support tools for the use of Japanese F－term patent subject searching online. S. Adams. World Patent Information, 30（1），（2008），5－20.

15.（a）STN sequence databases. R. Austin. Available at：（http：//www. stn－international. com/fileadmin/be_ user/STN/pdf/search_ materials/Biosequence_ Searching/1006_ STN_ Sequence_ db. pdf）. ［Accessed on 2011.07.29］.（b）All change at WIPO. R. Austin. Available at（http：//www. stn－international. com/fileadmin/be_ user/STN/pdf/ presentations/0210_ wipo_ bbm. pdf）. ［Accessed on 2011.07.29］.

16. Content – based Image Retrieval. J. P. Eakins ; M. E. Graham. Report No. 39, JISC Technology Applications Programme. Newcastle, UK: Institute for Image Data Research, University of Northumbria at Newcastle, October 1999. Available at ( www. jisc. ac. uk/uploaded_ documents/jtap – 039. doc). [Accessed on 2011. 07. 22].

17. Towards content – based patent image retrieval: a framework perspective. S. Vrochidis, S. Papadopoulos, A. Moumtzidou, P. Sidiropoulos, E. Piantab and I. Kompatsiaris. World Patent Information 32 (2) (2010), 94 – 106.

18. S. Vrochidis. Video of presentation at IRF Symposium 2008, Vienna. Available at ( http: //www. ir – facility. org/session5 – stefanos – vrochidis) [Accessed on 2011. 07. 22].

# 第**17**章
## 未来发展

### ▶ 世界贸易组织与世界知识产权组织的影响

WTO 成立于 1995 年，现有 153 个成员，多数为发展中国家。需要所有成员批准认可 TRIPS。

#### TRIPS

TRIPS 概述了专利保护的特定最低标准。成员必须向满足正常专利性标准的所有技术领域的全部发明提供保护。专利保护也必须达到 20 年最低期限。当加入成为 WTO 成员时，相当数量的发展中国家具有不合规定的立法，为达到 TRIPS 的要求，许多国家近年来纷纷修订专利法。在迄今为止不允许保护某些发明尤其是新化学产品或新药品本身的国家，会制定特别复杂的过渡条款。最初计划多数国家在 2005 年之前完成此过渡，但 2001 年 11 月在卡塔尔多哈举办的 WTO 第四次部长会议延长最不发达国家适用药物专利规定的最后期限直至 2016 年 1 月 1 日[1]。

在传统知识以及关于生物多样性的各种国际协议的前提下，WTO 在植物与动物保护领域也一直十分活跃。部分工作文档能够从 WTO 网站上获取[2]。

对于信息专家的影响是 20 世纪最后 10 年与 21 世纪前 10 年依据纷繁复杂的法律与法规所产生的专利文献，使确定专利期限与法律效力这一任务变得非同寻常的复杂。在撰写本书时，关于这些特殊问题的情形已变得稳定，但遗留数据仍然令粗心的检索人员犯错。专利领域最大的问题之一是 TRIPS 专家组的决定要求根据 1989 年前法律所授权的全部加拿大专利应当从 17 年期限延长至 20 年期限[3]。这一点在 2001 年通过加拿大法律修订已经实现。

### 《专利法条约》（PLT）

世界知识产权组织主导的《专利法条约》是朝着构筑真正世界专利制度的法律基石所迈进的第一步。按照实际情况来说，该条约试图协调各缔约国的本国专利法，以确保各签约国在专利申请的早期阶段采用一套标准的行政程序。包括确认作为国际专利法基础的有效申请日期获取途径的规定以及关于PCT国际申请形式或内容的特定要求。设计这些规定与要求用来确保申请从PCT国际阶段顺利进入相应的国家或地区阶段。各成员国的专利局已经接受一组标准国际表格。另一个重要的步骤是电子申请的实施。该条约可以被认为试图在国家层面将许多要点定义成与PCT在国际层面所定义的内容相同，并且条约在2005年4月28日生效，其缔约国是克罗地亚、丹麦、爱沙尼亚、吉尔吉斯斯坦、尼日利亚、摩尔多瓦、罗马尼亚、斯洛伐克、斯洛文尼亚与乌克兰。其后，另外17个国家已经批准条约，39个国家仍然作为签约国但还未批准条约。

《专利法条约》的重要性在于其被视为朝着相应的《实体专利法条约》（SPLT）所迈进的第一步，《实体专利法条约》将会规范跨国专利审查与授权的细节。尽管2002年关于国际专利制度的会议释放出积极的信号[4]，《实体专利法条约》的协商仍然进展得非常缓慢。读者在世界知识产权组织网站（http：//www. wipo. int/patent/law/en/harmonization. htm）上可以查阅到《实体专利法条约》的进展细节。

### ▶ "三局"与"五局"

自1983年以来，美国专利商标局、日本特许厅与欧洲专利局作为"三局"进行合作，包括某些自动化项目的共同协作以及有关费用与信息传递政策的协调，譬如三局间优先权文件的互换。关于"三局"以往工作项目的信息可以在"三局"网站（www. trilateral. net）上找到。

随着亚洲日益增强的重要性，2008年10月在韩国济州岛举办会议，另外两个专利局纳入了扩大的合作框架，泛指"IP5"——新成员局是韩国特许厅与中国国家知识产权局。"五局"的单独网站已创建，其网址为http：//www. fiveipoffices. org。从信息专家的观点来看，部分所谓的基础项目尤为重要。这些项目包括共同混合分类（欧洲专利局主导）、共同检索与审查支持工具和共享与保存检索策略的共用方法（均由美国专利商标局主导）以及交互机器翻译（韩国特许厅主导）。至少就五局文献而言，影响五局工作实践的上述大项目的完成将毫无疑问地对未来实施检索的方式产生实质性影响。在共同混合分类的发展过程中，欧洲专利局与美国专利商标局已致力完成本书他处所述的 CPC。

## ▶ 专利检索的未来？

显而易见，专利检索的科学或技术在近几十年已经实现巨大飞跃。这不仅因为包含在专利中的信息更易于获取，更是因为专利信息检索技术的进步。然而，前进的道路依然曲折。

产业发展表明，企业越来越多地在计算机中研制发明，不管是面向机械产品使用 CAD–CAM 设计系统，还是药物或植物新品种的所谓虚拟（in silico）开发。未来的挑战之一是专利局是否会接受以与初始创建相同的格式来递交发明说明书。那样的话，将无疑会加快审查员对于申请的理解，还可能为判定授权专利的侵权提供更为稳定的依据。令人遗憾的是，发明研发过程中所产生的大量实验数据现已被丢弃，并且把发明简化为文字与二维图形以符合当前专利局的要求。这是可以理解的，原因在于如果现有技术以任何其他格式进行保存，那么可能没有检索工具对其进行检索，但从长远来看，笔者深信这是站不住脚的[5]。

为了开发真正满足通用新颖性检索需求的检索工具，仍有大量的工作需要做。自 2007 年起，已经努力将专利检索团体与信息检索领域活跃的研究者召集到位于维也纳的信息检索工具（IRF）论坛。信息检索工具已经举办多次研讨会试图解决专利文献特有的检索问题[6]，并且两个团体的作者共同撰写著作探讨专利检索所面临的挑战[7]。显然，新的工具需要考虑专利集的多语言特性，还要关注专利文献固有的非同寻常的语言结构。提升检索查准率的最近一次尝试是由 STN International 推动的，其运用工具以全新的方式譬如通过温度、压力或频率范围在专利中检索数值数据。迄今为止，这样的检索机制仅通过手动或至多在半自动环境下筛查大量文献来实现。

如果《实体专利法条约》等前瞻性法律的施行得以普及，那么协调检索活动的压力将会日趋增加，并且有可能朝着各国专利局明确承认的统一检索方向发展。目前，不同的检索人员使用不同的检索工具对同一发明的检索仍然会得到不同的现有技术。然而，在如火如荼地协调检索活动的过程中，总会有良莠不齐的风险。专利局与法律界都对各局间检索结果的差异性进行了专门研究，这些努力甚少波及产业界的检索人员，这些检索人员也许有可能加入达成更一致结果的共识中去。理解最优检索技术并朝着真正的全球检索系统发展是发明人、专利代理人与检索人员等各方的终极利益。但现有检索工具（更不用说未来发展）的范围与复杂性，使得评价"最优"远非易事。这要部分归结于工具问题，部分归结于数据问题，以及部分归结于包括专业检索人员教育程度在内的人员问题[8]。

为了解决专利检索人员的职业身份与培训问题，欧洲各用户社群在2008年成立欧洲专利信息用户社群联盟（CEPIUG），其作为协调组织负责有关专业认证机制创建的谈判，取代了前专利检索标准委员会（COPS）的职能，该委员会成立于2003年，其在2002年欧洲专利局专利信息会议上专门表达对专利检索行业缺乏监管的关切。欧洲专利信息用户社群联盟对专利认证模型的开发正取得良好的进展，并且在撰写本书时，有人提议在2011年举行模拟测试以用来进一步开发该系统[9]。

在产业检索人员向着更加认可自身专业的同时，专利局自身也正尽最大努力处理日益增长的工作积压。其中的举措之一是在"专利审查高速路"（PPH）的名义下高速发展的双边协议网络。对于专利局而言，这些协议的目标之一是开始承认首个受理局所作的检索与审查工作，并且不再重复审查中不必要的阶段。由于国内法的差异，尽管通常仍然不得不克服许多障碍，但这一程序的确常常会进行更少且更兼容的检索。目前，申请人仍然会面对措手不及的情况，当一家专利局在不同工具上使用不同技巧实施检索，会披露进入实质审查阶段的其他专利局所错过的现有技术。五局有关开发共同工具与检索程序的工作可能会对此有所帮助，但同时相互承认检索的PPH机制具有发展前景——当然前提是检索质量不受损害。随着现有技术规模与复杂性的日趋增长，无论是专利局还是工商界的各团体，实施有效的专利检索工作都不太可能变得更加简单。

## ▶ 参考文献

1. Declaration on the TRIPS Agreement and public health. Document No. WT/MIN（01）/DEC/2, adopted 14th November 2001. Geneva：WTO, 20th November 2001. Available at：（http：//www.wto.org/english/thewto_e/minist_e/min01_e/mindecl_trips_e.htm). ［Accessed on 2011.07.21］.

2. Article 27.3b, traditional knowledge, biodiversity. Webpage available at：（http：//www.wto.org/english/tratop_e/trips_e/art27_3b_e.htm). ［Accessed on 2011.07.21］.

3. Canada - term of patent protection. WTO Dispute Settlement DS170. Webpage available at：（http：//www.wto.org/english/tratop_e/dispu_e/cases_e/ds170_e.htm). ［Accessed

on 2011. 07. 21].

4. Conference on the International Patent System, held in Geneva, March 25 – 27, 2002. WIPO Publication CD777. Geneva: WIPO, 2002. ISBN 92 – 805 – 1122 – 4.

5. Electronic non – text material in patent applications – some questions for patent offices, applicants and searchers. S. R. Adams. World Patent Information, 27 (2), (2005), 99 – 103.

6. Proceedings of the symposia are available at (www. ir – facility. org). [Accessed on 2011. 07. 21].

7. Current challenges in patent information retrieval. M. Lupu, K. Mayer, J. Tait, A. J. Trippe (eds.). Heidelberg: Springer – Verlag, 2011. ISBN 978 – 3 – 642 – 19230 – 2.

8. New technologies for patent searching – what do we need? . S. R. Adams. Presentation at 1st Global Symposium of IP Authorities, Geneva, 17 – 18 Sep. 2009. Available at: (http: // www. wipo. int/meetings/en/2009/sym_ ip_ auth/program. html). [Accessed on 2011. 07. 21].

9. Further information available at the CEPIUG website, (www. cepiug. org). [Accessed on 2011. 07. 21].

# 附录 A
# USPTO 分类（当前版本 2011 年 2 月）

自本书上一版本起新增大类用粗体印刷。大类的总数目为 439 个（自 2006 年起新增 4 个大类）。

| 类 | 类名 | 类 | 类名 |
|---|---|---|---|
| 2 | 服饰 | 38 | 纺织品：熨烫或平整 |
| 4 | 浴缸、抽水马桶、水槽和痰盂 | 40 | 卡、图片或符号展示 |
| 5 | 床 | 42 | 轻武器 |
| 7 | 复合工具 | 43 | 捕鱼、诱捕和害虫的消灭 |
| 8 | 漂白和染色；纺织品和纤维的液体处理和化学改性 | 44 | 燃料和相关合成物 |
| | | 47 | 植物耕种 |
| 12 | 靴和鞋的制作 | 48 | 气体：加热和发光 |
| 14 | 桥 | 49 | 可移动或可拆卸的闭合装置 |
| 15 | 刷擦、擦洗和一般清洗 | 51 | 磨具的制造过程、材料或合成物 |
| 16 | 各种五金器具 | 52 | 静态结构（如，建筑物） |
| 19 | 纺织品：纤维制备 | 53 | 包装制作 |
| 23 | 化学：物理处理过程 | 54 | 马具 |
| 24 | 带扣、纽扣、钩子等 | 55 | 气体分离 |
| 26 | 纺织品：织物整理 | 56 | 收获机 |
| 27 | 殡仪业 | 57 | 纺织品：纺织、扭曲和缠绕 |
| 28 | 纺织品：制造 | 59 | 链、U 形钉和马掌制作 |
| 29 | 金属加工 | 60 | 动力装置 |
| 30 | 刀具 | 62 | 冷冻 |
| 33 | 几何仪器 | 63 | 珠宝 |
| 34 | 干燥和气体或蒸气与固体接触 | 65 | 玻璃制造 |
| 36 | 靴、鞋和绑腿 | 66 | 纺织品：针织 |
| 37 | 挖掘 | 68 | 纺织品：液体处理装置 |

续表

| 类 | 类名 | 类 | 类名 |
|---|---|---|---|
| 69 | 皮革制造 | 111 | 种植 |
| 70 | 锁 | 112 | 缝纫 |
| 71 | 化学：肥料 | 114 | 船 |
| 72 | 金属变形 | 116 | 信号和指示器 |
| 73 | 测量和测试 | 117 | 单晶，取向结晶和外延生长过程；所用的非涂层设备 |
| 74 | 机器元件或机械 | | |
| 75 | 专门的冶金处理过程、所使用的合成物、强化金属粉末合成物和松散金属微粒混合物 | 118 | 涂层设备 |
| | | 119 | 畜牧 |
| | | 122 | 液体加热器和汽化装置 |
| 76 | 金属工具和器具，制造 | 123 | 内燃机 |
| 79 | 纽扣制造 | 124 | 机械枪和投射装置 |
| 81 | 工具 | 125 | 石头加工 |
| 82 | 车工 | 126 | 炉灶和熔炉 |
| 83 | 切割 | 127 | 糖、淀粉和碳水化合物 |
| 84 | 音乐 | 128 | 外科 |
| 86 | 弹药和药包制造 | 131 | 烟草 |
| 87 | 纺织品：编带、结网和制花边 | 132 | 梳妆 |
| 89 | 火炮 | 134 | 清洁和与固体的液体接触 |
| 91 | 发动机：可膨胀腔室类型 | 135 | 帐篷、天蓬、伞或手杖 |
| 92 | 可膨胀腔室设备 | 136 | 电池：热电电池和光电电池 |
| 95 | 气体分离：处理过程 | 137 | 流体的处理 |
| 96 | 气体分离：装置 | 138 | 管和管状通道 |
| 99 | 食物和饮料：装置 | 140 | 金属线加工 |
| 100 | 压榨机 | 141 | 流体处理，采用收集器或收集器协作方法 |
| 101 | 印刷 | | |
| 102 | 弹药和炸药 | 142 | 木材车削 |
| 104 | 铁路 | 144 | 木材加工 |
| 105 | 铁路车辆 | 147 | 制桶 |
| 106 | 合成物：涂层或塑料 | 148 | 金属处理 |
| 108 | 水平支持的平面 | 149 | 爆炸性和热能合成物或炸药 |
| 109 | 保险箱、银行防护或相关设备 | 150 | 小包、钱包和保护套 |
| 110 | 熔炉 | 152 | 弹性轮胎和轮子 |

| 类 | 类名 | 类 | 类名 |
|---|---|---|---|
| 156 | 黏合及各种化学制造 | 194 | 抑制驱动的控制机制 |
| 157 | 轮匠机器 | 196 | 矿物油：装置 |
| 159 | 浓缩蒸发器 | 198 | 输送机：动力驱动 |
| 160 | 可伸缩或可移动的闭合装置、分隔或板 | 199 | 铸字 |
| 162 | 造纸和纤维分离 | 200 | 电力：通路器和断路器 |
| 163 | 针和别针的制造 | 201 | 蒸馏：处理过程，热解 |
| 164 | 金属铸造 | 202 | 蒸馏：装置 |
| 165 | 热交换 | 203 | 蒸馏：处理过程，分离 |
| 166 | 井 | 204 | 化学：电能和波能 |
| 168 | 蹄铁术 | 205 | 电解：处理过程及其所用合成物，制备合成物的方法 |
| 169 | 灭火器 | 206 | 特殊容器或包裹 |
| 171 | 挖掘物或埋藏物 | 208 | 矿物油：处理过程和产品 |
| 172 | 土方工程 | 209 | 对固体分级、分离和分类 |
| 173 | 工具驱动或冲击 | 210 | 液体净化或分离 |
| 174 | 电力：导体和绝缘体 | 211 | 支撑：搁架 |
| 175 | 打孔或穿透土地 | 212 | 回转起重机 |
| 177 | 称重器 | 213 | 铁路牵引装置 |
| 178 | 电报 | 215 | 瓶和罐 |
| 180 | 机动车 | 216 | 蚀刻基片：处理 |
| 181 | 声学 | 217 | 木质容器 |
| 182 | 防火出口、梯或脚手架 | 218 | 有阻止或消灭电弧装置的高压开关 |
| 184 | 润滑 | 219 | 电加热 |
| 185 | 发动机：弹簧、重力或动物驱动 | 220 | 容器 |
| 186 | 销售 | 221 | 物品分配 |
| 187 | 升降机、工业升降运送车或车辆的固定升降机 | 222 | 分配 |
| | | 223 | 服饰 |
| 188 | 制动器 | 224 | 包裹和物品运送器 |
| 190 | 大衣箱和手提行李 | 225 | 通过撕裂或折断来分离 |
| 191 | 电力：向车辆传输 | 226 | 不确定长度的先进材料 |
| 192 | 离合器和动力切断控制 | 227 | 狭长部件驱动装置 |
| 193 | 输送器、滑槽、滑轨、导向装置和道路 | 228 | 金属熔融焊接 |

续表

| 类 | 类名 | 类 | 类名 |
|---|---|---|---|
| 229 | 信封、包装、和纸板箱 | 271 | 续纸和收纸 |
| 231 | 鞭和抽打装置 | 273 | 娱乐装置：游戏 |
| 232 | 存放和采集容器 | 276 | 排版 |
| 234 | 选择性切割（如，冲孔） | 277 | 接合点和接缝的密封 |
| 235 | 寄存器 | 278 | 陆地车辆：动物牵引装置 |
| 236 | 自动温度和湿度调节 | 279 | 卡盘和插孔 |
| 237 | 加热系统 | 280 | 陆地车辆 |
| 238 | 铁路：明轨 | 281 | 簿、条带和页 |
| 239 | 液体喷射、喷洒和散射 | 283 | 印刷品 |
| 241 | 固体物质的粉碎或分解 | 285 | 管接口或联轴器 |
| 242 | 卷绕、拉紧或导引 | 289 | 结和打结 |
| 244 | 航空术 | 290 | 原动机发电厂 |
| 245 | 铁丝网和结构 | 291 | 轨道磨砂机 |
| 246 | 铁路开关和信号 | 292 | 闭合装置扣件 |
| 248 | 支撑 | 293 | 车辆挡泥板 |
| 249 | 静态模具 | 294 | 装卸：手动或升降线器具 |
| 250 | 辐射能 | 295 | 铁路车轮和车轴 |
| 251 | 阀门和阀动 | 296 | 陆地车辆：车身和顶部 |
| 252 | 合成物 | 297 | 椅子和座位 |
| 254 | 应用推力或拉力的器具或装置 | 298 | 陆地车辆：倾卸 |
| 256 | 栅栏 | 299 | 硬质材料的开采和原地分解 |
| 257 | 活跃的固态设备（如，晶体管、固态二极管） | 300 | 刷、扫帚和拖把的制作 |
| | | 301 | 陆地车辆：车辆和车轴 |
| 258 | 铁路邮递 | 303 | 液压和类似的制动系统 |
| 260 | 碳化合物的化学 | 305 | 陆地车辆的轮胎替换 |
| 261 | 气或液接触装置 | 307 | 输电或互连系统 |
| 264 | 塑料和非金属物品的成形和处理：处理过程 | 310 | 发电机或发动机结构 |
| | | 312 | 支撑：橱柜结构 |
| 266 | 冶金装置 | 313 | 电灯和放电设备 |
| 267 | 弹簧装置 | 314 | 电灯和放电设备：自耗电极 |
| 269 | 工作夹具 | 315 | 电灯和放电设备：系统 |
| 270 | 片材相关 | 318 | 电力：动力系统 |

| 类 | 类名 | 类 | 类名 |
|---|---|---|---|
| 320 | 电力：电池或电容器的充电或放电 | 356 | 光学：测量和测试 |
| 322 | 电力：单个信号发生器系统 | 358 | 传真和静态展示处理 |
| 324 | 电力：测量和测试 | 359 | 光学：系统和元件 |
| 326 | 电子信号逻辑电路 | 360 | 动态磁信息存储或取回 |
| 327 | 各种活跃的电的非线性设备、电路和系统 | 361 | 电力：电力系统及设备 |
| 329 | 解调器 | 362 | 照明 |
| 330 | 放大器 | 363 | 电力变换系统 |
| 331 | 振荡器 | 365 | 静态信息存储和取回 |
| 332 | 调制器 | 366 | 搅拌 |
| 333 | 波传输线路和网络 | 367 | 通信，电的：声波系统和设备 |
| 334 | 调谐器 | 368 | 测时学：时间测量系统和装置 |
| 335 | 电力：磁性操作的开关、磁铁和电磁铁 | 369 | 动态信息存储或取回 |
| 336 | 感应装置 | 370 | 复用通信 |
| 337 | 电力：电热或热驱动的开关 | 372 | 相干光生成器 |
| 338 | 电阻器 | 373 | 工业电加热炉 |
| 340 | 通信：电的 | 374 | 热测量和测试 |
| 341 | 编码数据生成或转换 | 375 | 脉冲或数字通信 |
| 342 | 通信：定向无线电波系统和装置（如，雷达、无线电导航） | 376 | 诱发核反应：处理过程、系统和元件 |
| 343 | 通信：无线电波天线 | 377 | 电脉冲计数器、脉冲分配器或移位寄存器：电路和系统 |
| 345 | 计算机图形处理和选择性视觉显示系统 | 378 | X 射线或伽马射线系统和设备 |
| 346 | 记录器 | 379 | 电话通信 |
| 347 | 符号信息的增量打印 | 380 | 密码学 |
| 348 | 电视 | 381 | 电音频信号处理系统和设备 |
| 349 | 液晶单元、元件和系统 | 382 | 图像分析 |
| 351 | 光学：眼睛检查、视力测试和矫正 | 383 | 弹性袋 |
| 352 | 光学：电影 | 384 | 轴承 |
| 353 | 光学：图像投影器 | 385 | 光波导 |
| 355 | 复印 | 386 | 用于动态记录或复制的电视信号处理 |
| | | 388 | 电力：发动机控制系统 |
| | | 392 | 电阻加热设备 |
| | | 396 | 摄影 |

| 类 | 类名 | 类 | 类名 |
|---|---|---|---|
| 398 | 光通信 | 427 | 涂层处理 |
| 399 | 电子摄影 | 428 | 库存材料或各种物品 |
| 400 | 打字机器 | 429 | 化学：电流产生装置、产品和处理过程 |
| 401 | 有材料供应的涂层器具 | 430 | 辐射成像化学：处理过程、合成物或其产品 |
| 402 | 可释放地穿过薄板的空隙或凹口的连接装置 | 431 | 燃烧 |
| 403 | 连接器和联接器 | 432 | 加热 |
| 404 | 道路结构、处理过程或装置 | 433 | 牙科学 |
| 405 | 水力或土工程 | 434 | 教育和演示 |
| 406 | 输送器：流体流 | 435 | 化学：分子生物学和微生物学 |
| 407 | 切割器，用于成形 | 436 | 化学：解析和免疫学测试 |
| 408 | 通过旋转轴向运动的工具进行切割 | 438 | 半导体设备制造：处理过程 |
| 409 | 齿轮切制、碾磨和平刨 | 439 | 电连接器 |
| 410 | 货运车辆上的货运空间 | 440 | 船用推进装置 |
| 411 | 膨胀的、螺纹的、驱动的、有头的、工具变形的、锁定螺纹的扣件 | 441 | 救生圈、救生筏和水上装置 |
| 412 | 装订：处理过程和装置 | 442 | 织物（机织、针织或非机织纺织品或布） |
| 413 | 金属薄片容器制作 | 445 | 电灯或空间放电组件或设备制造 |
| 414 | 材料或物品处理 | 446 | 娱乐设备：玩具 |
| 415 | 旋转动能液压发动机或泵 | 449 | 养蜂 |
| 416 | 流体反应面（即，叶轮） | 450 | 整形内衣 |
| 417 | 泵 | 451 | 摩擦 |
| 418 | 旋转的腔室可膨胀的设备 | 452 | 屠宰 |
| 419 | 粉末冶金处理 | 453 | 硬币处理 |
| 420 | 合金或金属合成物 | 454 | 通风 |
| 422 | 化学装置和处理消毒、除臭、保存或灭菌 | 455 | 电子通信 |
| | | 460 | 农作物脱粒或分离 |
| 423 | 无机化合物化学 | 462 | 用于复写的簿、条带和页 |
| 424 | 药物、生物影响和身体治疗化合物 | 463 | 娱乐设备：游戏 |
| 425 | 塑料物品或陶器的成形或处理：装置 | 464 | 旋转轴、枢轴、外壳以及旋转轴的柔性耦合 |
| 426 | 食物或可食用材料：处理过程、合成物和产品 | 470 | 螺纹、有头的扣件，或垫圈制作：处理过程和装置 |

| 类 | 类名 | 类 | 类名 |
|---|---|---|---|
| 472 | 娱乐设备 | 520 | 合成树脂或天然橡胶——类 520 系列的一部分 |
| 473 | 使用有形炮弹的游戏 | 521 | 合成树脂或天然橡胶——类 520 系列的一部分 |
| 474 | 环形带动力传输系统或组件 | 522 | 合成树脂或天然橡胶——类 520 系列的一部分 |
| 475 | 行星齿轮传输系统或组件 | 523 | 合成树脂或天然橡胶——类 520 系列的一部分 |
| 476 | 摩擦轮传输系统或组件 | 524 | 合成树脂或天然橡胶——类 520 系列的一部分 |
| 477 | 相关动力传送控制装置，包括发动机控制装置 | | |
| 482 | 训练装置 | 525 | 合成树脂或天然橡胶——类 520 系列的一部分 |
| 483 | 工具更换 | 526 | 合成树脂或天然橡胶——类 520 系列的一部分 |
| 492 | 滚轮或滚筒 | | |
| 493 | 用纸制造容器或管道；或采用板或网的其他制造 | 527 | 合成树脂或天然橡胶——类 520 系列的一部分 |
| 494 | 无孔凹部：离心分离器 | 528 | 合成树脂或天然橡胶——类 520 系列的一部分 |
| 501 | 合成物：陶瓷 | | |
| 502 | 催化剂、固体吸附剂或所用的支持：产品或制作过程 | 530 | 化学：天然树脂或衍生物；肽或蛋白质；木素或其反应产品 |
| 503 | 具有多个交互页的或无色成色剂的记录接收器、使用的方法或显影剂 | | |
| 504 | 植物保护和管理合成物 | 532 | 有机化合物——类 532～570 系列的一部分 |
| 505 | 超导技术：装置、材料、处理过程 | | |
| **506** | **组合化学技术：方法、文库和装置** | 534 | 有机化合物——类 532～570 系列的一部分 |
| 507 | 土地钻孔、井处理和油田化学 | 536 | 有机化合物——类 532～570 系列的一部分 |
| 508 | 固体抗黏附设备、所用的材料、移动固体表面用的润滑或可分离合成物，以及各种矿物油合成物 | 540 | 有机化合物——类 532～570 系列的一部分 |
| 510 | 用于固体表面的清洁合成物、所用的辅助合成物，或制备合成物的处理过程 | 544 | 有机化合物——类 532～570 系列的一部分 |
| 512 | 香水合成物 | | |
| 514 | 药物、生物影响和身体治疗合成物 | 546 | 有机化合物——类 532～570 系列的一部分 |
| 516 | 胶质系统和润湿剂：其中的组合；其处理过程 | | |
| 518 | 化学：费希尔–特罗普希处理；或其产品的提纯和回收 | 548 | 有机化合物——类 532～570 系列的一部分 |

| 类 | 类名 | 类 | 类名 |
|---|---|---|---|
| 549 | 有机化合物——类 532～570 系列的一部分 | 704 | 数据处理：语音信号处理、语言学、语言翻译以及音频压缩/解压缩 |
| 552 | 有机化合物——类 532～570 系列的一部分 | 705 | 数据处理：金融、商业开业、管理或消费/价格确定 |
| 554 | 有机化合物——类 532～570 系列的一部分 | 706 | 数据处理：人工智能 |
| 556 | 有机化合物——类 532～570 系列的一部分 | 707 | 数据处理：数据库和文件管理或数据结构 |
| | | 708 | 电子计算机：算术处理和计算 |
| 558 | 有机化合物——类 532～570 系列的一部分 | 709 | 电子计算机和数字处理系统：多计算机数据传输 |
| 560 | 有机化合物——类 532～570 系列的一部分 | 710 | 电子计算机和数字数据处理系统：输入/输出 |
| 562 | 有机化合物——类 532～570 系列的一部分 | 711 | 电子计算机和数字处理系统：存储器 |
| 568 | 有机化合物——类 532～570 系列的一部分 | 712 | 电子计算机和数字处理系统：处理结构和指令处理（如，处理器） |
| | | 713 | 电子计算机和数字处理系统：支持 |
| 570 | 有机化合物——类 532～570 系列的一部分 | 714 | 错误检测/校正以及故障检测/恢复 |
| 585 | 烃基化合物化学 | 715 | 数据处理：文档的演示处理、操作界面处理和屏幕保护显示处理 |
| 588 | 危险或有毒废弃物的摧毁或密封 | 716 | 数据处理：电路或半导体掩膜的设计和分析 |
| 600 | 外科 | | |
| 601 | 外科：运动疗法 | 717 | 数据处理：软件开发、安装和管理 |
| 602 | 外科：夹板、支架或绷带 | 718 | 电子计算机和数字处理系统：虚拟机任务或进程管理或任务管理/控制 |
| 604 | 外科 | | |
| 606 | 外科 | 719 | 电子计算机和数字处理系统：程序间通信或进程间通信（IPC） |
| 607 | 外科：光、热和电运用 | | |
| 623 | 假体（人造肢体），其中的部件，或所用的辅助和配件 | 720 | 动态光信息存储和取回 |
| | | 725 | 交互式视频分发系统 |
| 700 | 数据处理：一般控制系统或专门应用 | **726** | **信息安全** |
| 701 | 数据处理：车辆、导航和相对位置 | 800 | 多细胞生物及其未变部分以及相关处理过程 |
| 702 | 数据处理：测量、校准或测试 | | |
| 703 | 数据处理：结构设计、建模、模拟和仿真 | **850** | **扫描探针技术或装置；扫描探针技术的应用，如扫描探针式显微镜［SPM］** |

| 类 | 类名 | 类 | 类名 |
|---|---|---|---|
| 901 | 机器人 | 976 | 核技术 |
| 902 | 电子资金划拨 | 977 | 纳米技术 |
| **903** | **混合动力汽车** ［HEVs] | 984 | 乐器 |
| 930 | 肽或蛋白质序列 | 987 | 包含铋、锑、砷或磷原子的或包含元素周期系中第 6 族至第 8 族的金属原子的有机化合物 |
| 968 | 测时学 | | |

# 附录 B
# 历史上的 JPO 分类

| 大类 | 类名 | 类 | 类名 |
|---|---|---|---|
| 1 | 农业 | 26 | 高聚物 |
| 2 | 林业和园艺 | 27 | 皮革 |
| 3 | 处理谷物 | 28 | 木材、竹等的处理 |
| 4 | 肥料 | 29 | 火柴和火药 |
| 5 | 动物捕捉 | 30 | 药品和毒物 |
| 6 | 动物养殖 | 31 | 化妆品和香水 |
| 7 | 养蚕 | 32 | 糖、淀粉和碳水化合物 |
| 8 | 捕鱼 | 33 | 制盐 |
| 9 | 勘探、采矿和选矿 | 34 | 食品、饮料和营养物 |
| 10 | 冶金、合金、金属热处理 | 35 | 食品和饮料制造 |
| 11 | 铸造 | 36 | 发酵 |
| 12 | 金属处理 | 37 | 制茶 |
| 13 | 一般化学 | 38 | 烟草 |
| 14 | 非金属元素 | 39 | 纸浆和纸张 |
| 15 | 无机化合物 | 40 | 丝线 |
| 16 | 有机化合物 | 42 | 人工纤维 |
| 17 | 固态或气态燃料 | 43 | 棉的纺纱、投掷和纱线处理 |
| 18 | 矿物油和液体燃料 | 44 | 纱线、绳、细绳 |
| 19 | 油、脂肪、蜡、皂和洗涤剂 | 45 | 编带 |
| 20 | 陶瓷和耐火材料 | 46 | 织造 |
| 21 | 玻璃和搪瓷 | 48 | 漂白、染色、布处理 |
| 22 | 水泥、人造石、沥青材料 | 49 | 蒸汽锅炉 |
| 24 | 色素、颜料、涂层和黏合剂 | 50 | 蒸汽原动机 |
| 25 | 橡胶和塑料 | 51 | 内燃机 |

| 类 | 类名 | 类 | 类名 |
|---|---|---|---|
| 52 | 水力或风力原动机 | 86 | 一般建筑 |
| 53 | 机器元件 | 87 | 路、隧道和桥 |
| 54 | 机械和动力传输 | 88 | 水工工程 |
| 55 | 电力的产生，电驱动 | 89 | 建筑物 |
| 56 | 电力转换 | 90 | 加热、空气调节、通风和加湿控制 |
| 57 | 电池 | 91 | 供水和排水 |
| 58 | 电力传输和配供 | 92 | 清洁、清洗和洗涤 |
| 59 | 一般电部件 | 93 | 照明 |
| 60 | 电线和电缆 | 94 | 医学、外科和卫生学器械 |
| 61 | 电绝缘 | 95 | 保护装置和武器 |
| 62 | 电材料 | 96 | 电报和电话 |
| 63 | 泵 | 97 | 传真和电视 |
| 64 | 泵、喷洒和池 | 98 | 远程通信 |
| 65 | 管道和导管 | 99 | 电子管 |
| 66 | 阀门和旋塞 | 100 | 电装置 |
| 67 | 加热 | 101 | 信号和指示器 |
| 68 | 冷却和制冰 | 102 | 声学装置 |
| 69 | 热交换 | 103 | 摄影和电影摄影 |
| 70 | 温度控制 | 104 | 光学装置 |
| 71 | 干燥 | 105 | 一般测量和测试 |
| 72 | 研磨、混合和分离 | 106 | 长度、角度和形状的测量 |
| 73 | 锤击和压缩 | 107 | 距离、方向和位置的测量 |
| 74 | 切割、研磨和抛光 | 108 | 体积、液面、重量和比重的测量 |
| 75 | 木材切割 | 109 | 时间的测量 |
| 76 | 手动工具 | 110 | 电和磁的值的测量 |
| 78 | 铁路 | 112 | 材料的强度测试 |
| 79 | 铁路车辆 | 113 | 材料的分析和测试 |
| 80 | 机动车 | 114 | 计算 |
| 81 | 自行车 | 115 | 硬币和纸币的处理和控制 |
| 82 | 各种运输工具 | 116 | 打印、复印、打字机和模印机 |
| 83 | 运输和升降 | 118 | 文具 |
| 84 | 船舶、船和潜水 | 119 | 培训和教育装置 |

| 类 | 类名 | 类 | 类名 |
|---|---|---|---|
| 120 | 运动和娱乐装置 | 129 | 吃饭用具和餐具 |
| 121 | 衣服 | 130 | 吸烟用具 |
| 122 | 鞋 | 131 | 仪式性和装饰性用品 |
| 123 | 缝纫和手工艺 | 132 | 容器 |
| 124 | 伞 | 133 | 瓶、罐和桶 |
| 125 | 美容、美发和身体清洁 | 134 | 包装 |
| 126 | 家具和家庭用品 | 135 | 表、钥匙和印章 |
| 127 | 烹调器具 | 136 | 原子能 |
| 128 | 火具、厨房炉灶等 |  |  |

# 附录 C
# IPC 的类（2011 年 1 月版本）

每个 IPC 类名后圆括号中的数字表示当前修订版本中属于该分类的子分类数量（包括引得码）。

| IPC | 类名 | IPC | 类名 |
|---|---|---|---|
| **A** | **人类生活必需（84）** | A99 | 本部其他类目中不包括的技术主题（1） |
| A01 | 农业；林业；畜牧业；狩猎；诱捕；捕鱼（12） | **B** | **作业；运输（168）** |
| A21 | 焙烤；制作或处理面团的设备；焙烤用面团（3） | B01 | 一般的物理或化学的方法或装置（5） |
| A22 | 屠宰；肉品处理；家禽或鱼的加工（2） | B02 | 破碎、磨粉或粉碎；谷物碾磨的预处理（2） |
| A23 | 其他类不包含的食品或食料；及其处理（10） | B03 | 用液体或用风力摇床或风力跳汰机分离固体物料；从固体物料或流体中分离固体物料的磁或静电分离；高压电场分离（3） |
| A24 | 烟草；雪茄烟；纸烟；吸烟者用品（4） | B05 | 一般喷射或雾化；对表面涂覆液体或其他流体的一般方法（3） |
| A41 | 服装（6） | B06 | 一般机械振动的发生或传递（1） |
| A42 | 帽类制品（2） | B07 | 将固体从固体中分离；分选（2） |
| A43 | 鞋类（3） | B08 | 清洁（1） |
| A44 | 服饰缝纫用品；珠宝（2） | B09 | 固体废物的处理；被污染土壤的再生（2） |
| A45 | 手携物品或旅行品（4） | | |
| A46 | 刷类制品（2） | B21 | 基本上无切削的金属机械加工；金属冲压（9） |
| A47 | 家具；家庭用的物品或设备；咖啡磨；香料磨；一般吸尘器（9） | B22 | 铸造；粉末冶金（3） |
| A62 | 救生；消防（3） | B23 | 机床；不包含在其他类目中的金属加工（9） |
| A63 | 运动；游戏；娱乐活动（8） | | |

续表

| IPC | 类名 | IPC | 类名 |
|---|---|---|---|
| B24 | 磨削；抛光（3） | C01 | 无机化学（5） |
| B25 | 手动工具；轻便机动工具；手动器械的手柄；车间设备；机械手（7） | C02 | 水、废水、污水或污泥的处理（1） |
| B26 | 手动切割工具；切割；切断（3） | C03 | 玻璃；矿棉或渣棉（2） |
| B27 | 木材或类似材料的加工或保存；一般钉钉机或钉 U 形钉机（11） | C04 | 水泥；混凝土；人造石；陶瓷；耐火材料（1） |
| B28 | 加工水泥、黏土或石料（3） | C05 | 肥料；肥料制造（5） |
| B29 | 塑料的加工；一般处于塑性状态物质的加工（5） | C06 | 炸药；火柴（4） |
| B30 | 压力机（1） | C07 | 有机化学（8） |
| B31 | 纸品制作；纸的加工（4） | C08 | 有机高分子化合物；其制备或化学加工；以其为基料的组合物（8） |
| B32 | 层状产品（1） | C09 | 染料；涂料；抛光剂；天然树脂；黏合剂；其他类目不包含的组合物；其他类目不包含的材料的应用（8） |
| B41 | 印刷；排版机；打字机；模印机（10） | | |
| B42 | 装订；图册；文件夹；特种印刷品（4） | | |
| B43 | 书写或绘图器具；办公用品（334） | C11 | 动物或植物油、脂、脂肪物质或蜡；由此制取的脂肪酸；洗涤剂；蜡烛（3） |
| B60 | 一般车辆（18） | | |
| B61 | 铁路（9） | C12 | 生物化学；啤酒；烈性酒；果汁酒；醋；微生物学；酶学；突变或遗传工程（12） |
| B62 | 无轨陆用车辆（8） | | |
| B63 | 船舶或其他水上船只；与船有关的设备（5） | C13 | 糖工业（2） |
| | | C14 | 小原皮；大原皮；毛皮；皮革（2） |
| B64 | 飞行器；航空；宇宙航行（5） | C21 | 铁的冶金（3） |
| B65 | 输送；包装；贮存；搬运薄的或细丝状材料（6） | C22 | 冶金；黑色或有色金属合金；合金或有色金属的处理（3） |
| B66 | 卷扬；提升；牵引（4） | C23 | 对金属材料的镀覆；用金属材料对材料的镀覆；表面化学处理；金属材料的扩散处理；真空蒸发法、溅射法、离子注入法或化学气相沉积法的一般镀覆；金属材料腐蚀或积垢的一般抑制（4） |
| B67 | 液体的处理（3） | | |
| B68 | 鞍具；家具罩面（4） | | |
| B81 | 微观结构技术（2） | | |
| B82 | 超微技术（2） | C25 | 电解或电泳工艺；其所用设备（4） |
| B99 | 本部其他类目中不包括的技术主题（1） | C30 | 晶体生长（1） |
| | | C40 | 组合技术（1） |
| **C** | **化学；冶金（88）** | C99 | 本部其他类目不包括的技术主题（1） |

| IPC | 类名 | IPC | 类名 |
|---|---|---|---|
| **D** | **纺织；造纸（39）** | F15 | 流体压力执行机构；一般液压技术和气动技术（3） |
| D01 | 天然或人造的线或纤维；纺纱或纺丝（6） | | |
| D02 | 纱线；纱线或绳索的机械整理；整经或络经（3） | F16 | 工程元件或部件；为产生和保持机器或设备的有效运行的一般措施；一般绝热（14） |
| D03 | 织造（3） | F17 | 气体或液体的贮存或分配（3） |
| D04 | 编织；花边制作；针织；饰带；非织造布（5） | F21 | 照明（7） |
| | | F22 | 蒸汽的产生（3） |
| D06 | 织物等的处理；洗涤；其他类不包括的柔性材料（11） | F23 | 燃烧设备；燃烧方法（12） |
| | | F24 | 供热；炉灶；通风（6） |
| D07 | 绳；除电缆以外的缆索（1） | F25 | 制冷或冷却；加热和制冷的联合系统；热泵系统；冰的制造或储存；气体的液化或固化（4） |
| D21 | 造纸；纤维素的生产（7） | | |
| D99 | 本部其他类目不包括的技术主题（1） | | |
| **E** | **固定建筑物（31）** | F26 | 干燥（1） |
| E01 | 道路、铁路或桥梁的建筑（5） | F27 | 炉；窑；烘烤炉；蒸馏炉（2） |
| E02 | 水利工程；基础；疏浚（4） | F28 | 一般热交换（5） |
| E03 | 给水；排水（4） | F41 | 武器（7） |
| E04 | 建筑物（6） | F42 | 弹药；爆破（3） |
| E05 | 锁；钥匙；门窗零件；保险箱（5） | F99 | 本部其他类目不包括的技术主题（1） |
| E06 | 一般门、窗、百叶窗或卷辊遮帘；梯子（2） | **G** | **物理（80）** |
| | | G01 | 测量；测试（18） |
| E21 | 土层或岩石的钻进；采矿（4） | G02 | 光学（3） |
| E99 | 本部其他类目不包括的技术主题（1） | G03 | 摄影术；电影术；利用了光波以外其他波的类似技术；电记录术；全息摄影术（6） |
| **F** | **机械工程；照明；加热；武器；爆破（97）** | | |
| | | G04 | 测时学（5） |
| F01 | 一般机器或发动机；一般的发动机装置；蒸汽机（8） | G05 | 控制；调节（4） |
| | | G06 | 计算；推算；计数（11） |
| F02 | 燃烧发动机；热气或燃烧生成物的发动机装置（9） | G07 | 核算装置（5） |
| | | G08 | 信号装置（3） |
| F03 | 液力机械或液力发动机；风力、弹力或重力发动机；不包含在其他类目中的产生机械动力或反推力的发动机（5） | G10 | 乐器；声学（8） |
| | | G11 | 信息存储（2） |

| IPC | 类名 | IPC | 类名 |
|---|---|---|---|
| G12 | 仪器的零部件（1） | H02 | 发电、变电或配电（8） |
| G21 | 核物理；核工程（8） | H03 | 基本电子电路（10） |
| G99 | 不包含在本部其他类目中的技术主题（1） | H04 | 电通信技术（11） |
|  |  | H05 | 其他类目不包含的电技术（6） |
| **H** | **电学（50）** | H99 | 本部中其他类目不包括的技术主题（1） |
| H01 | 基本电气元件（14） |  |  |

# 附录 D
# 日本 F – term 系统的主题组

　　每个主题组组名后圆括号中的数字表示在撰写本书时属于该组的主题码数量。日本特许厅随时可能开发新主题码。斜体主题组名称是非正式的并且是从相应主题码中推断而来的。

| 组 2 | 剩余技术（567） |
|---|---|
| **2B** | **生物资源（77）** |
| 2C | 商业机器（67） |
| 2D | 土木工程（58） |
| 2E | 建筑（66） |
| 2F | 测量（72） |
| 2G | 应用物理学（81） |
| 2H | 应用光学（132） |
| 2K | 光学器件（13） |
| 2N | *书和特殊印刷材料*（1） |
| **组 3** | **机械学（802）** |
| 3B | 纺织品处理（94） |
| 3C | 生产设备（67） |
| 3D | 交通工具（105） |
| 3E | 包装设备和检查设备（77） |
| 3F | 物流机器（94） |
| 3G | *[自动]* 动力机械（62） |
| 3H | 自动控制（78） |
| 3J | 一般机器（65） |
| 3K | 生活*[家用]* 机器（67） |
| 3L | 空气调节*[和加热]* 机器（93） |

续表

| 组4 | 化学 (562) |
|---|---|
| 4B | 生物技术 (61) |
| 4C | 医学科学 (100) |
| 4D | 化学工程 (65) |
| 4E | 机械金属加工 (79) |
| 4F | 聚合物加工 (32) |
| 4G | 无机化学 (63) |
| 4H | 应用化学 (39) |
| 4J | 高[分子量] 聚物 (30) |
| 4K | 金属电化学 (55) |
| 4L | 天然及合成织物和纤维处理, 包括纸张(28) |
| 4M | 半导体 (10) |
| 组5 | 电学 (794) |
| 5B | 数据处理 (100) |
| 5C | 电子图像器件 (86) |
| 5D | 信息存储 (108) |
| 5E | 接口[电子元件和连接器] (90) |
| 5F | 半导体制造, 基于半导体的产品(73) |
| 5G | 电话通信 (98) |
| 5H | 图像处理 (89) |
| 5J | 电子电路 (74) |
| 5K | 数字通信 (67) |
| 5L | 计算机应用 (8) |
| 5M | 动态随机存取存储器(1) |
| | |
| 9A | 软件 [仅术语列表] |

每个顶层主题组成为5字位符"主题码"的前两位字符, 定义宽泛的技术领域。然后该代码通过使用大量单独的4位字符"术语码"进行细分。譬如:

| 4D | 主题组 | 化学工程 |
|---|---|---|
| 4D002 | 主题码 | -废气的处理 |
| 4D002 AA | 观点符 | -要处理的成分 |
| 4D002 AA17 | 术语码 | -卤素和卤化物 |

# 附录 *1*
# 专利术语表

| | |
|---|---|
| 占先<br>Anticipation | 如果检索披露足以质疑申请专利性的现有技术，那么该申请称为已被"占先" |
| 申请人<br>Applicant | 申请专利的人。可以是个人或者是法人团体（通常是发明人的雇主） |
| 申请<br>Application | 在专利局所提交的文档，描述申请人所寻求保护的发明。也用于表示公开供公众查阅的出版文献，通常在优先权日 18 个月后 |
| 受让人<br>Assignee | 狭义上，指投资美国授权发明使用权利的美国法人团体或个人。广义上，对于非美国专利而言，指授权专利的所有者（也称为所有权人） |
| 基本专利<br>Basic | 第一个公布的同族专利成员 |
| 权利要求书<br>Claims | 专利申请结尾的一系列段落，定义所寻求的垄断范围。在实质审查之后，授权专利的相同段落定义所有权人的法定权利 |
| 合案<br>Cognating | 把两件或两件以上的专利申请合并成为一件单独申请作为整体进行审查的过程 |
| 巴黎公约日<br>Convention date | 一件主张较早申请优先权的在后提交的申请需要引用较早申请的日期（以及通常申请信息）。巴黎公约信息的共性是把专利归并成族的基础 |
| 视为撤回<br>Deemed withdrawn | 专利局声明申请人无法完成必要行为来确保申请的继续审查。本申请视为申请人采取主动措施以撤回其申请 |
| 指定国<br>Designated state | 地区专利制度的成员国，申请人表明通过地区途径在该国内试图获取专利保护 |
| 公开<br>Disclosure | 公开描述与使用，通常具有破坏新颖性的效果（但参阅宽限期） |
| 分案<br>Division/Dividing out | 把一件原始申请分为两件或两件以上的需单独审查的申请的过程 |

| 等同专利<br>Equivalent | 第二次公开或在后公开的同族专利成员 |
| --- | --- |
| 失效<br>Expiry | 专利期满时专利权终止 |
| 同族<br>Family | 通过一个或多个共同优先权日连接的专利文献集合。包括基本申请、等同申请与（在部分定义下）任意非巴黎公约申请 |
| 公报<br>Gazette | 国家专利局的定期公布文献，描述其行政辖区内关于授权专利申请的最新公布数据 |
| 宽限期<br>Grace period | 最早专利申请之前的一段时间（通常为 12 个月），在此期间发明人本人或发明人授权的人公开不会破坏申请的新颖性 |
| 授权<br>Grant | 专利局声明一件申请满足专利性标准且所有权人有权实施权利要求书 |
| 侵权<br>Infringement | 实施一项或多项活动落入授权专利的权利要求书范围的行为 |
| 国际初步审查<br>International Preliminary<br>Examination | 关于依据《专利合作条约》所提交的发明潜在专利性的非约束性意见。在申请转换到国家阶段前国际初步审查单位所实施 |
| 国际初步审查单位<br>International Preliminary<br>Examination Authority<br>（IPEA） | 授权一组专利局之一完成关于《专利合作条约》国际申请的国际初步审查报告 |
| 国际初步审查报告<br>International Preliminary<br>Examination Report<br>（IPER） | 关于依据《专利合作条约》所提交的发明潜在专利性的非约束性意见。在申请转换到国家阶段前国际初步审查单位所实施 |
| 专利性国际初步报告<br>International Preliminary<br>Report on Patentability<br>（IPRP） | 在《专利合作条约》流程的国际阶段期间提供关于专利性非约束性意见的程序。自 2004 年起替代早先的国际初步审查报告 |
| 国际检索单位<br>International Search<br>Authority（ISA） | 被授权完成关于《专利合作条约》国际申请的检索报告一组专利局之一 |

| 无效<br>Invalidity | 法院或者专利局可能声明一件在先授权的专利由于一项或多项标准而无效的诉讼。常涉及新确认现有技术质疑新颖性或者缺乏创造性的争辩。无效诉讼可能作为侵权反诉被提起，但通常不在相同法庭判决 |
|---|---|
| 创造性<br>Inventive step | 专利性的通用标准之一；已知技术的显著改进，要求发现创新能力 |
| 管辖区<br>Jurisdiction | 一个特定法院或政府有权执行审判与适用法律的地域 |
| 失效<br>Lapse | 在最长理论期限前专利权的终止，常由于未缴纳续展费 |
| 法律状态<br>Legal status | 通用术语，表示关于一件申请所达到的专利申请程序节点的数据或者关于一件授权专利生命周期中授权后事件的数据 |
| 许可<br>License | 专利所有权人与另一方之间的商业协议，准许另一方在权利要求书范围内实施特定行为无侵权诉讼危险。许可常包括向所有权人支付许可费用的条款，譬如通过许可所生产的每件物品销售价格的比例 |
| 当然许可<br>License of right | 在部分管辖区内存在专利所有权人可能被迫许可他人使用其专利的机制。如果所有权人与潜在的被许可方无法达成协议，专利局或其他法院可能会强制实行一份合同。当然许可总是非独占性的。如果专利在国家登记簿中批注"法定许可"，那么所有权人可以享受续展费的减免 |
| 被许可方<br>Licensee | 专利所有权人的一项许可的持有者。所有权人可以颁发唯一许可（唯一被许可方）或数个许可 |
| 维持费<br>Maintenance fees | 参见续展费 |
| 国家阶段<br>National phase | 指定国国家专利局完成《专利合作条约》申请的实质审查过程 |
| 非公约<br>Non–convention | 申请涉及与已知基本专利申请相同的发明，但未主张相同优先权日 |
| 新颖性<br>Novelty | 专利性的通用标准之一；证明在申请的优先权日之前发明（在公共领域）未知 |
| 无效<br>Nullity | 参见无效 |
| 显而易见性<br>Obviousness | 异议的常见理由之一；基于缺乏创造性的理由异议一项专利 |

| 公开供公众查阅<br>Open to Public Inspection（OPI） | 向公众提供有关专利申请或授权专利部分详情的行为。详情内容大相径庭，从短公报条目到完整说明书 |
|---|---|
| 异议<br>Opposition | 专利局内部开审前所实施的法律程序，第三方对一件专利授权提出反对 |
| 《巴黎公约》<br>Paris Convention | 1883 年工业产权保护公约，管理签约国专利申请人与所有权人的互惠权。一个最重要的内容是优先权日的相互承认 |
| 专利<br>Patent | 认可所有权人在指定辖区实施其权利要求书的权利证书 |
| 《专利合作条约》<br>Patent Cooperation Treaty（PCT） | 1970 年在华盛顿特区缔结的国际条约，管理一个通用国际申请系统 |
| 专利性<br>Patentability | 本国专利法的一系列标准，用来确定一件申请是否应当作为专利被授权 |
| 初步审查<br>Preliminary examination | 一件申请的简短正式审查，以确保满足申请的本地最低标准与法定要求 |
| 现有技术<br>Prior art | 一件申请优先权日前公共领域的主题，可以用来证明不具备新颖性或创造性 |
| 优先权日<br>Proprietor | 专利申请的首次提交日期，规定实质审查过程中确定现有技术的临界点 |
| 所有权人<br>proprietor | 专利所有者。随后权利可能进行转让 |
| 公共领域<br>Public domain | 一般公众能够获取的主题 |
| 转让<br>Re－assignment | 永久转让专利权给第三方的过程 |
| 地区阶段<br>Regional phase | 指定地区专利局代表成员国完成《专利合作条约》申请的实质审查过程并授予专利 |
| 驳回<br>Rejection | 专利局声明一件申请无法证明其满足一项或多项专利性标准，按照实际情况基于该申请将无法授予专利 |
| 续展费<br>Renewal fee | 所有权人向专利局缴纳的定期费用，用来维持专利的权利 |

| | |
|---|---|
| 恢复<br>Restoration | 允许一件专利返回到授权状态的法律程序，通常是在意外失效后。如果待审申请视为撤回可能也适用 |
| 撤回<br>Revocation | 法院或专利局决定撤销专利权人实施专利权利要求书的权利 |
| 检索报告<br>Search report | 依据专利局的观点，包括一项或多项内容导致专利申请驳回的文献检索列表 |
| 说明书<br>Specification | 专利文档的主体，包含了一项发明的详细描述，通常具有实例和/或图表。也用来表示授权后公布的整个文档，以与专利区别 |
| 实质审查<br>Substantive examination | 专利局所完成的过程，对照专利申请的详细内容与现有技术，以确定专利性 |
| 补充保护证书<br>Supplementary Protection Certificate（SPC） | 与一件专利相关联的不同法律文书，授予专利权利要求书部分主题的补充期限。限于医药与农用化学品产业 |
| 期限<br>Term | 所有权人有权针对第三方实施其权利要求书的时段。通常从申请日开始计算，但部分美国专利与其他国家专利从授权日开始计算 |
| 期限调整<br>Term Adjustment | 如果审查期间行政程序未能及时完成，修改授权专利期限的美国程序。美国专利商标局所造成的延迟会延长期限，申请人所造成的延迟会缩短期限 |
| 期限恢复<br>Term Restoration | 由于在专利授权程序早期不可避免的权利损失，从而允许所有权人超过专利正常期限而继续实施权利要求的程序。可以通过补充保护证书或等同机制实现 |
| 实用性（工业的）<br>Utility（industrial） | 专利性的通用标准之一；证明发明可以在工业中使用 |
| 实用（专利）<br>Utility（patent） | 发明专利的美国术语，以区别于外观设计专利或植物专利。不要与实用新型混淆 |
| 实用新型<br>Utility Model | 具有更宽松专利性标准的专利的简单形式，通常用于保护（主要是）机械设备的小改进 |
| 撤回<br>Withdrawal | 专利申请人终止其申请进程的行为 |

# 附录2
# 主要数据库厂商、
# 主机与图书馆的通讯列表

注：本表在可能的情况下优先提供英国联系地址。所列的许多机构都有本地代理机构。

| 名称 | 地址 |
|---|---|
| British Library | 96 Euston Road，London，NW1 2DB，United Kingdom.<br>电话：（+44）（0）20 7412 7454（商业与 IP 中心团队）<br>网址：www. bl. uk/bipc |
| Chemical Abstracts Service | Chemical Abstracts Service<br>P. O. Box 3012<br>Columbus，Ohio 43210，U. S. A.<br>电话：（+1）614 447 3600<br>网址：www. cas. org |
| Delphion | 与 Thomson Reuters 相同的通信电话：（+44）（0）20 7433 4999<br>邮箱：http：//science. thomsonreuters. com/techsupport/<br>网址：www. delphion. com |
| Dialog | St. Andrews House，18 – 20 St. Andrews Street，LondonEC4A 3AG<br>电话：（+44）（0）20 7832 1700<br>网址：www. dialog. com |
| EPO Patent Information | Postfach 90，Rennweg 12，A – 1031 Vienna，Austria<br>电话：（+43）1 52126 0<br>网址：www. epo. org/searching. html |
| IFI Claims | IFI CLAIMS® Patent Services，3202 Kirkwood Highway，Suite 203<br>Wilmington，DE 19808 USA<br>电话：（+1）302 633 7200<br>邮箱：info@ ificlaims. com |

| 名称 | 地址 |
|------|------|
| IMS World | IMS Health, 7 Harewood Avenue, London, NW1 6JB, United Kingdom<br>电话：（+44）（0）20 3075 5000<br>网址：www. ims – health. com |
| JAPIO | Japan Patent Information Organization, Satoh Daiya<br>Bldg, 4 – 1 – 7, Toyo, Koto – ku, Tokyo, 135 – 0016, Japan<br>网址：www. japio. or. jp |
| Korea Institute for Patent Information（KIPI） | 146 – 8（Yeonhui – ro 404）Dongkyo – dong, Mapo – gu,<br>Seoul, Korea 121 – 816.<br>网址：www. kipi. or. kr |
| Lexis – Nexis Univentio（Total Patent） | Halsbury House, 35 Chancery Lane, London, WC2A<br>1EL, United Kingdom<br>电话：（+44）（0）20 7400 2500<br>网址：http：//www. lexisnexis. com/ip/totalpatent/ |
| MicroPatent | 与 Thomson Reuters 相同的通信地址<br>电话：（+44）（0）20 7344 4999<br>网址：www. micropat. com |
| National Center for Industrial Property Information and Training（Japan）（＊） | 2nd Floor, Japan Patent Office building<br>3 – 4 – 3, Kasumigaseki, Chiyoda – ku, Tokyo 100 – 0013,<br>Japan.<br>网址：www. inpit. go. jp |
| PATLIB Network | 通信由 EPO Patent Information 转交<br>网址：http：//www. epo. org/searching/patlib. html |
| Patolis Corporation（Japan） | 欧洲由 EPO Patent Information 与 Questetel（参见）所代表 |
| PTDL Program | 美国专利商标局，<br>专利与商标储备图书馆项目，<br>P. O. Box 1450, Alexandria, VA 22313 – 1450, USA.<br>电话：（+1）571 272 5750<br>网址：http：//www. uspto. gov/products/library/ptdl/index. jsp |
| Questel | 4, rue des Colonnes, 75002 Paris Cedex 02, France.<br>电话：（+33）（0）1 55 04 52 00<br>Tollfree：+8000 QUE STEL（783 7835）<br>邮箱：help@ questel. com<br>网址：www. questel. com |

续表

| 名称 | 地址 |
|------|------|
| STN International | STN International Europe，Help Desk，<br>Hermann – von – Helmholtz – Platz 1，76344 Eggenstein – Leopoldshafen，Germany<br>邮箱：helpdesk@ fiz – karlsruhe. de<br>电话：（ +49）7247 808 555 |
| Thomson Reuters | 77 Hatton Gardens<br>London EC1N 8JS United Kingdom<br>电话：（ +44）（0）20 7344 4999<br>网址：http：//science. thomsonreuters. com/support |
| Univentio（now part of Lexis – Nexis q. v. ） | De Roysloot 9A<br>2231 NZ Rijnsburg<br>The Netherlands<br>电话：（ +31）（0）71 402 82 62<br>邮箱：info@ univentio. com |

（＊）INPIT 管理加载在日本特许厅网站中的工业产权数字图书馆服务。

# 附录 3
# 缩略语表

注：本列表并非各个产品名称的完整列表——当在正文中首次使用缩略语时，对其进行讨论。本版列表中包括 ISO 639 - 1 的部分内容，在正文中所使用的双字母语言代码用以表示专利文献公开语言或检索语言。

| 缩略语 | 定义 | 备注 |
|---|---|---|
| ACS | American Chemical Society<br>美国化学学会 | |
| Af | Afrikaans<br>南非的公用荷兰语 | ISO 639 - 1 语言代码 |
| AIDB | Associazione Italiana Documentalisti Brevettuali<br>意大利专利文献组织 | 意大利特殊行业组织 |
| AIPA | American Inventors' Protection Act<br>美国发明人保护法案 | 美国 |
| AIPPI | Association Internationale pour la Protection de la Propriété Intellectuelle<br>国际知识产权保护协会 | 研究知识产权保护相关法律并制定知识产权保护相关法律政策的国际组织 |
| ANCOM | Andean Community<br>安第斯共同体 | |
| APC | (Office of the) Alien Property Custodian<br>外侨资产管理（局） | 美国 |
| API | American Petroleum Institute<br>美国石油学会 | |
| Ar | Arabic<br>阿拉伯语 | ISO 639 - 1 语言代码 |
| ARIPO | African Regional Industrial Property Organization<br>非洲地区工业产权组织 | 使用英语的非洲地区知识产权局 |

| 缩略语 | 定义 | 备注 |
|---|---|---|
| ASEAN | Association of South – East Asian Nations<br>东南亚国家联盟 | |
| BSM | Brevet Spécial de Médicament<br>特殊药物专利 | 法国的专利形式 |
| CariCom | Caribbean Community<br>加勒比共同体 | |
| CAS | Chemical Abstracts Service<br>化学文摘服务 | |
| CCP | Certificat Complémentaire de Protection<br>补充保护证书 | 法国 SPC（等同期限） |
| CD – ROM | Compact Disk – Read Only Memory<br>光盘只读存储器 | |
| CHC | Common Hybrid Classification<br>共用混合分类 | IP5 项目 |
| CINF | Chemical Information<br>化学信息 | 美国化学学会的部门 |
| CIPO | Canadian Intellectual Property Office<br>加拿大知识产权局 | |
| CPC | Cooperative Patent Classification<br>联合专利分类 | 美国专利商标局 – 欧洲专利局项目 |
| CPI | Chemical Patents Index<br>化学专利索引 | 前集中专利索引 |
| De | German<br>德语 | ISO 639 – 1 语言代码 |
| DII | Derwent Innovations Index<br>德温特创新索引 | |
| DOLPHIN | Database Of alL PHarmaceutical Inventions<br>纯药物发明数据库 | Thomson Retuers 产品 |
| DPMA | Deutsches Patent – und Markenamt<br>德国专利商标局 | 德国专利商标局 |
| DVD | Digital Versatile（or Video）Disk<br>数字通用（或视频）光盘 | |

| 缩略语 | 定义 | 备注 |
|---|---|---|
| DWPI | Derwent World Patent Index<br>德温特世界专利索引 | Thomson Retuers 产品 |
| EAPO | Eurasian Patent Office<br>欧亚专利局 | |
| EAST | Examiner Automated Search Tool<br>审查员自动检索工具 | 美国专利商标局产品 |
| ECLA | European Classification<br>欧洲分类 | |
| EEC | European Economic Communities<br>欧洲经济共同体 | 现为欧盟所取代 |
| En | English<br>英语 | ISO 639 – 1 语言代码 |
| EPC | European Patent Convention<br>欧洲专利公约 | |
| EPIDOS | European Patent Information division of the EPO<br>欧洲专利局的欧洲专利信息部门 | （不再使用） |
| EPO | European Patent Office<br>欧洲专利局 | |
| EPODOC | EPO Documentation<br>欧洲专利局文献 | 欧洲专利局内部检索文档 |
| Es | Spanish<br>西班牙语 | ISO 639 – 1 语言代码 |
| EU | European Union<br>欧盟 | |
| FAQ | Frequently Asked Questions<br>常见问题 | |
| FI | File Index<br>文档索引 | IPC 日本增强版本 |
| Fi | Finnish<br>芬兰语 | ISO 639 – 1 语言代码 |
| FPDB | First Page Data Base<br>首页数据库 | 欧洲专利局产品 |

| 缩略语 | 定义 | 备注 |
|---|---|---|
| Fr | French<br>法语 | ISO 639-1 语言代码 |
| FTO | Freedom To Operate<br>自由实施 | |
| GCC | Gulf Co-operation Council<br>海湾合作委员会 | |
| He | Hebrew<br>希伯来语 | ISO 639-1 语言代码 |
| Hi | Hindi<br>北印度语 | ISO 639-1 语言代码 |
| IDS | Information Disclosure Statement<br>信息披露声明 | 美国 |
| IFI | Information For Industry<br>产业信息 | 后续 IFI Claims 专利服务 |
| IFW | Image File Wrapper<br>图像文档案卷 | 美国 |
| INID | Internationally agreed Numbers for the Identification of bibliographic Data<br>著录数据标识的国际约定代码 | 数字代码集定义专利文献扉页上一系列标准字段 |
| INPADOC | International Patent Documentation Centre<br>国际专利文献中心 | |
| INPI | Institut National de la Propriété Industrielle<br>法国国家工业产权局 | 法国国家工业产权局 |
| IP（R） | Intellectual Property（Rights）<br>知识产权（权利） | |
| IPC | International Patent Classification<br>国际专利分类 | |
| IPCC | Intellectual Property Cooperation Center<br>知识产权协调中心 | 日本 |
| IPDL | Industrial Property Digital Library<br>工业产权数字图书馆 | |

| 缩略语 | 定义 | 备注 |
|---|---|---|
| IPEA | International Preliminary Examination Authority<br>国际初步审查单位 | |
| IPER | International Preliminary Examination Report<br>国际初步审查报告 | |
| IPPH | Intellectual Property Publishing House<br>知识产权出版社 | 中国国家知识产权局的下属机构 |
| IPRP | International Preliminary Report on Patentability<br>专利性国际初步报告 | |
| ISA | International Search Authority<br>国际检索单位 | |
| ISO | International Organization for Standardisation<br>国际标准化组织 | |
| It | Italian<br>意大利语 | ISO 639 – 1 语言代码 |
| Ja | Japanese<br>日语 | ISO 639 – 1 语言代码 |
| JAPIO | Japan Patent Information Organization<br>日本专利信息组织 | |
| JISC | （formerly）Joint Information Systems Committee<br>（前）联合信息系统委员会 | 英国教育机构维护国家信息网络和服务 |
| JOPAL | Journal of Patent – Associated Literature<br>专利相关文献期刊 | 世界知识产权组织 |
| JPO | Japan Patent Office<br>日本特许厅 | |
| KD | Kind of Document（code）<br>文献种类（代码） | 专利公开号的字母数字后缀，用于识别文献类型与公开阶段 |
| KIPI | Korean Institute of Patent Information<br>韩国专利信息研究所 | |
| KIPO | Korean Industrial Property Office<br>韩国特许厅 | |
| KIPRIC | Korean Industrial Property Rights Information Center<br>韩国知识产权信息中心 | |

| 缩略语 | 定义 | 备注 |
|---|---|---|
| KIPRIS | Korean Industrial Property Rights Information System<br>韩国知识产权信息系统 | |
| Ko | Korean<br>韩语 | ISO 639 – 1 语言代码 |
| KPA | Korean Patent Abstracts<br>韩国专利摘要 | |
| Ky | Kyrgyz<br>吉尔吉斯斯坦语 | ISO 639 – 1 语言代码 |
| MA | Marketing Authorisation<br>上市许可 | 在验证安全性与有效性证据后，政府许可向一般市场投放新药或农用化学品 |
| MAT | Machine – Asssisted Translation<br>机器辅助翻译 | |
| MIMOSA | MIxed MOde Software<br>混合模式软件 | 光盘产品的欧洲专利局应用程序 |
| Mk | Macedonian<br>马其顿语 | ISO 639 – 1 语言代码 |
| MPI | MicroPatent Patent Index<br>MicroPatent 专利索引 | |
| MT | Machine Translation<br>机器翻译 | |
| NCIPI | National Center for Industrial Property Information<br>国家工业产权信息中心 | 日本 |
| NPL | Non – Patent Literature<br>非专利文献 | 现有技术中除公布专利文献外的其他文献形式的统称 |
| NTIS | National Technical Information Service<br>国家科技信息服务 | 美国 |
| OAMPI | Office Africain et Malagache de la Propriété Industrielle<br>非洲和马达斯加知识产权局 | 非洲与马达斯加的专利权利机构（废除） |

| 缩略语 | 定义 | 备注 |
|---|---|---|
| OAPI | Organization Africaine de la Propriété Industrielle<br>非洲工业产权组织 | 非洲法语国家地区局 |
| OCR | Optical Character Recognition<br>光学字符识别 | |
| OEPM | Oficina Española de Patentes y Marcas<br>西班牙专利商标局 | 西班牙专利商标局 |
| OJ | Official Journal<br>官方公报 | 英国专利局公报（曾用名） |
| OPI | Open to Public Inspection<br>公开供公众查阅 | |
| OPS | Open Patent Services<br>开放专利服务 | 欧洲专利局产品 |
| ORBIT | Online Retrieval of Bibliographic Information Timeshared<br>著项目录信息分时在线检索 | Questel – Orbit 主机的前身；其后作为独立的网页版系统重新推出 |
| PACER | Public Access to Court Electronic Records<br>法院电子记录的公共访问 | 美国地方法院网络 |
| PAIR | Patent Application Information Retrieval<br>专利申请信息检索 | 美国 |
| PAJ | Patent Abstracts of Japan<br>日本专利文摘 | |
| PATMG | Patent and Trade Mark Group<br>专利与商标组 | 英国专门行业协会 |
| PCI | Patent Citation Index<br>专利引文索引 | |
| PCT | Patent Co – operation Treaty<br>专利合作条约 | 一体化专利申请初始阶段的国际协议。世界知识产权组织的国际局管理 |
| PDF | Portable Document Format<br>可移植文档格式 | 电子文档共享的标准格式。许多专利局发送说明书与公报所使用 |
| PDJ | Patents & Designs Journal<br>专利和外观设计公报 | 英国专利局公报 |

| 缩略语 | 定义 | 备注 |
|---|---|---|
| PDSC | Patent Documentation Service Center<br>专利文献服务中心 | 中国 |
| PIUG | Patent Information Users' Group Inc.<br>专利信息用户组股份有限公司 | 位于美国的专门行业协会 |
| PIZ（net） | Patentinformationszentren（net）<br>专利信息中心（网） | 德国图书馆网络 |
| PLT | Patent Law Treaty<br>专利法条约 | |
| PPH | Patent Prosecution Highway<br>专利审查高速公路 | |
| Pt | Portuguese<br>葡萄牙语 | ISO 639－1 语言代码 |
| PTDL | Patent & Trademark Depository Library<br>专利商标储藏图书馆 | 美国 |
| Ro | Romanian<br>罗马尼亚语 | ISO 639－1 语言代码 |
| Ru | Russian<br>俄语 | ISO 639－1 语言代码 |
| SCIT | Standing Committee on Information Technologies<br>信息技术常设委员会 | 国际委员会提供有关世界知识产权组织整体信息技术策略的政策指导与技术建议 |
| SDI | Selective Dissemination of Information<br>定题信息服务 | |
| SDWG | Standards and Documentation Working Group<br>标准与文献工作组 | SCIT 组织架构的一部分，处理涉及知识产权数字图书馆与世界知识产权组织技术标准相关事务 |
| SGML | Standard Generalized Markup Language<br>标准通用标记语言 | 创建专用标识语言的通用方法，出于创建与传播目的定义电子文档的一般结构与元素 |
| SIPO | State Intellectual Property Office of the Peoples' Republic of China<br>中华人民共和国国家知识产权局 | |

| 缩略语 | 定义 | 备注 |
|---|---|---|
| SIR | Statutory Invention Registration<br>依法登记的发明 | 美国 |
| SPC | Supplementary Protection Certificate<br>补充保护证书 | 与专利分开授予的知识产权权利，在相应专利有效期限届满后给予特定上市药物或农用化学品继续独占权 |
| SPLT | Substantive Patent Law Treaty<br>实体专利法条约 | |
| Sv | Swedish<br>瑞典语 | ISO 639 - 1 语言代码 |
| TIFF | Tagged Image File Format<br>标记图像文件格式 | |
| TRIPS | Trade – Related aspects of Intellectual Property<br>与贸易有关的知识产权协议 | WTO 条约 |
| TVPP | Trial Voluntary Protest Program<br>试验性志愿保护程序 | 美国 |
| UIBM | Ufficio Italiano Brevetti e Marchi<br>意大利专利商标局 | 意大利专利商标局 |
| UPOV | Union pour la Protection des Obtentions Végétales<br>保护植物新品种国际联盟 | 保护植物新品种国际联盟，位于日内瓦的政府间组织 |
| URAA | Uruguay Round Agreements Act<br>乌拉圭回合协议法案 | 美国 |
| USC | United States Code<br>美国代码 | |
| USPTO | United States Patent and Trademark Office<br>美国专利商标局 | |
| Uz | Uzbek<br>乌兹别克语 | ISO 639 - 1 语言代码 |
| WIPO | World Intellectual Property Organisation<br>世界知识产权组织 | 负责管理知识产权领域的一系列国际条约的联合国特别机构 |
| WON | Werkgemeenschap Octrooiinformatie Nederland<br>荷兰专利信息合作组织 | 荷兰专门行业协会 |

| 缩略语 | 定义 | 备注 |
|---|---|---|
| WPI | World Patents Index<br>世界专利索引 | |
| XML | eXtensible Markup Language<br>可扩展标记语言 | |
| Zh | Chinese<br>中文 | ISO 639 - 1 语言代码 |